大学本科教材·计算机教学丛书

Visual Basic 程序设计方法

李敬有　刘艳菊　主　编

刘娜娜　王　丽　高爱国　副主编

邓文新　主　审

北京航空航天大学出版社

内 容 简 介

本书是为《Visual Basic 程序设计》编写的配套教学用书。书中内容是在总结《Visual Basic 程序设计》各章节内容的基础上对其重点和难点，尤其是对学习过程中容易混淆的或易于出错的内容做了进一步的解释说明，并配有操作实例和习题；同时，为上机操作编写了专门的章节，以配合和巩固所学习的内容。

本书集作者多年讲授程序设计课程的经验编写而成，适于大学本、专科学生作为 Visual Basic 程序设计的教学辅导书，也可供从事软件开发及相关领域的工程技术人员参考。

图书在版编目(CIP)数据

Visual Basic 程序设计方法/李敬有，刘艳菊主编. 北京：北京航空航天大学出版社，2007.3

ISBN 978-7-81124-021-4

Ⅰ. V… Ⅱ. ①李…②刘… Ⅲ. BASIC 语言—程序设计 Ⅳ. TP312

中国版本图书馆 CIP 数据核字(2007)第 014343 号

Visual Basic 程序设计方法

李敬有 刘艳菊 主 编

刘娜娜 王 丽 高爱国 副主编

邓文新 主 审

责任编辑：陶金福

*

北京航空航天大学出版社出版发行

北京市海淀区学院路 37 号(100083) 发行部电话：010-82317024 传真：010-82328026

http://www.buaapress.com.cn E-mail:bhpress@263.net

北京时代华都印刷有限公司印装 各地书店经销

*

开本：787×1092 1/16 印张：19 字数：486 千字

2007 年 3 月第 1 版 2008 年 6 月第 2 次印刷 印数：5 001～8 000 册

ISBN 978-7-81124-021-4 定价：26.00 元

总 前 言

随着科学技术、文化、教育、经济和社会的发展，计算机教学进入了我国历史上最火热的年代，欣欣向荣。就计算机专业而言，全国开办计算机本科专业的院校在2004年之初有505所，到2006年已经发展到771所。另外，在全国高校中的非计算机专业，包括理工农医以及文科（文史哲法教、经管、文艺）等专业，按各自专业的培养目标都融入了计算机课程的教学。过去出版界出版了一大批计算机教学方面的各类教材，满足了一定时期的需求，但是还不能完全适应计算机教学深化改革的要求。

面对《国家科学技术中长期发展纲要（2006－2020年）》制订的信息技术发展目标，计算机教学也要随之进行改革，以便提高培养质量。教学要改革，教材建设必须跟上。面对各层次、各类型的学校和各类型的专业都要开设计算机课程，就应有多样化的教材，以适应各专业教学的需要。北京航空航天大学出版社是以出版高等教育教材为主的，愿对计算机教学的教材建设做出贡献。

为计算机类教材的出版，北京航空航天大学出版社成立了“大学本科教材·计算机教学丛书”编审委员会。出版计算机教材，得到了北京航空航天大学计算机学院的大力支持。该院有三位教育部高等学校计算机科学与技术教学指导委员会（下称教指委）的成员参加编审委员会的工作。其他成员是北京航空航天大学、北京交通大学等6所院校和中科院计算技术研究所对计算机教育有研究的教指委成员、专家、学者和出版社的领导。

我们组织编写、出版计算机课程教材，以大多数高校实际状况为基点，使其在现有基础上能提高一步，追求符合大多数高校本科教学适用为目标。按照教指委制订的计算机科学与技术本科专业规范和计算机基础课教学基本要求的精神，我们组织身居教学第一线，具有教学实践经验的教师进行编写。在出书品种和内容上，面对两个方面的教学。一是计算机专业本科教学，包括计算机导论、计算机专业技术基础课、计算机专业课等；二是非计算机专业的计算机基础课程的本科教学，包括理工农医类、文史哲法教类、经营类、艺术类等的计算机课程。

教材的编写注重以下几点。

1. 基础性。具有基础知识和基本理论，以使学生在专业发展上具有潜力，便于适应社会的需求。

2. 先进性。融入计算机科学与技术发展的新成果；瞄准计算机科学与技术发

展的新方向，内容应具有前瞻性。这样，以使学生扩展视野，以便与科技、社会发展的脉络同步。

3. 实用性。一是适应教学的需求；二是理论与实践相结合，以使学生掌握实用技术。

编写、出版的教材能否适应教学改革的需求，只有师生在教与学的实践中做出评价，我们期望得到师生的批评和指正。

“大学本科教材·计算机教学丛书”
编审委员会

前 言

随着计算机技术的不断发展和应用领域的拓宽，Visual Basic 在开发应用程序和解决实际问题中得到了广泛应用，同时也引起了计算机应用开发者和高校师生的学习兴趣和掌握、使用 Visual Basic 的热潮。近年来也有部分院校把 Visual Basic 程序设计作为在校生的首选开课语言之一。因此对于初学者来说能否有一本很好的辅助教材成为快速掌握 Visual Basic 的关键。根据多年的教学实践使我们体会到急需一部集学习、辅导、实验、解题于一体的教学辅导书，从中了解各章节的重点和难点，特别是对易混淆和难懂的问题做了深入介绍。为了满足广大读者的需要，我们编写了这本《Visual Basic 程序设计方法》。

本书的主要特点是在保持知识系统性的同时，打破《Visual Basic 程序设计》教程的自然顺序，在总结各章节的重点和难点的基础上，将相关内容进行汇总、融合，并对学习过程中容易混淆不清或易于出错的地方做了进一步的解释说明。另外为了配合和巩固所学习的内容，本书还配有相关知识点的习题及上机操作实例；还考虑到实际应用的需要，专门编写了《Visual Basic 开发应用程序》一章。

编写本书的目的是为较好地配合 Visual Basic 程序设计课的理论和实践教学环节，指导读者进行计算机程序设计和上机、调试等基本训练。

全书由李敬有、刘艳菊任主编，刘娜娜、王丽、高爱国任副主编。

邓文新教授审校了全书，并提出了宝贵意见。

尽管在编写此书的过程中作者付出了艰辛和努力，但由于水平有限，书中疏漏之处，敬请读者批评指正。

编 者

2006 年 2 月

目　录

第1章 Visual Basic 基础

本章学习的目的与基本要求

1. 正确理解面向对象的概念和对象的三个要素。
2. 掌握属性、事件和方法的定义与使用。
3. 掌握编写程序代码的规则、添加注释的方法。
4. 掌握基本数据类型的定义，理解基本数据类型在数组和记录中的使用。
5. 理解并掌握常量和变量在使用上的区别。
6. 掌握四类运算符和表达式的基本运算。
7. 理解并掌握数组的概念和静态数组、动态数组以及控件数组的使用。
8. 理解并掌握文件的概念和顺序文件与随机文件的区别和应用。

1.1 面向对象的概念

对象在现实生活中随处可见。例如，学生、学生成绩等都是一个对象。在 Visual Basic 中可以将需要用计算机编程解决的问题看做对象。为了更好的开发应用程序，本节主要介绍对象的相关概念。

1.1.1 对象的三要素

1. 对 象

面向对象是观察世界和编写计算机程序的自然方式。面向对象编程 OOP(Object-Oriented Programming)是用软件对象模拟实际对象。由微软公司率先推出的图形用户界面的操作系统就是通过“图形”、“窗体”等形式模拟现实生活的对象。在 Visual Basic 中进行面向对象的程序设计时，可以将“对象”看做是系统中的基本运行实体。

从实现形式角度讲，对象是将事物的状态和针对该事物进行各种操作的总和。状态是由对象的数据结构的内容和值定义的；操作是一系列的实现步骤，是由若干操作构成的。这些操作实质就是面向过程编程，即对数据的处理过程。

在 Visual Basic 中对象分两类，一类是由系统设计好的，称为预定义对象，可以直接使用或对其进行操作；另一类由用户定义，可以像其他面向对象的程序设计语言(Visual C＋＋、Visual FoxPro、Visual J＋＋等等)一样建立用户自己的对象。

建立一个对象后，其操作是通过与该对象有关的属性、事件和方法进行描述的。

2. 对象的三要素——属性、事件和方法

(1) 属　性

属性是一个对象的特性，不同的对象有不同的属性。对象常见的属性有标题(caption)、名称(name)、颜色(color)、字体大小(fontsize)、是否可见(visible)等，其中 Name 属性是共有的，有了 Name 属性才可以在程序中进行调用。对于属性，可以在窗体的布局操作中完成，也可以在程序运行中改变；但有些属性是只读的，只能在控件布局时改变。将在以后的实例中具体介绍各个属性的作用。

在程序代码中用语句设置对象属性，一般格式如下：

对象名.属性名称＝属性值

例如：Command1.Caption＝“确定”。

(2) 事　件

事件是发生在该对象上的事情，由事件驱动程序引导执行的并且是由 Visual Basic 预先设置好的、能够被对象识别的动作。实际上，Visual Basic 只是预先设置了该对象的所有事件名称，每个事件名称对应的事件驱动程序(该事件发生时要执行的内容)要由用户根据实际问题需要具体编程。对于不同的对象，所能感应到的事件也会不同，譬如说当你把鼠标移进某一区域时就会触发 MouseMove 事件。这很直观，也容易理解；但有些事件也比较抽象，例如获得焦点事件，失去焦点事件等。

事件过程的一般格式如下：

```
Private Sub 对象名称_事件名称()
    ⋮
    事件响应程序代码
    ⋮
End Sub
```

用户使用上面格式定义某事件发生时需要完成相应的操作，例如：

```
Private Sub Command1_Click()
    sum = Val(Text1.Text) + Val(Text2.Text)
    Text3.Text = sum
End Sub
```

上面程序代码定义了命令按钮 Command1 的单击——Click 事件要执行的代码。当单击事件发生后，程序要将文本框 1、2 的值求和后放入文本框 3 中显示。

下面列举一般常用事件并对一般的事件进一步说明。

1) 窗体和图像框类事件

- Paint 事件：当某一对象在屏幕中被移动，改变尺寸或清除后，程序会自动调用 Paint 事件。

注意：当对象的 AutoDraw 属性为 True(－1)时，程序不会调用 Paint 事件。

- ReSize 事件：当对象的大小改变时触发 Resize 事件。
- Load 事件：仅适用于窗体对象，当窗体被装载时运行。
- Unload 事件：仅适用于窗体对象，当窗体被卸载时运行。

2) 当前光标——Focus 事件

● GetFocus 事件：当光标聚焦于该对象时发生事件。

● LostFocus 事件：当光标离开该对象时发生事件。

说明：

Focus 英文为“焦点”、“聚焦”之意，最直观的例子是，有两个窗体，互相有一部分遮盖，当你用鼠标单击下面的窗体时，它就会全部显示出来，这时它处在被激活的状态，并且标题条变成蓝色，说明这个窗体发生了 GetFocus 事件；相反，另外一个窗体被遮盖，并且标题条变灰，说明该窗体发生了 LostFocus 事件。

3）鼠标操作事件

● Click 事件：鼠标单击对象。

● DblClick 事件：鼠标双击事件。

● MouseDown、MouseUp 属性：按下/放开鼠标键事件。

● MouseMove 事件：鼠标移动事件。

● DragDrop 事件：拖放事件，相当于 MouseDown、MouseMove 和 MouseUp 的组合。

● DragOver 事件：鼠标在拖放过程中就会产生 DragOver 事件。

4）键盘操作事件

● KeyDown、KeyUp 事件：按键的按下/放开事件。

● KeyPress 事件：按键事件。

说明：

Text 控件的 KeyPress、KeyDown 和 KeyUp 三个事件的区别：KeyPress 主要用来接收字母、数字等 ASCII 字符；而 KeyDown 和 KeyUp 事件过程可以处理任何不被 KeyPress 识别的击键，诸如功能键(F1～F12)、编辑键、定位键以及任何这些键和键盘换档键的组合等。与 KeyDown 和 KeyUp 事件不同的是，KeyPress 不显示键盘的物理状态(Shift 键)，而只是传递一个字符。KeyPress 将每个字符的大、小写形式作为不同的键代码解释，即作为两种不同的字符；而 KeyDown 和 KeyUp 用两种参数解释每个字符的大写形式和小写形式。

● KeyCode：显示物理的键(将 A 和 a 作为同一个键返回)。

● Shift：指示 Shift ＋ Key 键的状态而且返回 A 或 a 其中之一。

KeyDown、KeyUp 事件是当按下（KeyDown）或松开（KeyUp）一个键时发生的。由于一般按下键盘的键往往会立即放开(这和鼠标不同)，所以这两个事件使用哪个差别不大。

5）改变控制项事件

● Change 事件：当对象的内容发生改变时，触发 Change 事件。最典型的例子是文本框 TextBox。

● DropDown 事件：下弹事件，仅用于组合框 ComboBox 对象。

● PathChange 事件：路径改变事件，仅用于文件列表框 FileBox 对象。

6）其他事件

● Timer 事件：仅用于计时器，每隔一段时间被触发一次。

(3) 方　法

在面向对象程序设计 OOP 中，方法——Method 是特殊的过程和函数。方法的操作与过程、函数的操作相同；但方法是特定对象的一部分，正如属性和事件是对象的一部分一样。其调用格式为

对象名称.方法名称

例如:Myform. Print "hello world!"。

使用 Print 方法在"Myform"的窗体上显示字符串"hello world!"。

例如:Printer. Print "hello world!"。

打印机的对象名为 Printer,则在打印机上打印出字符串"hello world!"。

说明:

上面两条指令使用的是同一方法,但由于对象不同,执行操作的设备也不一样。在调用方法时,可以省略对象名。在这种情况下,所调用的方法作为当前对象的方法,一般把当前窗体作为当前对象。前面的举例如果改为

```
Print "hello world!"
```

则运行时将在当前窗体上显示字符串"hello world!"。

为了避免不确定性,最好使用"对象.方法"的形式。

Visual Basic 提供了大量的方法。这些方法对应的代码不需要用户编写,直接使用其方法即可。另外有些方法可以适用于多个甚至所有类型的对象,而有些方法只适用于少数几种对象。在以后章节中,将分别介绍各种方法的使用。当用户编程时,如果没有提供所需要的方法使用,用户可以自己通过编写"子过程"(即"方法")完成。

值得一提的是:在编写"事件"和"方法"所对应的代码时,实质是面向过程编程,可以采用顺序结构、选择结构和循环结构实现各种操作。与以前的纯粹的面向过程编程的区别是:由于面向对象的思想是将问题"对象"化后,"事件"和"方法"针对具体"对象"进行设计,每个"事件"和"方法"要完成的操作非常简单,所以对应的代码就很简单;但所有的"事件"和"方法"综合起来同样可以完成以前面向过程编程的复杂操作。这就是面向对象的编程与面向过程编程的关系与区别。

1.1.2 三要素之间的关系

由于 Visual Basic 属于面向对象编程,所以一般将窗体与控件都称为对象。控件具有自己的属性、事件和方法。可以把属性看做一个对象的性质,把事件看做对象的响应,把方法看做对象的动作,它们构成了对象的三要素:

- 属性:指对象(窗体、控件)的大小、颜色、方位等一系列外观或内部构造的特征。例如"成绩单"窗体的大小,窗体的名称,窗体显示的内容等。
- 事件:指对象(窗体、控件)对外部条件的响应。例如窗体的单击 Click、双击 DblClick、获得焦点 GetFocus 事件,命令按钮的单击 Click 等。
- 方法:指对象(窗体、控件)所进行的操作,实际是系统给对象事先设定的函数或过程,调用这些函数或过程来实现相应操作。例如打印学生成绩到窗体 Print 上,计算学生成绩的总分 Sum 和平均分 Average 等。

例 1.1 程序运行界面是由窗体 Form 和一些必要的控件元素 Control 构成的,如图 1.1 所示。

在图 1.1 中,对象:由四类控件构成,分别是"窗体"、"标签"、"文本框"和"命令按钮"。

每个对象的属性有:"成绩单"是窗体的 Caption 属性,"姓名"、"性别"、"年龄"等是标签

的Caption属性，六个文本框的Text属性是空，“确定”是命令按钮的Caption属性。

控件涉及的事件有：窗体的事件有Load事件和Click事件等；命令按钮的事件有Click事件、键盘事件以及鼠标事件。

控件涉及的方法有：采用Print打印学生成绩，另外用户根据需要可以编写统计学生总分和平均分的方法。

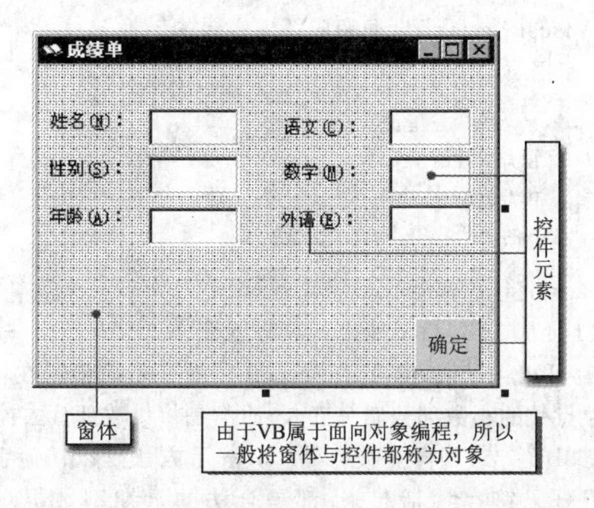

图1.1　程序运行界面

1.2　数据类型

1.2.1　引入数据类型的原因

大多数的计算机语言都规定了各自的数据类型，Visual Basic也不例外。其实，在一个最简单的程序中数据类型是可以不作规定的。也就是说，变量可以使用各种类型；但是在一个复杂的程序里，这样做就很危险，因为很可能给同一个变量赋予了不同的类型，而导致程序出错。所以，为了程序的严谨、可读性和便于查看，正确的定义数据类型是必要的。定义数据类型的另一个原因是，不同的数据占用不同的内存单元数量。例如：整型(integer)数据占2B(字节)，而长整型数据占4B(字节)，定义合适的数据类型，可以节省内存空间。

1.2.2　数据类型的分类

1. 基本数据类型

基本数据类型有：

Integer(整型)：表示－32768至32767之间的整数。

Long(长整型)：表示－2147483648至2147483647之间的整数。

Single(单精度型)：表示－3.4E＋38至3.4E＋38之间的实数。

Double(双精度实型)：表示－1.79E＋308至1.797E＋308之间的实数。

String(字符型)：每个字符占1B，可以储存0～65535个字符。

Boolean(布尔型)：只有两个值True/－1或False/0。

还有 Currency(货币型)、Date(日期型)、Object(对象数据类型)、Variant(变体数据类型)等不常用的数据类型。

说明:

1) 如果在声明中没有说明数据类型,则变量的数据类型为 Variant,也称变体数据类型。Variant 是默认的数据类型,也称变异变量。一旦变量被赋予 Variant 类型,则不必在各个数据类型间进行转换了,Visual Basic 会自动完成任何必要的转换。

例 1.2 变量 B 的使用,如:

```
Dim B                    '缺省为 Variant
B = "11"                 'B 为字符串 11
B = B - 2                'B 为数值 9
B = "S"&B                'B 的值为字符串 S9
```

Variant 变量为什么会将字符串当作数字来运算,是因为该字符串本身可以转成数字的缘故。如果把上例中的 11 变成 11K,就不能进行减法运算了。

2) 所有数值变量都可相互赋值,也可对 Variant 类型变量赋值。在将浮点数赋予整数之前,Visual Basic 要将浮点数的小数部分四舍五入,而不是将小数部分去掉。

3) 日期型数据,按 8B(字节)的浮点数存储。其表示方法是以任何字面上可被认作日期和时间的字符,只要用号码符(#)括起来,都是合法的日期型数据。例如:# March 2, 2004 #、#3/2/2004#、#2004 - 3 - 2#、#2004/3/2 12:30 PM#等都是合法的日期型数据。

2. 数　组

数组是一组相同类型的数据的有序集合。数组变量由数组名加圆括号和下标组成。采用如下格式:

数组名(下标 1[,下标 2…])

数组中每个元素的类型可以是上面列出的基本数据类型,也可以是记录类型。一般在定义数组时就声明元素的数据类型。

例 1.3 定义数组 a:

```
Dim a(10) As Integer
```

声明数组 a 是一个一维整型数组,有 11 个元素,下标的范围是 0～10,如果在程序中使用 a(11),系统会提示“下标越界”信息。

说明:

数组中元素在内存中是连续存放的,简单变量在内存中则不一定是连续的,由程序根据内存情况随机分配内存空间,如图1.2所示。

3. 记　录

只有基本数据类型和数组还是不够的,有时根据程序设计对象与描述问题的需要,需要将不同类型的数据组合成一个有机整体,以便于使用。这样的数据类型是记录。记录是由多个变量构成的结构化数据类型,也称为自定义数据类型。

记录的定义是把控制权交给用户的方法,让用户可以定义自己的数据类型。它使用关键字 Type,方法是:

Type [数据类型标识符]

<域名> As <数据类型>
<域名> As <数据类型>
<域名> As <数据类型>
⋮
End Type

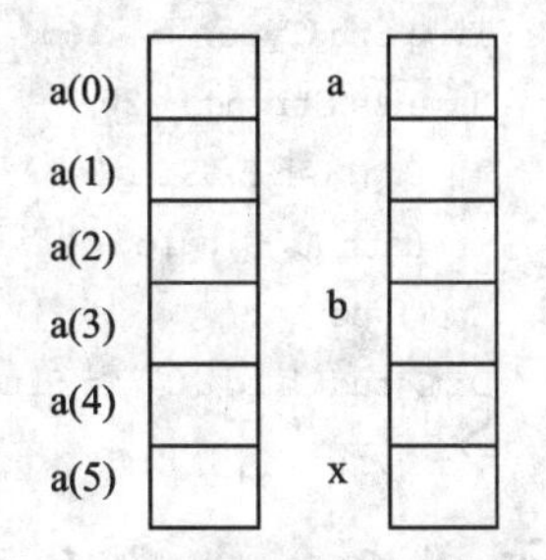

图1.2 数组与简单变量在内存中存放比较

例1.4 定义一个地址数据：

```
Type Address
Street As String * 20
ZipCode As String * 6
Phone As String * 10
End Type
```

这个地址数据里包括三个属性，街区、邮政编码和电话，可以把某数据变量定义成此类型：

```
Dim MyHome As Address
```

要调用或改变 MyHome 的值时，类似于对象的属性的操作：

变量名.域名="……"

为了简化书写重复的部分，可以用关键字"With"：

```
With MyHome
    .Street = "阜成路"
    .ZipCode = "100037"
    .Phone = "12345678"
End With
```

1.2.3 数据类型之间的区别

1. 基本数据类型、数组和记录的联系

基本数据类型构成数据类型的基本元素，如整型、字符型等；其他类型如数组、记录等则均由基本类型构造而成。构造是指将其基本类型重新组织并以一种新的形式再现(即数组、记录)；但就其中某一元素而言又不失其基本类型的特点。如定义一个整型数组，其中某一元素与基本类型无论在使用上还是在类型上完全一致，只是其形式不同了。数组为数据集合，是一整体；而基本类型为单一的不再含有其他分量的数据类型。

2. 基本数据类型、数组和记录的区别

- 基本数据类型：是数据类型的最基本单位，当需要变量保存某个数据时，应定义该变量相应的数据类型进行使用。
- 数组：在实际应用中，当要处理的同一性质的一批数据，例如，处理四十名学生某门功课的成绩，就须使用大量的变量，此时应使用数组及循环结构完成此类问题。
- 记录：数组能够存放一组性质相同的数据；但如果同时存放性质不同的数据，就须使用记录类型。

例1.5 定义同时存放10名学生的姓名、英语成绩和计算机成绩的变量。

本题可以由记录数组来实现，如：

```
Type StudType
Name As String * 20
    English As Single
    Math As Single
End Type
Dim stud(1 to 10) As StudType
```

1.3 变量和常量

1.3.1 相关概念

1. 编码规则

(1) 语句书写自由

1) 同一行上可以书写一条语句或多条语句。如果多条语句写在一行上,语句间用冒号":"隔开。例如:

```
Form1.Width = 300: Form1.Caption = "学生成绩管理系统": a = 1
```

但是为了方便阅读,最好一行写一条语句。

2) 一条语句如果在一行内写不下,允许将单行语句分成若干行书写,只要在行后加入续行符(一个空格后面跟一个下划线"_")将长语句分成多行。例如:

```
A = Shell("c:\winnt\system32\calc.exe",_
1)
A = "学生" &_
"成绩管理系统"
```

注意:续行符应加在运算符的前后,续行符不应将变量名和属性名分隔在两行上。

3) 一行允许多达 255 个字符。

(2) 代码中字母不区分大小写

1) 对用户程序代码中关键字的首字母总被转换成大写字母,其余字母一律转换为小写字母,提高了程序的可读性。

2) 对于用户自定义的变量名、过程名、函数名,以第一次定义的为准,以后输入的自动转换成首次定义的形式。

(3) 可以使用注释来增加程序的可维护性

注释有三种情况:

1) 用 Rem 开头引导注释行。

2) 用撇号"'"开始引导语句后的注释。

3) 使用"编辑"工具栏的"设置注释块"、"解除注释块"命令将若干语句行或文字设置/取消为注释块。注释可以和语句在同一行,并写在语句的后面;也可占据一整行。例如:

```
'这是从屏幕左边
'开始的注释
```

```
Text1.Text = "欢迎进入"          '在文本框中放入欢迎词
```

注意：

1）在同一行内，续行符之后不能加注释。

2）如果没有"编辑"工具栏，只要选择"视图"菜单的"工具栏"子菜单，然后选择"编辑"命令即可。

2. 标识符

1）组成标识符的字符有：A～Z、a～z、0～9 或下划线"_"。

2）标识符必须是以英文字母或下划线开始，后跟字母、数字或下划线组成的字符串。

3）标识符不能分行书写。

3. 常　量

常量是指在程序运行过程中值不能改变的量。常量按其使用可分为用户级常量和系统级常量。写程序时，常常会遇到一些固定不变的数据，用户可将其声明为常量，故称其为用户级常量。这样可以减少输入，简化固定数值的修改过程，可以增强程序的可读性和可修改性。系统级常量是指系统提供的自身拥有的常量。例如，表示颜色的常量，VbRed、VbBlack 等，可在代码中的任何位置代替实际值。

符号常量用 Const 定义，如：Const COLOR＝255。

常量的数据类型可以是：整型、长整型、单精度型、双精度型、字符型、布尔型、货币型、日期型、变体数据类型。

说明：

1）对于程序中经常出现的数值，应定义为常量。这样一是书写方便，二是如果要改变该数值，只须改变定义常量的语句值，而不须改变每个语句，提高了效率。

2）类型说明符不是常量的一部分，使用时要注意。

3）符号常量定义后，在定义变量时不能和符号常量重名。

4）常量一旦声明，在其后的代码中只能引用，不能改变，即只能出现在赋值号的右边，不能出现在赋值号的左边。

4. 变　量

变量是指在程序运行过程中值可以改变的量。一个变量有一个名字，在内存中占据一定的存储单元，在该存储单元中存放该变量的值。在同一个有效范围内，每个变量的名称必须唯一。其数据类型可以指定，也可以省略（即变体型）。

要区分变量名和变量值这两个不同的概念。打个比方，如果说变量是学生成绩，那么变量名是成绩，变量值是学生的分数值，即该课程的得分（成绩＝90）。如果学习期间，每学期成绩有变化，同样，程序运行期间，变量名不变，而变量值可以变化。

定义变量最简单的方法是用"Dim"关键字，它的语法格式如下：

Dim [变量名]As [数据类型]

例 1.6　定义一个整型变量。

```
Dim Index As Integer
```

例 1.7　在一行中定义多个变量。

```
Dim Index As Integer,Dim Number As Long
```

例 1.8 把多个变量定义成同一类型。

```
Dim a,b As Integer
```

有时为了简便,也以符号进行简单的定义,作用是和上面一样的。整型可以用"%"代替,长整型可以用"&"代替,单精度型可以用"!",双精度实型可以用"#"定义,如例 1.6 可以写成:

```
Dim Index%
```

1.3.2 变量与常量使用中的区别

常量在程序运行过程中值固定不变;而变量在程序运行中值可以变化,何时变化由程序员编写。

例 1.9 程序运行过程中变量与常量的区别。

```
Const PI = 3.14159                        'PI 被定义为常量
Dim r As Integer,area As Single           'r,area 被定义为变量
r = 2                                     'r 的值此时为 2
area = PI * r * r                         'r 的值仍为 2,area 的值此时为 12.5536
r = 5                                     'r 的值被改为 5
area = PI * r * r                         'r 的值仍为 5,area 的值此时为 78.53975
Print PI,area,r
```

运行结果是:

3.14159　　78.53975　　5

本段程序运行结束后,PI 值没有变化,而 r,area 则随着程序的运行不断被修改变化,所以学生在进行程序设计时,应该将固定不变的内容设计为常量,将程序运行中需要变化的内容设计为变量。

1.4 运算符与表达式

1.4.1 运算符的分类

VB 中的运算符有四类,分别是算术运算符、字符串运算符、关系运算符和逻辑运算符。每类运算符有不同的运算顺序和优先级别。

1. 算术运算符

算术运算符有:+、-、*、/、\、Mod、^。

说明:

1)" /"是除运算,例如 13/3=4.33333。

2)" \"是整除运算,例如 13\3=4。

3)"Mod"是取余运算,例如 13 Mod 3=1。

4）"^"是幂运算，例如 2^3＝8。

2. 字符串运算符

字符串运算符有：& 和＋，它们都是将两个字符串合并。

说明：

合并字符串时尽量使用"&"符号；虽然用"＋"也可以，但用在变异变量时，可能会将两个数值加起来。例如：原本想合并"1"和"2"为"12"，但用"＋"号，就变成了 1＋2＝3 了；必须将数值用引号括起来"1"＋"2"→"12"，使用要留心。

3. 关系运算符

关系运算符用于两个值的比较，其结果为 True 或 False，它既可以用于字符串，也可以用于数值。关系运算符有：＝、>、>＝、<、<＝、<>、Like、Is。

说明："Like"运算符，与"?"、"＊"、"＃"、[字符列表]、[！字符列表]结合，在数据库的 SQL 语句中经常使用，用于模糊查询。

例如：查找姓名变量中姓"刘"的学生，则表达式为：姓名 Like "刘＊"。

4. 逻辑运算符

逻辑运算符处理 Boolean 型数据，其结果也是 Boolean 型。

逻辑运算符有：Not、And、Or、Xor、Eqv、Imp。

说明：

1）"Not"：取反运算，当操作数为假时，结果为真；反之亦然。

2）"And"：可用于屏蔽某些位，例如：x＝x And 7，则 x 的值仅保留最低三位，其余高位均被屏蔽置为零。

3）"Or"：可用于把某些位置 1。例如：x＝x Or 7，则 x 的值最低三位被置为 1，其余高位值保持不变。

4）"Xor"：两个操作数不相同，即一真一假时，结果才为真；否则为假。运算符连续使用两次，可恢复原值。在动画设计时，用 Xor 模式可恢复原来图像。

5）"Eqv"：两个操作数相同时，结果才为真。

6）"Imp"：第一个操作数为真、第二个操作数为假时，结果才为假，其余结果均为真。

1.4.2　表达式

表达式可能含有多种运算。它由变量、常量、运算符、函数和圆括号按一定的规则组成。表达式运算结果的类型由数据和运算符共同决定。

说明：

1）括号必须成对出现，均使用圆括号，可以出现多个圆括号，但要配对出现。

2）乘号不能省略。例如：a 乘以 b 应写成 a＊b，不是 ab。

3）表达式从左到右在同一基准上书写，无高低和大小之区分。

例 1.10　将表达式$\frac{\sqrt{(2a+b)-c}}{(ab)^3}$写成 VB 的表达式。

表达式为

sqr((2＊a＋b)－c)/(a＊b)^3

1.4.3 优先级运算举例

算术运算符、逻辑运算符都有不同的优先级，关系运算符优先级相同。当一个表达式中出现了多个不同类型的运算符时，运算符优先级如下：

算术运算符＞字符运算符＞关系运算符＞逻辑运算符

说明：

1）当表达式中多个运算符的优先级相同时，采用自左向右进行运算。

2）对于多种运算符并存的表达式，可增加圆括号，改变优先级或使表达式更清晰。

常用的表达式包括：数值表达式、关系表达式、逻辑表达式和日期表达式。

1. 数值表达式

例 1.11 表达式 5＋10 Mod 10 \ 9 / 3＋2^2 在 VB 中的运算。

5+10 Mod 10 \ 9 / 3+2^2

② ①

③

④

⑤

⑥

表达式结果为：10。

2. 关系表达式

例 1.12 表达式"ABCDE"＞"ABMC"在 VB 中的运算。

表达式结果为：False。

首先 A 和 A 进行比较，ASCII 码相等，然后 B 和 B 继续比较，直到比较到 C 和 M，因为 M 的 ASCII 码值大于 C 的 ASCII 码值，所以表达式的结果为 False。

3. 逻辑表达式

例 1.13 在学生成绩管理系统中查找：年龄小于 20 岁的女同学的记录信息。

表达式为

年龄＜20 And 性别＝"女"

1.5 数 组

1.5.1 什么是数组

数组是一组相同类型的数据的有序集合。数组变量由数组名加圆括号和下标组成。定义格式如下：

数组名(下标 1[，下标 2…])

说明：

1）数组必须先定义后方可使用，数组名的命名与变量名的命名规则相同。由字母、数字和下划线构成，并且第一个字符必须是字母字符。

2）一个数组在内存中占据一片连续的存储单元，采用按行方式存储，数组名是该区域的首地址。

例如：a(0)、a(1)、…、a(5) 和 b(0,0)、b(0,1)、b(0,2)、…、b(10,0)、b(10,1)、b(10,2)。可分别称为 a 数组和 b 数组。数组中的每个下标变量称为数组元素。多维数组在内存中仍按一维数组元素存放。数组元素与内存单元的对应关系如图 1.3 所示。

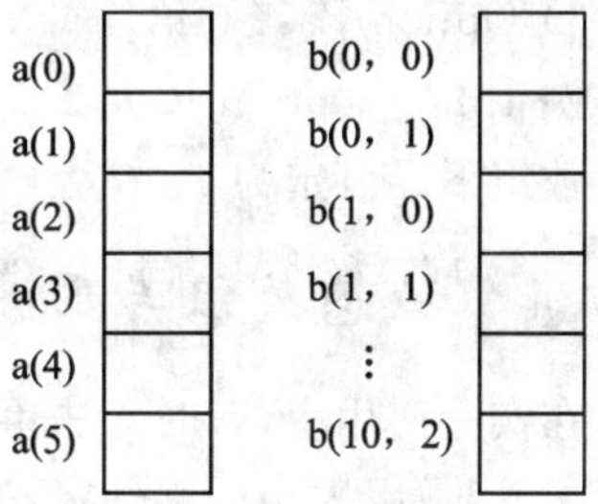

a(0)
a(1)
a(2)
a(3)
a(4)
a(5)

b(0, 0)
b(0, 1)
b(1, 0)
b(1, 1)
⋮
b(10, 2)

图 1.3　数组元素在内存中的分配

根据声明时下标的个数可确定数组的维数，具有一个下标的数组称为一维数组，具有两个或多个下标的数组称为二维数组或多维数组，数组最多可有 60 维；按声明时数组的大小是否确定，数组可分为静态数组和动态数组。

1.5.2　数组与简单变量的区别

数组是以基本数据类型为基础，构造比较复杂的数据类型。数组中每一个元素都属于同一个数据类型。

数组的定义类似于简单变量的定义，所不同的是数组需要指定数组中的元素个数。

例 1.14　Dim Array(99) As Integer。

这个数组中包含 100 个元素，下标从 0 到 99。

数组下标也可以指定其起始值。

例 1.15　Dim Array(2 to 10) As Integer。

这个数组含有 9 个元素，下标从 2 到 10。

可以定义多维数组。

例 1.16　Dim ThreeD(4,2 to 5,3 to 6) As Integer。

这个数组含有 16 个元素，这是一个三维 (4×4×4)数组，每一维有四个元素。

注意：由于数组元素在内存中要连续存放，所以需要内存有足够大的空余空间；而简单变量不需要连续存放，所以对内存要求不高。学生在程序设计时，既要考虑程序简单可读性好，也要考虑内存分配的问题，数组的维数尽量少一些。

1.5.3　固定大小的数组

固定大小的数组是指数组元素个数是固定不变的。根据固定大小数组的维数，可以将它分为一维数组和多维数组。

一维数组：

Dim 数组名(下标) [As 类型]

多维数组：

Dim 数组名(下标 1[,下标 2…]) [As 类型]

说明：

1）下标的个数，决定数组的维数，在 Visual Basic 中最多允许有 60 维数组。

2）数组的大小为每一维大小的乘积，每一维的大小等于上界－下界＋1。

3）Option Base n 语句可重新设定数组的下界。

例 1.17 Option Base 1。

数组下界设定为 1。

1.5.4 动态数组与固定大小数组的区别

在实际使用中，有时无法事先确定所需数组的大小，这就要用到动态数组。因为静态数组在定义时，数组大小必须确定，并且数组每一维的上、下界只能用数值常量或符号常量定义。

1. 动态数组

动态数组是指在定义数组时，未给出数组的大小，在使用时用 ReDim 语句给出数组大小的数组。使用动态数组比较灵活、方便，可以有效利用内存空间。ReDim 语句的定义格式如下：

ReDim [Preserve] 数组名(维数定义)as 类型

说明：

1）ReDim 语句只能在事件过程或通用过程中使用。

2）用 ReDim 语句只可以改变数组的大小和维数，但不可以改变数组的类型。

3）动态数组在使用过程中，可以多次用 ReDim 语句定义同一数组，每次使用 ReDim 语句都会使原来数组中的数据丢失；可以在 ReDim 语句中加 Preserve 参数保留原有数据。但使用 Preserve 参数时，只可以改变数组最后一维的大小，不可以改变数组的维数。

2. 建立动态数组通常采用的方法

1）先在窗体层、标准模块或过程中用 Public 或 Dim 语句声明一个无下标的数组，然后再在过程中用 ReDim 语句定义该数组的大小。

2）先不声明一个无下标的数组，直接用 ReDim 语句在过程中定义数组。但该数组不可以再用 ReDim 语句重新改变维数，只可以改变每一维元素的个数。

例 1.18 动态数组举例。

```
Dim b() As Long                     '在窗体或标准模块中声明一个无下标的数组
Private Sub Form_Click()
  Dim n As Integer
  n = 10
  ReDim b(n)                        '可以用常量、变量定义大小
  ReDim c(n) As Long                '直接用 ReDim 语句在过程中定义数组
  b(1) = 1: c(4) = 2: Print b(1); c(4);
  ReDim b(2,3)                      '可以重新定义数组的大小和维数,但不可以改变数组的类型
  b(2,2) = 3: Print b(2,2);
  ReDim Preserve b(2,5)             '使用 Preserve 参数,只可以改变数组最后一维的大小
  Print b(2,2); b(2,3)
End Sub
```


程序运行后，单击窗体，输出结果为

2 3 3 0

1.5.5 控件数组的作用

由一组相同类型的控件组成的数组称为控件数组。控件数组中的元素共用同一个控件

名，具有相同的属性设置。当控件建立时，数组中的每个控件都被赋予一个唯一的索引号(index number)，即下标。通过属性窗口的 Index 属性，可以知道每个控件的下标。第一个控件的下标是 0。控件数组中元素也采用控件数组名后圆括号内加下标的方法引用。例如，CmdArr(2)，表示 CmdArr 控件数组中的第 3 个控件。

控件数组中的控件共享同一个事件过程，所以适合用于若干控件执行的操作相类似的场合。

例 1.19 有一个 CmdArr 控件数组，由 5 个命令按钮组成，则不管单击哪一个命令按钮，都会调用该控件数组的单击事件过程：

```
Private Sub CmdArr_Click(Index As Integer)
  ´过程体内语句
End Sub
```

实现步骤如下：

1）新建一个工程，在窗体中添加一个命令按钮，将该控件的 Index 属性值置为 0，并将其名称属性置为“CmdArr”。

2）用“复制”和“粘贴”命令再复制出 4 个命令按钮。

3）在窗体中按表 1.1 所列设置窗体和控件的属性。

表 1.1　窗体和控件的属性设置

对　象	Name（名称）	Index（下标）	Caption（标题）
Form1	Form		控件数组应用演示
Command1	CmdArr	0	A
Command2	CmdArr	1	B
Command3	CmdArr	2	C
Command4	CmdArr	3	D
Command5	CmdArr	4	E

4）双击任意一个命令按钮，打开代码窗口，在控件数组事件过程中输入如下代码：

```
Private Sub CmdArr_Click(Index As Integer)
  Dim a As String
  a = CmdArr(Index).Caption
  MsgBox "你单击的是 " & a & "按钮",vbIn-
formation
End Sub
```

运行程序，当单击“A”命令按钮时，显示结果如图 1.4 所示。

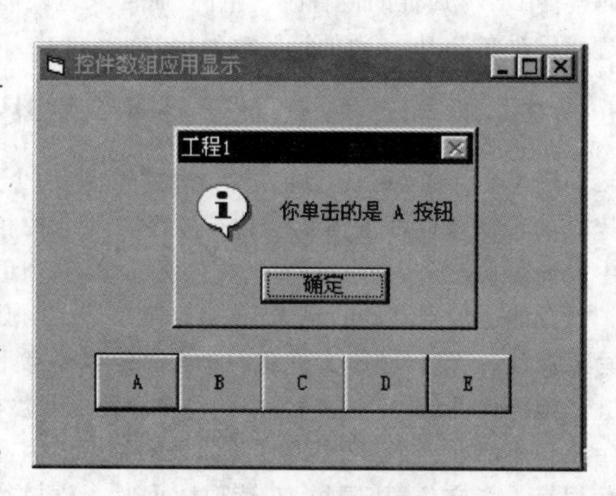

图 1.4　控件数组的应用

在控件数组事件过程的参数表中会增加一个 Index 参数。可通过该参数来确定当前事件来源于哪个控件。当在窗体中要处理多个同类型的控件时，使用控件数组可以减小代码的编写，给编程带来极大的方便。

1.6 文 件

1.6.1 为什么使用文件

任何一个需要保存数据到磁盘的程序都必须涉及到文件的操作。文件是指存储在外部介质(软盘、硬盘、光盘等)上的一组相关数据的集合。

在计算机中,文件随着分类方法的不同,名称也各不一致。

按文件的存取方式及其组成结构可以分为两种类型:顺序文件和随机文件。

按文件的数据编码方式可以分为 ASCII 码文件和二进制文件。

按文件的特征属性可以分为系统文件、隐藏文件、只读文件、文档文件和普通文件。

文件的读/写:计算机内存向外存文件传送数据,称为写文件;将外存文件中的数据向内存传送,称为读文件。

文件系统控件有三种:驱动器列表框 DriveListBox、目录列表框 DirListBox 和文件列表框 FileListBox,如表 1.2 所列。

表 1.2 文件系统常用控件

控 件	主要属性	主要事件
驱动器列表框:DriveListBox	Drive(包含当前选定的驱动器名)	Change
目录列表框:DirListBox	Path(包含当前路径)	Change
文件列表框:FileListBox	Path、FileName(包含选定的文件名)、Pattern(决定显示的文件类型)	Click、DblClick

说明:

1) 表 1.2 所列的属性中,Drive 和 Path 属性只能在运行时设置,不能在设计状态设置;而 FileName 和 Pattern 则可以在设计时设置。

2) 表 1.2 所列的事件中,驱动器列表框的 Chang 事件是在选择一个新的驱动器或通过代码改变 Drive 属性的设置时发生的;而目录列表框的 Chang 事件是在双击一个新的目录或通过代码改变 Path 属性的设置时发生的。

1.6.2 顺序文件、随机文件和二进制文件的区别

顺序文件的特点是以记录为单位一个接一个地排放,只知道第一个记录的存放位置,每个记录的长度可以根据需要变化。顺序文件结构相对简单,创建时,数据记录依次被写到文件中。要读某一个记录时只能从文件头开始,一个记录一个记录地读取,直至到达目标记录。新记录只能追加到文件的尾部;要修改某个记录则必须把整个文件读入内存,修改完成后再重新写入文件。所以,顺序文件适用于有一定规律且不需要经常修改的数据,如文本文件。

随机文件的特点是记录中的每个字段的长度是固定的,因此整个记录的长度也是固定的。每个记录都有一个记录号,表示记录的位置。因此在写入数据时,只要指定记录号,就可以把数据存入指定位置;同样,在读取数据时,只要指定记录号,就可以从文件中相应位置读出数据。所以,随机文件可随意访问文件中的任何一个记录。也正因为如此,随机文件的组织和管

理相对复杂，耗费的存储资源也相对较多。

随机文件中记录的长度由数据的类型决定，可以把一个用户自定义类型数据的一个记录作为向随机文件读/写的记录，即用户根据实际需要定义特殊的数据类型，随机文件中的记录长度即是用户自定义类型数据的长度。

二进制文件的特点是数据以字节定位，也就是数据以字节为单位存储，按二进制形式存放，无需特殊的管理信息，因此占用的存储空间少；但是不好理解，也不能用普通的字处理软件进行编辑。

1.6.3 几种文件在命令格式上的比较

关于顺序文件、随机文件和二进制文件在命令格式上的区别如表 1.3 所列。

表 1.3　三种文件在命令格式上的区别

文件类型	文件操作	
顺序文件	打开	Open 文件名 For 读/写方式 As [＃]文件号 [Len=记录长度]
	读语句	Input＃文件号，变量列表
		Line Input＃文件号，字符串变量
		Input $(读取的字符数，＃文件号)
	写语句	Print ＃文件号，[输出列表]或 Write＃文件号，[输出列表]
	关闭	Close [[＃]文件号]
随机文件	打开	Open 文件名 For Random As [＃]文件号 [Len=记录长度]
	读语句	Get [＃]文件号，[记录号]，变量列表或记录变量名
	写语句	Put [＃]文件号，[记录号]，变量列表或记录变量名
	关闭	与顺序文件命令相同
二进制文件	打开	Open 文件名 For Binary As [＃]文件号 [Len=记录长度]
	读语句	与随机文件命令相同
	写语句	与随机文件命令相同
	关闭	与顺序文件命令相同

下面通过三个例题分别应用三种文件编程，比较三种文件在应用中的区别。

例 1.20　编写一个复制顺序文件的程序。

```
Dim Str1 As String                          'Str1 用于存放从文件中读出的内容
Open "c:\windows\win.ini"For Input As ＃1    '以读方式打开要被复制的文件
Open "Test1.dat"For Output As ＃2            '以写方式打开要被写入的文件
Do While Not EOF(1)                         '＃1 文件未结束，进入循环
Input ＃1,Str1                              '读出＃1 文件内容放入 Str1
Write ＃2,Str2                              '将 Str1 内容写入＃2 文件
Loop
Close ＃1                                   '关闭＃1＃2 文件
Close ＃2
```

例 1.21　编写一个复制随机文件的程序。

```
Type Stud                                          '在标准模块中定义记录类型
   iNum As Integer
   sName As String * 20
   sMark As Single
End Type
Dim Student As Stud
Dim Num As Integer
Num = 1
Open "C:\stud1.dat"For Random As #1 Len = Len(Stud)   '打开存有 Stud 类型记录的文件
Open "Test2.dat"For Random As #2 Len = Len(Stud)      '打开要写入内容的文件
Do While Num<LOF(1)/Len(Stud)                       '当#1 文件记录数大于 Num 进入循环
  Get #1,Num,Student                                 '从#1 文件读出一条记录
Put #2,Num,Student                                   '将 Student 内容写入#2 文件
Num = Num + 1                                        '记录数增加 1
Loop
Close #1                                             '关闭#1#2 文件
Close #2
```

例 1.22 编写一个复制二进制文件的程序。

```
Dim ch As Byte
Open "C:\student2.dat"For Binary As #1
Open "C:\student2.bak"For Binary As #2
Do While Not EOF(1)
  Get #1,,ch
  Put #2,,ch
Loop
Close #1                                             '关闭#1#2 文件
Close #2
```

通过对三种文件命令的使用可以看出以下几点不同：

(1) 打开方式

顺序文件中读方式用 For Input，写方式用 For OutPut；而随机文件中无论读/写哪种方式均用 For Random；二进制文件中无论读/写哪种方式均用 For Binary。

(2) 读/写方式

顺序文件中读操作用 Input，写操作用 Write；而随机文件和二进制文件中读操作均用 Get，写操作均用 Put。

(3) 读/写内容的长度

顺序文件中 Input 语句将从文件中读出数据，并将读出的数据赋给指定的变量；而随机文件每次读/写的内容是记录 Stud 的长度；二进制文件每次读/写 B(字节)。

1.6.4 文件操作语句及函数

Visual Basic 提供了一些与文件操作有关的语句和函数，用户可以对文件或目录进行复制、删除等管理工作。具体文件操作语句及函数如表 1.4 所列。

表 1.4　文件操作语句及函数

语句格式	功　能	举　例
FileCopy　source,destination	复制一个文件	FileCopy "f1. doc","d：\f2. doc"
Kill　pathname	删除文件	Kill "d：\f2. doc"
Name oldname As newname	文件改名	Name "f1. doc"As "f3. doc"
ChDrive　drive	改变当前驱动器	ChDrive "d：\"
MkDir path	新建文件夹	MkDir"abc"
ChDir path	改变当前文件夹	ChDir "d：\abc"
Rmdir path	删除已有文件夹	Rmdir "d：\abc"
CurDir [(drive)]	确定任何驱动器为当前目录	CurDir("d：\tmp")

习题 1

1.1　选择题

1. 启动 Visual Basic 后，系统为用户新建的工程起一个名为(　　)的临时名称。
   (A) 工程 1　(B) 窗体 1　(C) 工程　(D) 窗体
2. Visual Basic 的编程机制是(　　)。
   (A) 可视化　(B) 面向对象　(C) 面向图形　(D) 事件驱动
3. 事件的名称(　　)。
   (A) 都要由用户定义　(B) 有的由用户定义，有的由系统定义
   (C) 都是由系统预先定义　(D) 是不固定的
4. 每个窗体对应一个窗体文件，窗体文件的扩展名是(　　)。
   (A) . bas　(B) . cls　(C) . frm　(D) . vbp
5. 英文缩写 OLE 的含义是(　　)。
   (A) 面向对象程序设计　(B) 对象链接
   (C) 对象嵌入　(D) 对象链接与嵌入
6. 在设计阶段，双击窗体 Form1 的空白处，打开代码窗口，显示(　　)事件过程模板。
   (A) Form_Click　(B) Form_Load
   (C) Form1_Click　(D) Form1_Load
7. 每建立一个窗体，工程管理器窗口中就会增加一个(　　)。
   (A) 工程文件　(B) 窗体文件
   (C) 程序模块文件　(D) 类模块文件
8. Visual Basic 是一种(　　)程序设计语言。
   (A) 过程式　(B) 非过程式　(C) 机器　(D) 低级
9. 设在窗体上有两个命令按钮，其中一个命令按钮的名称为 cmda，则另一个命令按钮的名称不能是(　　)。
   (A) cmdc　(B) cmdb　(C) cmdA　(D) Command1
10. 下列叙述正确的是(　　)。

(A) 对象是包含数据又包含对象数据进行操作的方法的物理实体

(B) 对象的属性只能在属性窗口中设置

(C) 不同的对象能识别不同的事件

(D) 事件过程都要由用户点击对象来触发

11. 下列关于设置控件属性的叙述正确的是(　　)。

(A) 用户必须设置属性值　　(B) 所有的属性值都可以由用户随意设定

(C) 属性值不必一一重新设置　　(D) 不同控件的属性项都完全一样

12. Cls 方法可以清除窗体或图片框中的(　　)内容。

(A) 在设计阶段使用 Picture 设置的背景位图

(B) 在设计阶段放置的控件

(C) 在运行阶段产生的图形和文字

(D) 以上全部内容

13. “对象”是计算机系统运行的(　　)。

(A) 程序单位　　(B) 逻辑单位　　(C) 物理实体　　(D) 基本实体

14. 下列各种窗体事件中,不能由用户触发的事件是(　　)。

(A) Load 事件和 Unload 事件　　(B) Click 事件和 Unload 事件

(C) Click 事件和 DblClick 事件　　(D) Load 事件和 Initialize 事件

15. 控件是(　　)。

(A) 建立对象的工具　　(B) 设置对象属性的工具

(C) 编写程序的编辑器　　(D) 建立图形界面的编辑窗口

16. 当事件能被触发时,(　　)就会对该事件做出响应。

(A) 对象　　(B) 程序　　(C) 控件　　(D) 窗体

17. 当一个对象(如窗体或图片框)被移动或改变大小之后,或当一个覆盖该窗体被移开之后,如果要保持该所画图形的完整性,可以选择触发(　　)事件来完成图形的重画工作。

(A) Paint　　(B) Load　　(C) Click　　(D) Active

18. 标准工具箱中的控件(　　)。

(A) 数目是固定不变的　　(B) 数目可以增加或不可以减少

(C) 包含了 Visual Basic 所有控件　　(D) 在窗体建立对象时不一定被使用

19. 下列关于属性设置的叙述错误的是:(　　)。

(A) 一个控件具有什么属性是 VB 预先设计好的,用户不能改变

(B) 一个控件具有什么属性是 VB 预先设计好的,用户可以改变

(C) 一个控件的属性既可以在属性窗口中设置,也可以用程序代码设置

(D) 一个控件的属性在属性窗口中设置,还可以利用程序代码为其设置新值

20. 下列说法正确的是(　　)。

(A)对象属性只能在“属性窗口”中设置

(B)一个新的工程可以在“工程窗口”中建立

(C)必须先建立一个工程,才能开始设计应用程序

(D)只能在“代码窗口”中编写程序代码

21. 要在 FORM_LOAD 事件过程中使用 PRINT 方法在窗体上输出一定的内容应(　　)。

(A) 设置窗体的 VISIBLE 属性　　(B) 设置窗体的 AUTOREDRAW
(C) 调用窗体的 SHOW 方法　　(D) 设置窗体 ENABLED 属性

22. 如果将布尔常量值 TRUE 赋值给一个整型变量,则整型变量的值为(　　)。
(A) 0　　(B) −1　　(C) TRUE　　(D) FALSE

23. 下列关于控件画法的叙述错误的是(　　)。
(A) 单击一次工具箱中的控件图标,只能在窗体上画出一个相应的控件
(B) 按住 CTRL 键后单击一次工具箱中的控件图标,可以在窗体上画出多个相同类型的控件
(C) 双击工具箱中的控件图标,所画控件的大小和位置是固定的
(D) 不使用工具箱中的控件工具,不可以在窗体上画出图形对象,但可以写入文字字符

24. 应用程序设计完成后,应将程序保存,保存的过程是(　　)。
(A) 只保存窗体文件即可
(B) 只保存工程文件即可
(C) 先保存工程文件,之后保存窗体文件
(D) 先保存窗体文件(或标准模块文件),之后还要保存工程文件

25. VB 应用程序的运行模式是(　　)。
(A)解释运行模式　　(B) 编译运行模式
(C) A、B 两者都有　　(D) 汇编模式

26. 可视化编程的最大优点是(　　)。
(A) 具有标准工具箱
(B) 一个工程文件由若干个窗体文件组成
(C) 不需要编写大量代码来描述图形对象
(D)所见即所得

27. 下列叙述不正确的是(　　)。
(A) 注释语句是非执行语句,仅对程序的内容起注释作用,它不被解释和编译
(B) 注释语句可以放在代码中的任何位置
(C) 注释语句不能放在续行符的后面
(D) 代码中加入注释语句的目的是提高程序的可读性

28. 语句 PRINT"INT(−13.2)";INT(−13.2)的输出结果为(　　)。
(A) INT(−13.2)= −13.2　　(B) INT(−13.2)= 13.2
(C) INT(−13.2)= −13　　(D) INT(−13.2)= −14

29. 变量未赋值时,数值型变量的值为(　　)。
(A) 0　　(B) 空　　(C) 1　　(D) 无任何值

30. 假设变量 BOOLVAR 是一个布尔型变量,则下面正确的赋值语句是(　　)。
(A) BOOLVAR=‘TRUE’　　(B) BOOLVAR=.TRUE.
(C) BOOLVAR=＃TRUE＃　　(D) BOOLVAR=3＜4

31. 表达式 X+1＞X 是(　　)。
(A) 算术表达式　　(B) 非法表达式　　(C) 字符表达式　　(D) 关系表达式

32. 以下(　　)程序段可以实施 X、Y 变量值的变换。

(A) Y=X: X=Y　　(B) Z=X: Y=Z: X=Y

(C) Z=X: X=Y: Y=Z　　(D) Z=X: W=Y: Y=Z: X=Y

33. 语句 PRINT"SGN(－26)＝";SGN(－26)的输出结果为(　　)。

(A) SGN(－26)＝26　　(B) SGN(－26)＝ －26

(C) SGN(－26)＝ ＋1　　(D) SGN(－26)＝ －1

34. 要强制显示声明变量,可在窗体模块或标准模块的声明段中加入语句(　　)。

(A) Option Base 0　　(B) Option Explicit

(C) Option Base 1　　(D) Option Compare

35. \、/、Mod、* 等 4 个算术运算符中,优先级最低的是(　　)。

(A)\　　(B) /　　(C) Mod　　(D) *

36. 表达式 Mid("SHANGHAI",6,3)的值是(　　)。

(A) SHANGH　　(B) SHA　　(C) ANGH　　(D) HAI

37. 代数式 x1 － | a | ＋ ln10 ＋ sin(x2 ＋ 2л) / cos(57°)对应的 Visual Basic 表达式是(　　)。

(A)X1 － Abs(A) ＋ Log(10) ＋ Sin(X2＋2 * 3.14) / Cos(57 * 3.14/180)

(B)X1 － Abs(A) ＋ Log(10) ＋ Sin(X2＋2 * л) / Cos(57 * 3.14/180)

(C)X1 － Abs(A) ＋ Log(10) ＋ Sin(X2＋2 * 3.14) / Cos(57)

(D)X1 － Abs(A) ＋ Log(10) ＋ Sin(X2＋2 * л) / Cos(57)

38. 删除字符串前导和尾随空格的函数是(　　)。

(A) Ltrim()　　(B) Rtrim()　　(C) Trim()　　(D) Lcase

39. 系统符号常量的定义通过(　　)获得。

(A) 对象浏览器　　(B) 代码窗口　　(C) 属性窗口　　(D) 工具箱

40. 代数式 e^xSin(30°)2x/(x+y)lnx 对应的 VB 表达式是(　　)。

(A) E^X * Sin(30 * 3.14/180) * 2 * x/x+y * log(x)

(B) Exp(x) * Sin(30) * 2 * x/(x+y) * ln(x)

(C) Exp(X) * Sin(30 * 3.14/180) * 2 * x/(x+y) * log(x)

(D) Exp(X) * Sin(30 * 3.14/180) * 2 * x/(x+y) * ln(x)

41. INT(100 * RND(1))产生的随机整数的闭区间是(　　)。

(A) [0,99]　　(B) [1,100]　　(C) [0,100]　　(D) [1,99]

42. 设 A=“abcdefghijklm”,(　　)的函数值为“jklm”。

(A) Mid(A,10,14)　(B) Ringht(A,4)　(C) Mid(A,10,4)　(D) Left(A,10,4)

43. 如果 X 是一个正的实数,将千分位四舍五入,保留两位小数的表达式是(　　)。

(A) 0.01 * int(x+0.05)　　(B) 0.01 * int(100 * (x+0.005))

(C) 0.01 * int(100 * (x+0.05))　　(D) 0.01 * int(x+0.005)

44. 不能正确表示条件“两个整型变量 A 和 B 之一为 0,但不能同时为 0”的布尔表达式(　　)。

(A) A * B=0　AND　A<>B

(B) (A=0　OR　B=0)　AND　A<>B

(C) A=0　AND　B<>0　OR　A<>0　AND B=0

(D) A * B=0　AND(A=0　OR　B=0)

45. 下列对变量的定义中,不能定义 A 为变体变量的是(　　)。

(A) DIM A AS DOUBLE (B) DIM A AS VARIANT

(C) DIM A (D) A=24

46. 表达式 INT(8 * SQR(36) * 10^(-2) * 10+0.5)/10 的值是( )。

(A) 0.48 (B) 0.048 (C) .5 (D) .05

47. 将任意一个正的两位数 N 的个位数与十位数对换的表达式为( )。

(A) (N-INT(N/10) * 10) * 10+INT(N/10)

(B) N- INT(N/10) * 10) * 10+INT(N)/10

(C) INT(N/10)+(N-INT(N/10)

(D) (N- INT(N/10))+INT(N/10)

48. 货币型数据需( )字节。

(A) 2 (B) 4 (C) 6 (D) 8

49. 以下可以作为 VB 变量名的是( )。

(A) SIN (B) CO1 (C) COS(X) (D) X(-1)

50. MSGBOX 函数中有 5 个参数,其中必须写明的参数是( )。

(A)指定对话框中显示按钮的数目 (B) 设置对话框标题

(C)提示信息 (D) 所有参数都是可选的

51. 下列( )是日期型常量。

(A) "2/1/02" (B) 2/1/02 (C) #2/1/02# (D) |2/1/02|

52. OPTION EXPLICIT 语句不可以放在( )。

(A) 窗体模块的声明段中 (B) 标准模块的声明段中

(C) 类模块的声明段中 (D) 任何事件过程中

53. VB 认为下面( )组变量是同一个变量。

(A) A1 和 a1 (B) SUM 和 SUMMARY

(C) AVER 和 AVERAGE (D) A1 和 A_1

54. 定义货币类型数据应该用关键字( )。

(A) SINGLE (B) DOUBLE (C) CURRENCY (D) BOOLEAN

55. 表达式 2+3 * 4^5-SIN(X+1)/2 中最先进行的运算是( )。

(A) 4^5 (B) 3 * 4 (C) x+1 (D) SIN

56. 声明符号常量应该用关键字( )。

(A) Static (B) Const (C) Private (D) V26/ariant

57. 函数 Int(Rnd(0) * 100)是下列哪个范围内的整数( )。

(A) (0,10) (B) (1,100) (C) (0,100) (D) [1,99]

58. 表达式(-1) * Sgn(-100+Int(Rnd * 100))的值是( )。

(A) 0 (B) 1 (C) -1 (D) 随机数

59. 产生[10,37]之间的随机整数的 Visual Basic 表达式是( )。

(A) Int(Rnd(1) * 27)+10 (B) Int(Rnd(1) * 28)+10

(C) Int(Rnd(1) * 27)+12 (D) Int(Rnd(1) * 28)+11

60. 设 A、B、C 表示三角形的 3 条边,表示条件“任意两边之和大于第三边”的布尔表达式可以用( )表示。

(A) A+B>=C Or A+C>=B Or B+C>=A

(B) Not(A+B<=C Or A+C<=B Or B+C<=A)

(C) A+B>C And A+C>B And B+C>A　　(D) 2*(A+B+C)>A+B+C

61. 在一个语句行内写多条语句时,语句之间应该用(　　)分隔。

(A) 逗号　　(B) 分号　　(C) 顿号　　(D) 冒号

62. 函数 Len(Str(Val("123.4")))的值为(　　)。

(A) 11　　(B) 5　　(C) 6　　(D) 8

63. InputBox 函数返回的函数值的类型是(　　)。

(A) 数值　　(B) 字符串　　(C) 数值或字符串

(D) 根据需要可以是任何类型数据

64. 表达式(7\3+1)*(18\5-1)的值是(　　)。

(A) 8.76　　(B) 7.8　　(C) 6　　(D) 6.67

65. 常量-0.000 135 79 的科学计数法是(　　)。

(A) -1.357 9E+0.4　　(B) 1.357 9E-4

(C) -13.579E-5　　(D) -1.357 9E -0.4

66. 函数 InStr("VB 程序设计教程","程序")的值为(　　)。

(A) 1　　(B) 2　　(C) 3　　(D) 4

67. 函数 Ucase(Mid("visual basic",8,8))的值为(　　)。

(A) visual　　(B) basic　　(C) VISUAL　　(D) BASIC

68. Rnd 函数不可能产生的(　　)值。

(A) 0　　(B) 1　　(C) 0.1234　　(D) 0.00005

69. 表达式 25.28 Mod 6.99 的值是(　　)。

(A) 1　　(B) 5　　(C) 4　　(D) 出错

70. 下面的数组声明语句中(　　)是正确的。

(A) Dim A[3,4]As Integer　　(B) Dim A(3,4)As Integer

(C) Dim A[3;4]As Integer　　(D) Dim A(3：4)As Integer

71. 用语句 Dim A (- 3 To 5) As Integer 定义的数组的元素个数是(　　)。

(A) 6　　(B) 7　　(C) 8　　(D) 9

72. 设有如下的记录类型

```
Type Student
number As string * 6
name As String * 8
age As Integer
End Type
```


则正确引用该记录类型变量的代码是(　　)。

(A) Student.name="张红"

(B) Dim As Student：s.name="张红"

(C) Dim s As Student：s.name="张红"

(D) Dim s As Type：s.name="张红"

73. 要建立一个学生成绩的随机文件，定义学生的记录类型，由学号、姓名、三门课程成绩（百分制）组成，下列程序段正确的是（　　）。

(A)
```
Type studl
no As Integer
name AS String
score(1 to 3) As Single
End Type
```

(B)
```
Type studl
no As Integer
name As String * 10
score()As Single
End Type
```

(C)
```
Type studl
no As Integer
name As String  * 10
score(1 to 3) As Single
End Type
```

(D)
```
Type studl
no As Integer
name As String
score (1 to 3) As String
End Type
```

74. 下列关于事件和事件过程的说法中，不正确的一项是（　　）。
(A) 事件是对象对外部操作的响应
(B) 事件过程是事件的处理程序，与事件一一对应，事件过程名定义格式如下：对象.事件名
(C) 每个对象所能响应的一系列事件是由 VB 系统预先定义好的
(D) VB 程序的执行是由事件控制的，事件的顺序决定了代码的执行顺序

75. 一个工程中含有窗体 Form1、Form2 和标准模块 Model1，如果在 Form1 中有语句 Pubilc X As Integer，在 Model1 中有语句 Pubilc Y As Integer，则以下叙述中正确的是（　　）。
(A) 变量 X、Y 的作用域相同　　(B) Y 的作用域是 Model1
(C) 在 Form1 中可以直接使用 X　　(D) 在 Form2 中可以直接使用 X 和 Y

76. 如下数组声明语句，正确的是（　　）。
(A) Dim a[3,4] As Integer　　(B) Dim a(3,4) As Integer
(C) Dim a(n,n) As Integer　　(D) Dim a(3　4) As Integer

77. 有如下数组声明语句，则数组 a 包含的元素的个数是（　　）。
Dim a(3,－2 to 2,5)
(A)120　　(B) 75　　(C) 60　　(D) 1

78. 语句 Dim A&(10),B#(10,5)定义了两个数组，其类型分别为（　　）。
(A) 一维实型数组和二维双精度型数组
(B) 一维整型数组和二维实型数组
(C) 一维实型数组和二维整型数组
(D) 一维长整型数组和二维双精度型数组

79. 下面语句中错误的是（　　）。
(A) ReDim Preserve Matrix(10,UBound(Matrix,2)＋1)
(B) ReDim Preserve Matrix(UBound(Matrix,1)＋1,10)
(C) ReDim Preserve DynArray(UBound(DynArray)＋1)
(D) ReDim DynArray(UBound(DynArray)＋1)

80. 可以唯一标识控件数组中的每一个控件属性的是（　　）。

(A) Name　　(B) Caption　　(C) Index　　(D) Enabled

81. 一个数组说明为 Dim a(5,1 to 5) As Integer,则该数组共有(　　)个元素。

(A) 25　　(B) 36　　(C) 30　　(D) 不确定

82. 数组的下标可取的变量类型是(　　)。

(A) 数值型　　(B) 字符型　　(C) 日期型　　(D) 可变型

83. 下列程序段错误的是(　　)。

(A) Dim a　As Integer：　　a = Array(1,2,3,4)

(B) Dim a(),b()：　　a = Array(1,2,3,4)：b = a

(C) Dim a As Variant：　　a = Array(1,"asd",true)

(D) Dim a() As Variant：　　a = Array(1,2,3,4)

84. 下列数组声明正确的是(　　)。

(A) n=5：　Dim a(1 to n) As Integer

(B) Dim a(10) As Integer：　ReDim a(1 to 12)

(C) Dim a() As Single：　ReDim a(3 ,4) As Integer

(D) Dim a() As Integer：　n=5：　ReDim a(1 to n) As Integer

85. 有数组定义语句 Dim a(−1,5)As Integer,则数组 a 中包含的元素个数是(　　)。

(A) 5　　(B) 6　　(C) 7　　(D) 8

86. 有数组说明语句 Dim a() As Integer,则数组 a 为(　　)。

(A) 定长数组　　(B) 动态数组

(C) 可变类型数组　　(D) 静态数组

87. 下面数组说明语句中,正确的是(　　)。

(A) Dim a(1 To 4,5) As String　　(B) Dim a(n,n) As Integer

(C) Dim a(5,−5) As Double　　(D) Dim a(1 to 3,4 to - 1) As Single

88. 设有数组说明语句 Dim a(−1 To 3,−2 To 2),则数组 a 中元素个数是(　　)。

(A) 6　　(B) 16　　(C) 20　　(D) 25

89. 下面选项中错误的是(　　)。

(A) Dim a　As Variant ：a=Array("Mon","Tue","Wen")

(B) Dim a：a=Array(1,2,3)

(C) Dim a As Integer：a=Array(1,2,3)

(A) Dim a()　As Variant ：a=Array(1,2,3)

90. 如果有声明Option Base 3

　　　　Dim a(15) As Integer

则该数组共有(　　)个元素。

(A) 15　　(B) 16　　(C) 13　　(D) 不确定

91. 下面打开文件的方式那种可以直接在文件尾添加数据(　　)。

(A) Append　　(B) Binary　　(C) Input　　(D) Output

92. 以下关于动态数组的描述正确的是(　　)。

(A) 数组的大小是固定的,但可以有不同类型的数组元素

(B) 数组的大小是可变的,但所有数组元素的类型必须相同

(C) 数组的大小是固定的，但所有数组元素的类型必须相同

(D) 数组的大小是可变的，但可以有不同类型的数组元素

93. 如果有声明 Dim a(5) As Integer，则该数组共占用(　　)字节内存。

(A) 5　　(B) 6　　(C) 10　　(D) 12

94. 可变数组的各个下标变量的数据类型(　　)。

(A) 相同　　(B) 不相同　　(C) 两可　　(D) 都不对

95. 下面(　　)不是 VB 的文件类控件。

(A) DriveListBox 控件　　(B) DirListBox 控件

(C) FileListBox 控件　　(D) MsgBox

96. 下面关于文件的叙述哪个最准确(　　)。

(A) 文件是存储在硬盘上的数据集合

(B) 文件是存储在软盘上的数据集合

(C) 文件是存储在光盘上的数据集合

(D) 文件是存储在外部介质上的数据集合

97. 下面哪个不属于文件系统的3个控件(　　)。

(A) 驱动器列表框控件　　(B) 目录列表框控件

(C) 文件列表框控件　　(D) 组合框控件

98. 驱动器列表框控件用于获取或设置选中的驱动器的属性是哪一个(　　)。

(A) Drive 属性　　(B) Name 属性　　(C) Enabled 属性　　(D) Top 属性

99. 下面命令哪一个是对文件操作的命令(　　)。

(A) ChDir　　(B) MkDir　　(C) RmDir　　(D) Kill

100. 按照对文件的存取要求，可以把文件分成3种，下面哪一种是错误的(　　)。

(A) 顺序文件　　(B) 随机文件　　(C) 数据文件　　(D) 二进制文件

101. 文件号最大可取的值为(　　)。

(A) 255　　(B) 511　　(C) 512　　(D) 256

102. 下面关于顺序文件的特点错误的是(　　)。

(A) 记录一个接一个地排放

(B) 每个记录的长度可以根据需要变化

(C) 顺序文件结构相对简单，创建时，数据记录依次被写到文件中

(D) 新纪录可以追加到文件的任意位置

103. 下面哪个不是随机文件的特点(　　)。

(A) 每个记录的长度是固定的

(B) 每个记录都有一个记录号，能够得到相应记录的位置

(C) 在读取数据时，只能按顺序读取

(D) 随机文件的组织和管理相对简单，耗费的存储资源相对较少

104. 下面哪个是二进制文件的特点(　　)。

(A) 数据以字节为单位进行存储

(B) 数据以记录为单位进行存储

(C) 数据以字为单位进行存储

(D) 可以操作文本文件

105. 有如下语句：Open "f1.dat" For Random As ＃1 Len ＝15，表示文件 f1.dat 每个记录的长度等于(　　)。

(A) 15 个字符　　(B) 15 个字节

(C) 或小于 15 个字符　　(D) 或小于 15 个字节

106. 下列关于顺序文件的描述，正确的是(　　)。

(A) 每条记录的长度必须相同

(B) 可通过编程对文件中的某条记录方便地进行修改

(C) 数据只能通过以 ASCII 码形式存放在文件中，所以可通过文本编辑软件显示

(D) 文件的组织结构复杂

107. 下面关于随机文件的描述，不正确的是(　　)。

(A) 每条记录的长度必须相同

(B) 一个文件中记录号不必唯一

(C) 可通过编程对文件中的某条记录方便地进行修改

(D) 文件的组织结构比顺序文件复杂

108. 按文件的组织方式分为(　　)。

(A) 顺序文件和随机文件　　(B) ASCII 文件和二进制文件

(C) 程序文件和数据文件　　(D) 磁盘文件和打印文件

109. 顺序文件是因为(　　)。

(A) 文件中按每条记录的记录号是从小到大排序好的

(B) 文件中按每条记录的长度是从小到大排序好的

(C) 文件中按记录的某关键数据项的从大到小的顺序

(D)记录是按进入的先后顺序存放的，读出也是按原写入的先后顺序读出

110. 随机文件是因为(　　)。

(A) 文件中的内容是通过随机数产生的

(B) 文件中的记录号是通过随机数产生的

(C) 可对文件中的记录根据记录号随机地读/写

(D) 文件的每条记录的长度是随机的

111. 文件列表框的 Pattern 属性的作用是(　　)。

(A) 显示当前驱动器或指定驱动器上的目录结构

(B) 显示当前驱动器或指定驱动器上的某目录下的文件名

(C) 显示某一类型的文件

(D) 显示该路径下的文件

112. KILL 语句在 VB 语言中的功能是(　　)。

(A) 清内存　　(B) 清病毒

(C) 删除磁盘上的文件　　(D) 清屏幕

113. Print ＃1，STR1＄中的 Print 是(　　)。

(A) 文件的写语句　(B) 在窗体上显示的方法

(C) 子程序名　　(D) 以上均不是

114. 为了建立一个随机文件，其中每一条记录由多个不同数据类型的数据项组成，应使用( )。

(A) 记录类型　(B) 数组　(C) 字符串类型　(D) 变体类型

115. 要从磁盘上读入一个文件名为"c：\t1. txt"的顺序文件，下列( )正确。

(A) F="c：\t1. txt"：　Open F For Input As #1

(B) F="c：\t1. txt"：　Open "F" For Input As #2

(C) Open "c：\t1. txt" For Output As #1

(D) Open c：\t1. txt For Input As #2

116. 要从磁盘上新建一个文件名为"c：\t1. txt"的顺序文件，下列( )正确。

(A) F="c：\t1. txt"：　Open F For Append As #2

(B) F="c：\t1. txt"：　Open "F" For Output As #2

(C) Open c：\t1. txt For Output As #2

(D) Open "c：\t1. txt" For Output As #2

117. 若有如下定义：Dim fs As New FileSystemObject，f As File，现在要引用C盘根目录下存放的文件text. txt，可以使用的代码是( )。

(A) f=fs. GetFile("c：\text. txt")　(B) Set f=fs. GetFile("c：\text. txt")

(C) f=fs. GetFile("text. txt")　(D) Set f=fs. GetFile("text. txt")

118. 设有语句：Open "c：\Test. Dat" For Output As #1 则以下错误的叙述是( )。

(A) 该语句打开C盘根目录下一个已存在的文件Test. dat

(B) 该语句在C盘根目录下建立一个名为Test. Dat的文件

(C) 该语句建立的文件的文件号为1

(D) 执行该语句后，就可以通过Print#语句向文件Test. Dat中写入信息

119. 文件的基本操作指的是文件的删除、拷贝、移动、改名等，对文件进行改名的操作是( )。

(A) FileCopy　(B) Name　(C) ReName　(D) Kill

120. 在窗体中添加两个文本框(Name属性分别为Text1和Text2)，一个命令按钮(Name属性为Command1)。设有以下的数据类型：

```
Type student
ID As Integer
Name As String * 10
End Type
Dim stu As student
```

程序运行后，文本框Text1中输入ID，文本框Text2中输入Name，当单击命令按钮时，将两个文本框内的内容写入一个随机文件c：\f1. txt中，能够正确实现上述功能的代码是( )。

(A) Private Sub Command1_Click()

```
    Open "c:\f1.txt" For Random As #1 Len = Len(stu)
    stu.ID = Val(Text1.Text)
    stu.Name = Text2.Text
    Put #1,1,stu
    Close #1
End Sub
```

(B) Private Sub Command1_Click()

```
    Open "c:\f1.txt" For Random As #1 Len = Len(stu)
    stu.ID = Val(Text1.Text)
    stu.Name = Text2.Text
    Put #1,stu.ID,stu.Name
    Close #1
End Sub
```

(C) Private Sub Command1_Click()

```
    Open "c:\f1.txt" For Random As #1 Len = Len(stu)
    stu.ID = Val(Text1.Text)
    stu.Name = Text2.Text
    Write #1,1,stu
    Close #1
End Sub
```

(D) Private Sub Command1_Click()

```
    Open "c:\f1.txt" For Random As #1 Len = Len(stu)
    stu.ID = Val(Text1.Text)
    stu.Name = Text2.Text
    Write #1,stu.ID,stu.Name
    Close #1
End Sub
```

1.2 填空题

1. 如果要在单击钮时执行一段代码,则应将这段代码写在(　　)事件过程中。
2. 一个工程可以包括多种类型的文件,其中,扩展名为.vbp 的文件表示(　　)文件;扩展名为.frm 的文件表示(　　)文件;扩展名为.bas 的文件表示(　　)文件;包含 ActiveX 控件的文件扩展名为(　　)。
3. Visual Basic 6.0 用于开发(　　)环境下的应用程序。
4. VisualBasic 的控件通常分为 3 种类型,即(　　)、(　　)、(　　)。其中,(　　)不能从工具箱中被删除,(　　)单独保存在.OCX 文件中,在必要时可以加入到工具箱中。
5. 对象具有属性和(　　)。
6. 对象的属性是用(　　)来描述的。
7. 对象是既包含(　　),又包含对(　　)的方法,并将其封装起来的一个逻辑实体。

8. MSGBOX 函数的“TYPE”参数作用是(　　)。
9. 源程序中的错误一般分为编辑时错误、编译时错误和(　　)时错误。
10. VB 把一个应用程序称为一个(　　),它包含各种文件。
11. VB 中,整型数据占(　　)B(字节)空间。
12. 100%表示 100 为(　　)类型的数据。
13. 符号常量在某一过程中说明,则该符号常量只能在(　　)内有效。
14. 若一个整型变量说明之后没有给它赋值,则它的值为(　　)。
15. 在 VB 中可以把类型说明符放在变量名的(　　)面来说明变量的类型。
16. 当进入 VB 集成环境,发现没有显示"工具箱"窗口时,应选择(　　)菜单的“工具箱”选项,使工具箱窗口显示。
17. 要使新建工程时,在模块的“通用声明”段中自动加入"Option Explicit",应用对(　　)菜单中的“选项”项进行设置。
18. 在 VB 中,若要初始化随机数(RND)的产生器使用(　　)语句。
19. 在 VB 中,常量的标识符为(　　)。
20. 在 VB 中,InputBox()函数接收的是(　　)类型数据。
21. 逻辑类型常量 true 相当于数值(　　)。
22. 数学表达式 sin15°＋ －ln(3x)的 VB 算术表达式为(　　)。
23. 已知 a=3.5,b=5.0,c=2.5,d=true 则表达式：a>=0 AND a+c>b+3 OR NOT d 的值是(　　)。
24. 表达式 30－true 的值是(　　)。
25. 表达式“计算机” &“与程序设计”的值是(　　)。
26. 表达式"100"+200 的值是(　　)。
27. 表达式"100"+"200"的值是(　　)。
28. 表达式"abcd" & 100 的值是(　　)。
29. 表达式(3+6)\2 的值是(　　)。
30. 表达式 18\4 * 4.0^2/1.6 的值是(　　)。
31. 若变量 a、b、c 值依次为 True、True、False,则表达式 not a and not c 的值是(　　)。
32. 表达式 len("123 程序设计 ABC")的值是(　　)。
33. 函数 Fix(4.8)的值是(　　)。
34. 产生从整数 a 到整数 b 之间的随机整数,可以使用表达式(　　)。
35. 设 S 是字符串变量,并且串长度为 7,写出生成由 S 的偶数序号字符组成的字符串的表达式是(　　)。(如：把字符串"ABCDEFG"变成"BDF"。)
36. 静态数组是指数组元素的个数(　　)的数组。
37. DIM a (3,－3 to 0,3 to 6) as String 语句定义的数组元素有(　　)个。
38. 要使同一类型控件组成一个控件数组,必须要求(　　)。
39. 在定义数组时,不指明下标下界时,则默认的下界从 0 开始,若要使下界从 1 开始,可用(　　)语句。
40. 数组最多可有(　　)维。
41. 数组中元素的个数不固定的数组叫(　　)。

42. 建立控件数组的方法有两种，在(　　)建立和在运行时添加。
43. 控件数组中每个下标的值由(　　)属性指定。
44. 用 Array 函数给数组元素赋值，数组变量可先定义，但数据类型必须是(　　)类型，并且不可以定义数组长度。
45. 用 Array 函数可以给数组赋初值，并且 Array 函数只能用于(　　)维数组。
46. 自定义数据类型的元素类型可以是字符串，但应是(　　)字符串。
47. 设某个程序中要用到一个二维数组，要求数组名为 A，类型为字符串类型，第一维下标从 1 到 5，第二维下标从 -2 到 6，则相应的数组声明语句为(　　)。
48. 根据所给条件：
    (A) 闰年的条件是：年号(year)能被 4 整除，但不能被 100 整除；或者能被 400 整除；
    (B) 一元两次方程 ax2＋bx＋c＝0 有实根的条件为 a≠0，并且 b2－4ac≥0；
    (C) 征兵的条件：男性(sex)年龄(age)在 18～20 岁之间，身高(size)在 1.65 m 以上，或者女性年龄在 16～18 岁之间，身高在 1.60 m 以上；
    (D) 分房的条件为已婚(marrigerat)，年龄(age)在 26 岁以上，工作年限(workingage)在 5 年以上。

    分别列出逻辑表达式。

1.3 阅读程序写结果

1. 在窗体上画一个命令按钮，名称为 Command1，然后编写如下事件过程：

```
Private Sub Command1_Click()
    Dim max%,i%
    Static a As Variant
    a = Array(20,13,45,-10,50,25)
    max = a(0)
    For i = 1 To 5
        If max < a(i) Then
        max = a(i)
        End If
        Print max
    Next i
End Sub
```

程序运行后，单击命令按钮，窗体上显示的是什么？

2. 在窗体上画一个命令按钮，名称为 Command1，然后编写如下事件过程：

```
Private Sub Command1_Click()
    Dim i%,a
    a = Array(1,2,3,4,5,6,7)
    For i = LBound(a) To UBound(a)
        a(i) = a(i) * a(i)
    Next i
    For i = LBound(a) To UBound(a)
        Print a(i); Spc(2);
    Next i
```

```
End Sub
```

程序运行后，单击命令按钮，窗体上显示的是什么？

3. 在窗体上画一个命令按钮，名称为 Command1，然后编写如下事件过程：

```
Option Base 1
Private Sub Command1_Click()
    Dim i%,j%,a%(3,3)
    For i = 1 To 3
        For j = 1 To 3
            If j > 1 And i > 1 Then
                a(i,j) = a(a(i - 1,j - 1),a(i,j - 1)) + 1
            Else
                a(i,j) = i * j
            End If
            Print a(i,j); " ";
        Next j
        Print
    Next i
End Sub
```

程序运行后，单击命令按钮，窗体上显示的是什么？

4. 在窗体上画一个命令按钮，名称为 Command1，然后编写如下事件过程：

```
Option Base 1
Private Sub Command1_Click()
    Dim i%,j%,a,b(3,3)
    a = Array(1,2,3,4,5,6,7,8,9)
    For i = 1 To 3
        For j = 1 To 3
            b(i,j) = a(i * j)
            If j >= i Then
                Print Tab(j * 3); Format(b(i,j),"###");
            End If
        Next j
        Print
    Next i
End Sub
```

程序运行后，单击命令按钮，窗体上显示的是什么？

5. 在窗体上画一个命令按钮，名称为 Command1，然后编写如下事件过程：

```
Option Base 1
Private Sub Command1_Click()
    Dim i%,j%,n%,a%(2,3),b%(3,2)
    n = 5
    For i = 1 To 2
        For j = 1 To 3
```

```
            a(i,j) = n
            n = n + 5
            Print Tab(4 * j); a(i,j);
        Next j
        Print
    Next i
    For i = 1 To 3
        For j = 1 To 2
            b(i,j) = a(j,i)
            Print Tab(4 * j); b(i,j);
        Next j
        Print
    Next i
End Sub
```

程序运行后,单击命令按钮,窗体上显示的是什么?

6. 窗体的单击事件代码如下:

```
Option Base 1
Private Sub Form_Click()
    Dim a(10) As Integer,P(3) As Integer
    k = 5
    For i = 1 To 10
        a(i) = i
    Next i
    For i = 1 To 3
        P(i) = a(i * i)
    Next i
    For i = 1 To 3
        k = k + P(i) * 2
    Next i
    Print k
End Sub
```

程序运行后,单击窗体,则在窗体上显示的是什么?

7. 在窗体上画一个命令按钮,名称为 Command1,然后编写如下事件过程:

```
Private Sub Command1_Click()
    Dim array1(10,10)As Integer
    Dim i As Integer,j As Integer
    For i = 1 To 3
        For j = 2 To 4
            array1(i,j) = i + j
        Next j
    Next i
    Text1.text = array1(2,3) + array1(3,4)
End Sub
```

程序运行后，单击命令按钮，在文本框中显示的值是什么？

8. 在窗体上画一个命令按钮，名称为 Command1，然后编写如下事件过程：

```
Private Sub Command1_Click()
    Dim i As Integer,j As Integer
    Dim a(10,10)As Integer
    For i = 1 To 3
        For j = 1 To 3
            a(i,j) = (i - 1) * 3 + j
            Print a(i,j);
        Next j
        Print
    Next i
End Sub
```

程序运行后，单击命令按钮，窗体上显示的是什么？

9. 窗体的单击事件代码如下：

```
Option Base 0
Private Sub Form_Click()
    Dim a
    Dim i As Integer
    a = Array(1,2,3,4,5,6,7,8,9)
    For i  = 0 To 3
        Print a(5 - i);
    Next i
End Sub
```

程序运行后，单击窗体，则在窗体上显示的是什么？

10. 在窗体上画一个命令按钮，名称为 Command1，然后编写如下事件过程：

```
Option Base 0
Private Sub Command1_Click()
    Dim city As Variant
    city = Array("北京","上海","天津","重庆")
    Print city(1)
End Sub
```

程序运行后，单击命令按钮，输出结果是什么？

11. 在窗体中添加一个命令按钮，名称为 Command1，然后编写如下程序：

```
Private Sub Command1_Click()
    Dim a(5),b(5)
    For j  = 1 to 4
        A(j) = 3 * j
        B(j) = a(j) * 3
    Next j
    Text1.text = b(j\2)
```

```
End Sub
```

程序运行后，单击命令按钮，在文本框中显示的是什么？

12. 在窗体中添加一个命令按钮(其 Name 属性为 Command1)，然后编写如下代码：

```
Private Sub Command1_Click()
    Dim a(10) As Integer
    Dim p(3) As Integer
    k = 1
    For I = 1 To 10
        a(I) = I
    Next I
    For I = 1 To 3
        p(I) = a(I * 1)
    Next I
    For I = 1 To 3
        k = k + p(I) * 2
    Next I
    Print k
End Sub
```

程序运行后，单击命令按钮，输出结果是什么？

13. 在窗体中添加一个命令按钮(其 Name 属性为 Command1)，然后编写如下代码：

```
Private Sub Command1_Click()
    Dim n() As Integer
    Dim a,b As Integer
    a = InputBox("Enter the first number")
    b = InputBox("Enter the second number")
    ReDim n(a To b)
    For k = LBound(n,1) To UBound(n,1)
        n(k) = k
        Print n(k)
    Next k
End Sub
```

程序运行后，单击命令按钮，在输入对话框中分别输入 2 和 3，输出结果是什么？

14. 在窗体中添加一个命令按钮(Name 属性为 Command1)，然后编写如下代码：

```
Private Sub Command1_Click()
    Dim arr1(10) As Integer,arr2(10) As Integer
    n = 3
    For i = 1 To 5
        arr1(i) = i
        arr2(n) = 2 * n + i
    Next i
    Print arr2(n); arr1(n)
End Sub
```

程序运行后，单击命令按钮，输出结果是什么？

15. 在窗体上面画一个命令按钮，然后编写如下事件过程：

```
Option Base 1
Private Sub Command1_Click()
    Dim a() As Variant,i%,j%,s%
    a = Array(1,2,3,4)
    j = 1
    s = 0
    For i = 4 To 1 Step -1
        s = s + a(i) * j
        j = j * 10
    Next i
    Print s
End Sub
```

运行上面的程序，单击命令按钮，其输出结果是什么？

1.4　程序填空

1. 输出如下所示的数字图形：

```
1  1  1  1  1  1  1  1  1
1  2  2  2  2  2  2  2  1
1  2  3  3  3  3  3  2  1
1  2  3  4  4  4  3  2  1
1  2  3  4  5  4  3  2  1
1  2  3  4  4  4  3  2  1
1  2  3  3  3  3  3  2  1
1  2  2  2  2  2  2  2  1
1  1  1  1  1  1  1  1  1
```

```
Option Base 1
Private Sub Command1_Click()
    Dim i%,j%,k%,n%,a()
    n = 9
    ( [1] ) a(n,n)
    For i = 1 To (n + 1) \ 2
        For j = i To n - i + 1
            For k = i To n - i + 1
                a(j,k) = ( [2] )
            Next k
        Next j
    Next i
    For i = 1 To n
        For j = 1 To n
            Print Tab(j * 3); a(i,j);
        Next j
```

```
        ( [3] )
    Next i
End Sub
```

2. 在一维数组中利用移位的方法显示如图 1.5 所示数字图形。代码如下：

```
Option Base 1
Private Sub Command1_Click()
    Dim i%,j%,t%,a(1 To 7)
    For i = 1 To 7
        a(i) = i
        Print a(i);
    Next i
    Print
    For i = 1 To 7
        t = ( [1] )
        For j = 6 To 1 ( [2] )
            a(j + 1) = a(j)
        Next j
        a(1) = t
        For j = 1 To 7
            Print ( [3] )
        Next j
        Print
    Next i
End Sub
```

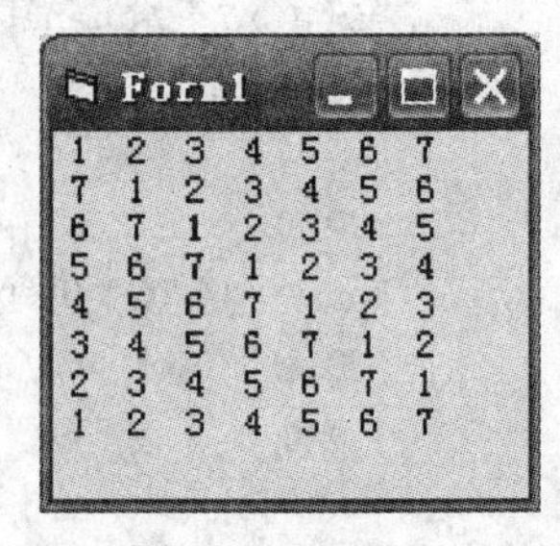

图 1.5 数字图形

3. 将输入的一个数插入到按递减的有序数列中,插入后使该序列仍有序。

```
Private Sub Command1_Click()
    Dim i%,m%,n%,a
    a = Array(19,17,15,13,11,9,7,5,3,1)
    n = UBound(a)
    ReDim ( [1] )
    m = Val(InputBox("输入预插入的数"))
    For i = UBound(a) - 1 To 0 Step -1
        If m >= a(i) Then
            ( [2] )
        If i = 0 Then a(i) = ( [3] )
        Else
            a(i + 1) = m
            Exit For
        End If
    Next i
    For i = 0 To UBound(a)
        Print a(i)
    Next i
```

```
End Sub
```

4. 采用“冒泡”法对数组 a 中的 10 个整数按升序排列。

```
Option Base 1
Private Sub Command1_Click()
    Dim a
    a = Array( - 2,5,24,58,43, - 10,87,75,27,83)
    For i = (  [1]  )
        For j = (  [2]  )
            If a(i)> = a(j) Then
                a1 = a(i)
                a(i) = a(j)
                a(j) = a1
            End If
        Next j
        (  [3]  )
    For i = 0 To 9
        Print a(i)
    Next i
End Sub
```

5. 该过程的功能是产生数组 a 的各个元素,并计算数组 a 中副对角线上元素的和。

```
Private Sub Command1_Click()
    Dim I As Integer, j As Integer
    Dim a(5,5) As Integer
    Dim sum As Integer
    For I = 1 To 5
        For j = 1 To 5
            a((  [1]  )) = (I - 1) * 3 + j
        Print Tab(j * 4); a(I,j);
        Next j
        Print
    Next I
    For I = 1 To 5
        For j = 1 To 5
            If (  [2]  ) Then
                sum = sum + (  [3]  )
            End If
        Next j
    Next I
    Print sum
End Sub
```

6. 在窗体中添加一个命令按钮 Command1 和一个文本框 Text1,以下程序的功能是求数组 a 的最小元素值,并把最小值放在文本框中。

```
Option Base 1
Private Sub Command1_Click()
    Static a As Variant
    a = Array(20,13,45,-10,50,25)
    Min = a(1)
    For I = 2 To 6
        If ( [1] ) Then
            Min = ( [2] )
        End If
    Next I
    ( [3] ) = Min
End Sub
```

7. 现有 20 个学生的百分制成绩,要求按照优秀(90～100 分,用 A 表示)、良好(80～89 分,用 B 表示)、及格(60～79 分,用 C 表示)、不及格(60 分以下,用 D 表示),分别统计出各档成绩的人数。

```
Private Sub Command1_Click()
    Dim s(10) As Integer,a As Integer,i As Integer
    For i = 1 To 20
        a = InputBox("请输入第" & i & "个分数:","输入框")
        Print a; "  ";
        If i Mod 5 = 0 Then Print
            p = Int(( [1] ))
        If p < 6 Then ( [2] )
            s(p) = ( [3] )
    Next i
    Print
    Print "Level A:"; s(10) + s(9)
    Print "Level B:"; s(8)
    Print "Level C:"; s(7) + s(6)
    Print "Level D:"; s(5)
End Sub
```

8. 该程序的功能是输出如下图形:

```
1  0  0  1
0  1  1  0
0  1  1  0
1  0  0  1
```



```
Option Base 1
Private Sub Command1_Click()
    Dim a(4,4)
    For i = 1 To 4
        For j = 1 To 4
            a(i,j) = 0
```

```
        Next j
        a(i,5 - i) = ( [1] )
        a(( [2] )) = 1
    Next i
    For i = 1 To 4
        For j = 1 To 4
            Print ( [3] )
        Next j
        Print
    Next i
End Sub
```

第 2 章

VB 语言程序设计结构

本章学习的目的与基本要求

1. 掌握顺序结构程序设计方法中的基本命令、输入/输出语句的功能与使用规则。
2. 掌握赋值语句“=”的使用方法。
3. 掌握人机交互函数的使用方法。
4. 掌握分支结构程序设计方法中 If 语句语法规则与使用方法。
5. 掌握分支结构程序设计方法中 Selete Case…End Select 语句语法规则与使用方法。
6. 掌握循环结构程序设计方法中 For…Next 循环语句的格式、功能与特点。
7. 掌握循环结构程序设计方法中 Do…Loop 循环语句的格式、功能与特点。
8. 掌握循环结构程序设计方法中 While…Wend 循环语句的格式、功能与特点。
9. 掌握多重循环嵌套的方法及注意事项。

2.1 顺序结构的几种基本语句及注意的几个问题

2.1.1 顺序结构

VB 语言具有结构化程序设计语言的三种基本结构，即顺序结构、分支结构、循环结构，它们是程序设计的基础。本章主要介绍顺序结构、分支结构和循环结构的语法规则和它们的主要特点。

顺序结构是程序设计中最简单、最常用的基本结构，在该结构中各操作语句块按照书写时的先后顺序执行。它是任何程序的主体基本结构。

2.1.2 实现顺序结构的主要语句及其说明

1. 实现顺序结构的主要语句

1) 赋值语句(=)：将一个表达式的值赋给一个变量或某一个对象的属性。

格式 1：[Let] <变量名>=<表达式>

格式 2：[Let] [<对象名.>]<属性名>=<表达式>

在格式 2 中，若将对象名省略，则默认对象为当前窗体。

例 2.1 设当前对象为窗体 Form1，在 Form1 的命令按钮控件 Command1 的 Click 事件中编写代码，将 Form1 的窗口标题设置为“我的窗体”。窗体运行界面如图 2.1 所示。

方法一：省略对象名 Form1 的事件代码如下：

```
Private Sub Command1_Click()
    Caption = "我的窗体"                ´将 Form1 窗体标题赋值为字符串"我的窗体"
End Sub
```

方法二：不省略对象名 Form1 的事件代码如下：

```
Private Sub Command1_Click()
    Form1.Caption = "我的窗体"        ´将 Form1 窗体标题赋值为字符串"我的窗体"
End Sub
```

前两种事件代码作用相同。

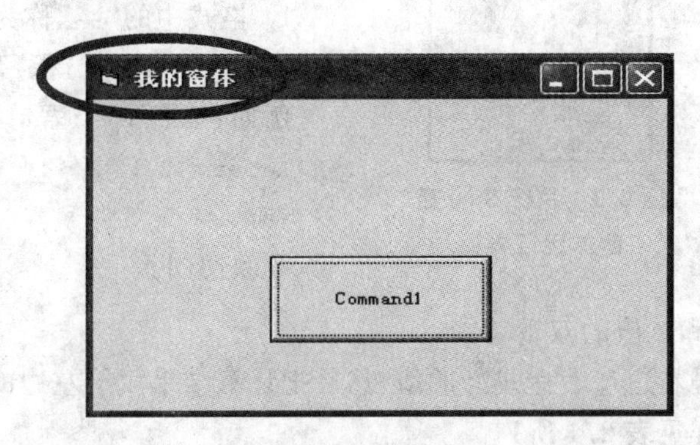

图 2.1　窗体运行界面

2) 结束语句(End)：终止程序的执行,并关闭已打开的文件。

格式：End

3) 暂停语句(Stop)：暂停程序的执行,它的作用类似于执行“运行”菜单中的“中断”命令。

当程序执行 Stop 语句时,暂停程序的执行,并自动打开立即窗口。此时可用立即窗口测试程序运行过程中数据的准确性,用 F5 键可从中断处继续程序的运行。当程序调试结束后,应删去该语句。

格式：Stop

例 2.2　用循环语句在窗体上显示整数 1 到 10 之和,并显示中间结果。

事件代码如下：

```
Private Sub Form_Click()
    Dim iAs Integer,sAs Integer,xAs Integer
    For i = 1 To 10
        s = s + i
        Print i; s
    Next
    For x =  1 To 100000000        ´延时
    Next
    Stop
    Print i,s
End Sub
```

注意：当程序执行 Stop 语句时,暂停程序的执行,并自动打开立即窗口,所以 Stop 语句执行之后窗体被最小化。当按 F5 键继续运行 Stop 语句后面的程序时，窗体不能重新显示 Stop 语句执行前的运行结果。图 2.2 为运行程序时执行 Stop 之前窗体显示的结果，图 2.3 为按 F5 键之后窗体显示的结果。

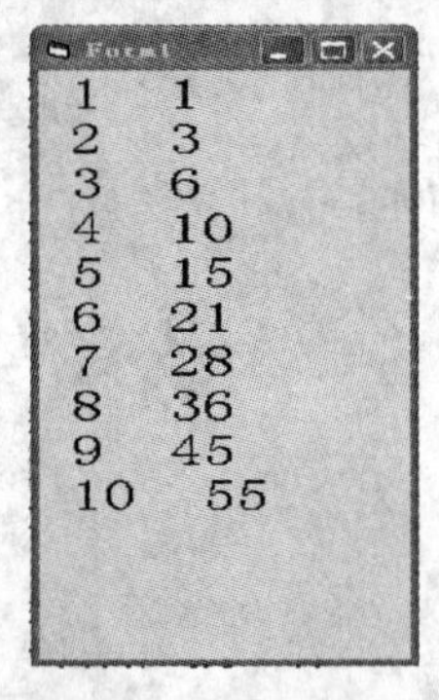

图 2.2 执行 Stop 前窗体运行界面

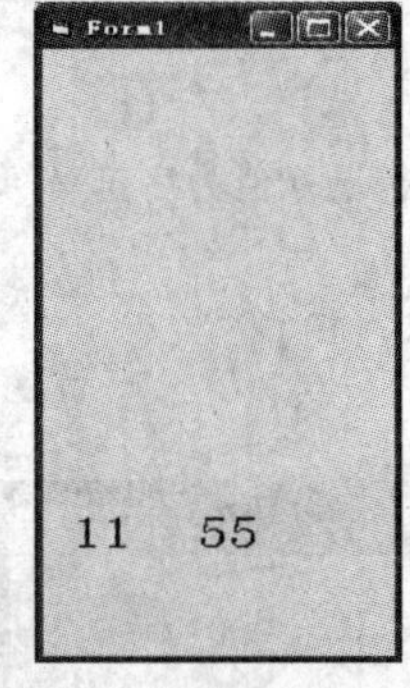

图 2.3 执行 Stop 后窗体运行界面

(4) 注释语句(Rem)：为提高程序的可读性，在程序的适当位置加入程序的注释。

格式 1：Rem 注释内容

格式 2：' 注释内容

2. 赋值语句“=”说明

1) 格式中的“=”称为赋值号。

2) 可以省略 VB 保留字 Let。

例如：以下两个语句：

```
Let aa = 123
aa = 123
```

等效使用。

3) 语句兼有计算和赋值的双重功能。

它首先计算赋值号右边＜表达式＞的值，然后把计算结果赋给左边的变量或对象的属性，表达式运算变量类型详见表 2.1 所列。

表 2.1 变量赋值表达式示例表

变量赋值表达式举例	变量类型	说 明
aa=100+200	Integer	变量 aa 的值是整形数值 300
bb="abc"+"123	String	变量 bb 的值是字符串"abc123"
cc=123>1234	Boolean	变量 cc 的值是逻辑型值 False(先运算 123>1234)
dd=1234.56	Single	变量 dd 的值是单精度数值
ee=#2/21/2005#	Date	变量 ee 的值是一个日期，表示 2005 年 2 月 21 日
ff=ee+10	Date	变量 ff 的值是一个日期，表示 2005 年 3 月 3 日

4) 赋值语句的值为最后一次的赋值。

例如：在立即窗口输入

```
Name = "刘丽超"
Name = 1234
```

则变量 Name 最终的值为整型数值 1234。

5) 注意区分“=”是赋值号还是条件表达式中的关系运算符号。

例如：对比赋值号“=”与关系运算符号“=”异同，详见表 2.2 所列。

表 2.2 对比赋值号“=”与关系运算符号“=”异同示例表

举 例	变量类型	说 明
aa=123.45	Single	“=”是赋值号
? aa=123.45	Boolean	“=”是关系运算符，功能为判断等号两边值是否相等
cc=123=1234	Boolean	第 1 个“=”是赋值号，第 2 个“=”是关系运算符。运算功能是先比较 123 与 1234 的值是否相等，把比较的结果赋给变量 cc。该题的结果是 False

6）赋值号两边位置不能互换。

赋值号左边只能是变量，不能是常量、符号常量或表达式。例：

```
aa = 1234              '正确
1234 = aa              '错误
```

7）不允许在同一个赋值语句中，同时给多个变量赋值。

例如：将整形变量 a、b、c 的值均赋整型数值 1：

```
Dim a%,b%,c%
a = b = c = 1        '错误的书写格式，此格式的执行结果：a 的值为 False
a = 1：b = 1：c = 1    '正确的书写格式
```

8）在赋值语句中经常出现语句：I＝I＋1，该语句一般称为累加器。

9）变量与表达式类型相容。

赋值号右边表达式的类型应该与左边变量的类型一致，当赋值号左、右的数据类型不匹配时，运算结果取赋值号左边的数据类型，这称为向左看齐。但要注意数据类型相容性问题。所谓类型相容的数据是指将数据类型不匹配的表达式值可以赋给赋值号左边的变量，若不相容则将会产生错误。具体规则如下：

① 数值型数据可赋给其他类型(例如字符型、日期型、逻辑型等)。

② 数字字符串可以赋给其他类型(例如数值型、日期型、逻辑型等)。

③ 当数值型表达式与赋值号"＝"左边的变量精度不同时，右边的表达式会强制转化为左边变量的值精度。

④ 当赋值号"＝"左边的变量是数值类型，右边的字符串中有非数字字符或空串时，则系统会出现错误。

⑤ 任何非字符型数据赋值给字符型，系统都能自动转换为字符型。

⑥ 逻辑型可赋给其他数据类型，当逻辑型值赋给数值型变量时，True 转化为－1，False 转化为 0。

⑦ 当数值型数据赋给逻辑型变量时，非 0 转化为 True，0 转化为 False。

⑧ 任何类型的表达式都可以赋值给变体数据类型的变量。

例 2.3　在窗体 Form1 的单击事件 Click 中有如下代码：

```
Private Sub Form_Click()
Dim aa As String,bb As Single,ccAsDate
    aa = 123          '将整型数值 123 赋给字符型变量 aa，结果仍为字符型
    bb = 123          '将整型数值 123 赋给单精度型变量 bb，结果仍为单精度型
    cc = 123          '将整型数值 123 赋给日期型变量 cc，结果仍为日期型
    Print VarType(aa),VarType(bb),VarType(cc)
End Sub
```

运行结果：

8　　4　　7

注意：变量 aa 的数据类型为 8，即 aa 的数据类型为字符串；变量 bb 的数据类型为 4，即 bb 的数据类型为单精度；变量 cc 的数据类型为 7，即 cc 的数据类型为日期型。用变量类型测

试函数 VarType()，测试变量类型值详见表 2.3 所列。

表 2.3　变量类型测试函数 VarType()测试常用变量类型值列表

数据类型	关键字	函数测试值	数据类型	关键字	函数测试值
整型	Integer	2	字符型	String	8
长整型	Long	3	对象型	Object	9
单精度型	Single	4	变体型	Variant	0
双精度型	Double	5	逻辑型	Boolean	11
货币型	Currency	6	字节型	Byte	17
日期型	Date	7			

例 2.4　不同类型数据运算。

在窗体 Form1 的单击事件 Click 中有如下事件代码：

```
Private Sub Form_Click()
    Dim i1 As Single,i2 As Integer,i3 As Double ,i4As Single ,i5As Date
    i1 = "123" + 10   '将数值字符串与整型数值 10 之和赋给单精度型内存变量 i1,运行后 i1 仍为
                      '单精度型,结果为 133
    i2 = "123" + 10   '将数值字符串与整型数值 10 之和赋给整型内存变量 i2,运行后 i2 仍为整型
                      '数值,结果为 133
    i3 = "12.3" + 10  '将数值字符串与整型数值 10 之和赋给双精度内存变量 i3,运行后 i3 仍为双
                      '精度型,结果为 22.3
    i4 = - 123 + 10   '将单精度型数值 - 123 与整型数值 10 之和赋给单精度型内存变量 i4,运行后
                      'i4 仍为单精度型,结果为 - 113
    i5 = 123
    Print i1;i2;i3;i4;i5
    Print VarType(i1);VarType(i2);VarType(i3);VarType(i4);VarType(i5)   '测试各变量类型
End Sub
```

窗体运行界面如图 2.4 所示。

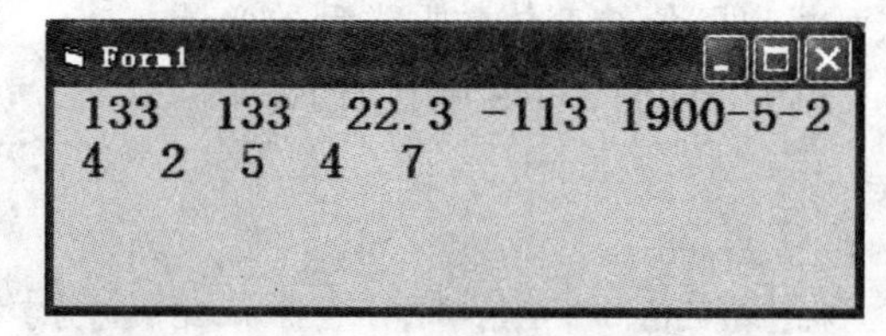

图 2.4　窗体运行状态

2.1.3　数据的输入方法

1. 通过控件文本框 Textbox 输入数据方法

例如：在窗体 Form1 中画一个文本框 Text1，将 Text1 的初值设置为“abc”，在窗体的 Load 事件的事件代码如下：

```
Private Sub Form_Load()
    Form1.Text1.Text = "abc"
```

```
End Sub
```

2. 通过输入对话框函数 InputBox 输入数据方法

格式：InputBox(提示[,标题][,默认值][,x坐标位置][,y坐标位置])

说明：

1）该函数值默认为字符型。

2）"提示"是必选项，为字符型，用来在对话框中显示提示信息，长度不能超过1024个字符。若要在多行显示提示信息，则可在各行之间用换行的常量 vbNewLine 来分隔，或在行末加回车 Chr(13)与换行 Chr(10)控制符，或直接使用系统的内部常数 vbCrLf。

3）"默认值"是可选项，是默认的输入信息，数据类型为字符型。

4）"x坐标位置"、"y坐标位置"是可选项，用来确定对话框的位置，单位为 Twip。

例如：在立即窗口输入：xh＝InputBox("请输入姓名：","输入框","王小鸭",5000,5000)，按回车键后，屏幕显示 InputBox 对话框如图2.5所示。

例2.5　在窗体 Form1 上显示如图2.6所示输入框，在窗体 Form1 中命令按钮 Command1 的单击事件中输入代码，以下四种方法作用相同。

图2.5　窗体 InputBox 对话框

图2.6　InputBox 输入框

方法一：

```
Private Sub Command1_Click()
    x = InputBox("请输入姓名：" + Chr(10) + "(只能输入英文字母)")
End Sub
```

方法二：

```
Private Sub Command1_Click()
    x = InputBox("请输入姓名：" + Chr(13) + "(只能输入英文字母)")
End Sub
```

方法三：

```
Private Sub Command1_Click()
    x = InputBox("请输入姓名：" + vbNewLine + "(只能输入英文字母)")
End Sub
```

方法四：

```
Private Sub Command1_Click()
    x = InputBox("请输入姓名：" + vbCrLf + "(只能输入英文字母)")
End Sub
```

3. 通过赋值语句输入

将一个表达式的值赋给一个变量或某一个对象的属性。

格式：[Let] <变量名>=<表达式>

[Let] [<对象名>.]<属性名>=<表达式>

具体使用方法请参阅赋值语句的内容。

2.1.4 数据的输出的方法

1. 通过标签 Label 和文本框 TextBox 等控件输出数据

例如：用代码书写方式将窗体中标签 Label1 的标题设置为"教师节快乐!"：

Label1.Caption="教师节快乐!"

用代码书写方式将窗体中的文本框 Text1 的文本值设置为"教师节快乐!"：

Text1.Text="教师节快乐!"

2. 通过 Print 方法，在对象上输出表达式值

格式：[<对象名>.]Print [<表达式列表>][{,|;}]

说明：

1) 对象名可以是 Form(窗体)、Debug(立即窗口)、Picture(图片框)和 Printer(打印机)等。省略对象名，则表示在当前窗体上输出。例如：

```
Private Sub Form_Click()
Print "9 * 9 = "; 9 * 9                 '在窗体上输出 9 * 9 = 81,窗体运行界面如图 2.7 所示
    Picture1.Print "新年快乐!"          '在图片框 Picture1 上输出"新年快乐!"
    Printer.Print "庆祝五一节!"         '在打印机上输出"庆祝五一节!"
End Sub
```

2) 表达式列表是一个或多个表达式；若为多个表达式，则各表达式之间用","或";"分隔。省略此项，则输出一个空行。

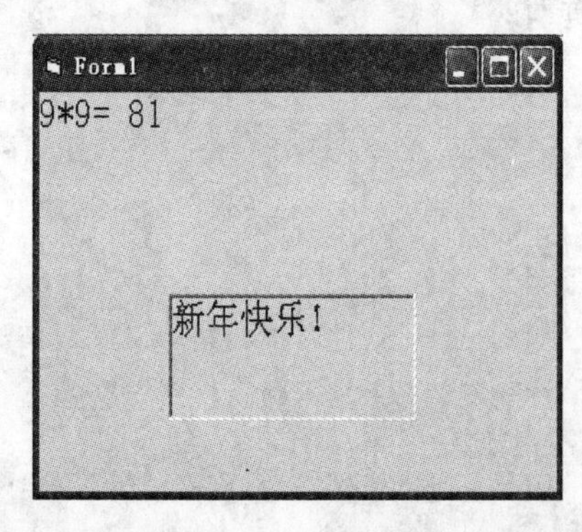

图 2.7 窗体运行界面

3) 用","分隔表达式：分区显示各表达式，即各项以 15 个字符位置为单位，划分区段输出，每个区段输出一项；用";"分隔表达式时各项按紧凑格式显示。例如：

```
Print 1,2,3,4
Print 1;2;3;4
```

运行结果：

```
1       2       3       4
1       2       3       4
```

若 Print 语句的末尾使用了逗号或分号，则表明下一个 Print 语句仍在该行输出。

例 2.6 执行如下事件代码：

```
Private Sub Form_Click()
    Print "打印格式："
    Print 1; 3; 5; 7
    Print 2; 4,
```

```
    Print 6; 8
    Print
    Print 9,10
End Sub
```

窗体运行界面如图 2.8 所示。

4）如果在 Form_Load()事件中使用 Print 语句，则应该将窗体的 AutoRedraw 属性设置为 True，否则 Print 语句无效。

5）与 Print 有关的函数：

● Tab 函数：Tab(n)将表达式的值输出到由数值 n 指定的位置。

格式：Tab(<n>)

● Spc 函数：Spc(n)从当前位置跳过 n 个空格位置后输出。

格式：Spc(<n>)

例 2.7 系别和姓名分别在第 6 列和第 20 列输出，窗体运行界面如图 2.9 所示。事件代码如下：

```
Private Sub Form_Click()
    Print Tab(6); "系别："; Tab(20); "姓名："
    Print Tab(6); "计算中心"; Tab(20); "刘韩周"
End Sub
```

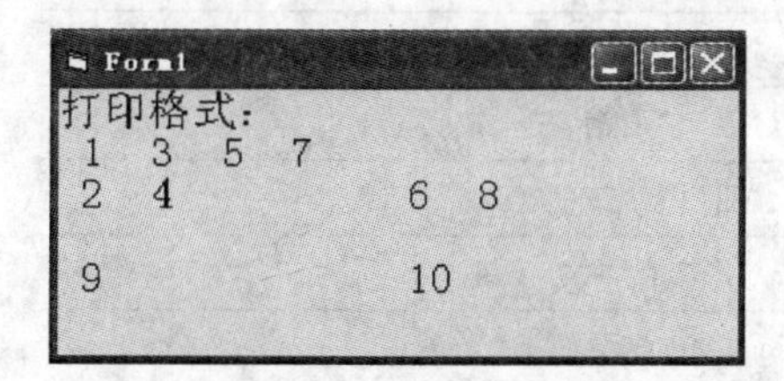

图 2.8 窗体运行界面

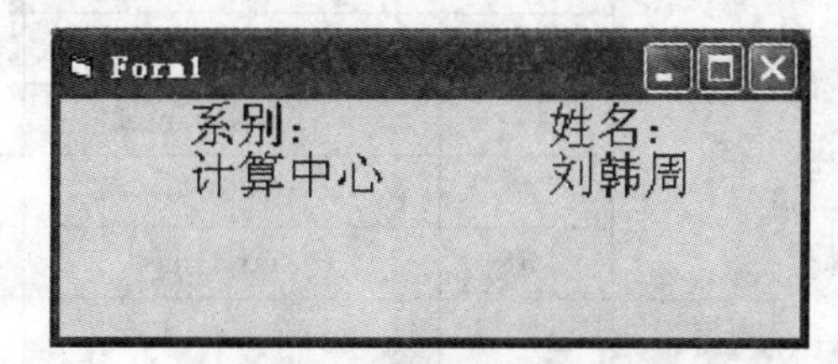

图 2.9 窗体运行界面

例 2.8 系别在第 6 列输出，姓名在系别输出后相隔 10 个字符(第 22 列)输出，窗体运行界面如图 2.10 所示。事件代码如下：

```
Private Sub Form_Click()
    Print Tab(6); "系别："; Spc(10); "姓名："
    Print Tab(6); "计算中心"; Spc(10); "刘韩周"
End Sub
```

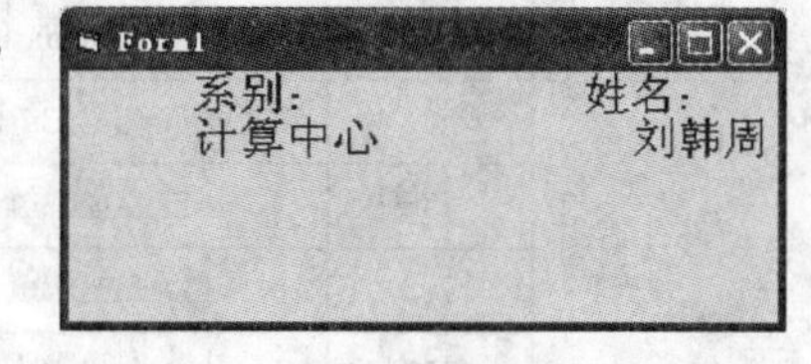

图 2.10 窗体运行状态

6）利用 Print 方法可以将信息输出到窗体、图片框或打印机等。输出到打印机可以有两种方法，一是直接输出，二是由窗体输出。

● 直接输出

调用打印机对象 Printer 的 Print 方法。

在打印机对象中还会用到如下一些方法和属性：

Page 属性：用来设置页码，其格式为

Printer. Page

NewPage 方法：用于产生新页，其格式为

Printer. NewPage

EndDoc 方法：用来结束文件打印，其格式为

Printer. EndDoc

● 窗体输出

先将输出的信息送到窗体上，然后再把窗体上的所有内容打印出来。

格式：[窗体.]PrintForm

7）在 VB 环境输入事件代码或命令时，可用 ASCII 码字符“?”代替保留字“Print”。

3. 通过输出对话框函数 MsgBox()、MsgBox 过程输出数据

函数格式：

MsgBox(提示 [,按钮][,标题])

过程格式：

MsgBox 提示 [,按钮][,标题]

1）“按钮”参数决定消息框的外观与功能。“按钮”参数如表 2.4 所列。

表 2.4 “按钮”参数表

分 组	数 值	内部常数	说 明
按钮数目	0	vbOKOnly	只显示“确定”按钮，等同于缺省该参数
	1	vbOKCancel	显示“确定”和“取消”两个按钮
	2	vbAbortRetryIgnore	显示“终止”、“重试”、“忽略”三个按钮
	3	vbYesNoCancel	显示“是”、“否”、“取消”三个按钮
	4	vbYesNo	显示“是”、“否”两个按钮
	5	vbRetryCancel	显示“重试”、“取消”两个按钮
图标类型	16	vbCritical	显示 Critical Message 图标“×”
	32	vbQuestion	显示 Warning Query 图标“?”
	48	vbExclamation	显示 Warning Message 图标“!”
	64	vbInformation	显示 Information Message 图标“i”
默认按钮	0	vbDefaultButton1	第一个按钮为默认值
	256	vbDefaultButton2	第二个按钮为默认值
	512	vbDefaultButton3	第三个按钮为默认值
	768	vbDefaultButton4	第四个按钮为默认值
强制返回	0	vbApplicationModal	应用程序强制返回；应用程序一直在等待，直到用户对消息框作出响应才能继续运行
	4096	vbSystemModal	系统强制返回；全部应用程序都被挂起，直到用户对消息框作出响应才继续工作
不常用的	16384	vbMsgBoxHelpButton	在消息框中添加“帮助”按钮
	65536	vbMsgBoxSetForeground	指定消息框窗口为前景窗口
	524288	vbMsgBoxRight	文本为右对齐
	1048576	vbMsgBoxRtlReading	指定文本应在希伯来和阿拉伯语系统中从右到左阅读

2）MsgBox 函数返回值如表 2.5 所列。

表 2.5　MsgBox 函数值表

函数值	VB 符号常量	选择操作的按钮
1	vbOK	确定(OK)
2	vbCancel	取消(Cancel)
3	vbAbort	终止(Abort)
4	vbRetry	重试(Retry)
5	vbIgnore	忽略(Ignore)
6	VbYes	是(Yes)
7	vbNo	否(No)

例 2.9　创建一个可以进行加法运算窗体，窗体标题为“加法运算”，在文本框 Text1、Text2 中自动显示一个两位数整数，在 Text3 中输入运算结果，通过单击标题为“=”的命令按钮，判断加法运算结果是否正确。如果运算结果正确，显示含有文本为“计算正确！”和“！”、“确定”的信息框；如果运算结果错误，则显示含有文本“计算错误！”和“×”、“重试”的信息框，并且将信息框标题设计为“运算结果框”。窗体的运行界面如图 2.11 所示。

具体操作步骤如下：

1）创建窗体 Form1。

2）在窗体中设置三个文本框 Text1、Text2、Text3，一个标签 Label1 和一个命令按钮 Command1。

3）Label1 的 Caption 属性值为“+”，Command1 的 Caption 属性值为“=”，Text1、Text2、Text3 的 Text 属性值为 0。

4）命令按钮的单击事件 Click 代码如下：

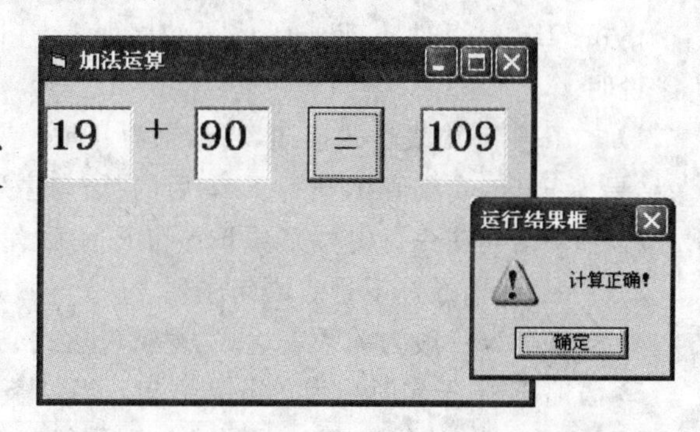

图 2.11　窗体运行界面

```
Private Sub Command1_Click()
  If Val(Text3.Text) = Val(Text1.Text) + Val(Text2.Text)  Then
     i = MsgBox ("计算正确!", vbOKOnly + vbExclamation + vbDefaultButton1,"运行结果
              框")           ´加法运算正确时显示的信息框
    Randomize Timer                          ´设置产生不同的随机数
    Text1.Text = Int(Rnd() * 100)            ´产生 0~99 之间的随机数
    Text2.Text = Int(Rnd() * 100)
    Text3.Text = ""
      Else
     i = MsgBox ("计算错误!", vbRetryCancel + vbCritical + vbDefaultButton1,"运行结果
              框")        ´加法运算错误时显示的信息框
  End If
End Sub
Private Sub Form_Load()
```

```
    Randomize Timer                              ´设置产生不同的随机数
    Text1.Text = Int(Rnd() * 100)                ´产生 0～99 之间的随机数
    Text2.Text = Int(Rnd() * 100)
    Text3.Text = ""
End Sub
```

说明：

```
X = MsgBox("计算错误!",vbRetryCancel + vbCritical + vbDefaultButton1,"运行结果框")
X = MsgBox("计算错误!",5 + 16 + 0,"运行结果框")
```

以上两个语句功能相同。

2.2 分支结构

2.2.1 IF 条件语句

If 条件语句有多种形式：单行分支、单分支、双分支和多分支结构。

1. 单行分支结构 If…Then…Else 语句

格式：If　<条件> Then [<语句序列 1>] [Else<语句序列 2]>]

说明：

1) <条件> 由表达式描述，当结果为 True 或非 0 数值，则执行 Then 后面的"语句序列 1"；结果为 False 或数值 0，执行 Else 后的"语句序列 2"。

2) 整个语句在一行内写完，Then 和 Else 后有多条语句时，语句之间用冒号分隔。

3) Then 后面最好不是空语句序列。

4) <条件>一般为关系表达式、逻辑表达式或算术表达式。

5) 省略 Else 子句时称为单分支语句。当<条件>的值为 True 或非 0 时，执行<语句序列1>；当<条件>的值为 False 或 0 时，则执行该 IF 语句的下一条语句。

6) If、Then、Else 和 End If 为 VB 保留字。

例 2.10　If x　Mod　2=0　Then　?"x 是 2 的倍数"。

例 2.11　If　x　Then　y=x　Else　y=x+2。

例 2.12　If　cj>=60 Then　?"成绩及格"　Else　?"成绩不及格"。

例 2.13　If　x>0 then y=1 ：z=z+10 else y=0：z=z-10。

例 2.14　2006 年 1 月 1 日是星期日，从键盘输入。1 月份的一个日期，判断其是否为星期日，若是星期日显示"2006 年 1 月 X 日是星期日!"；否则显示"不是周日!"，程序运行界面如图 2.12 所示。

事件代码如下：

```
Private Sub Form_Click()
    Dim d As Integer,x As Integer,y As Integer
    x = 6       ´计算 2006 年 1 月份是周几的一个固定数
    d = InputBox("请输入 2006 年 1 月的一个日期(1 - 31)：")
    y = d + x
```

```
    If ymod7 = 0Then Print "2006 年 1 月" & Str(d) & "是周日!" Else Print "不是周日!"
End Sub
```

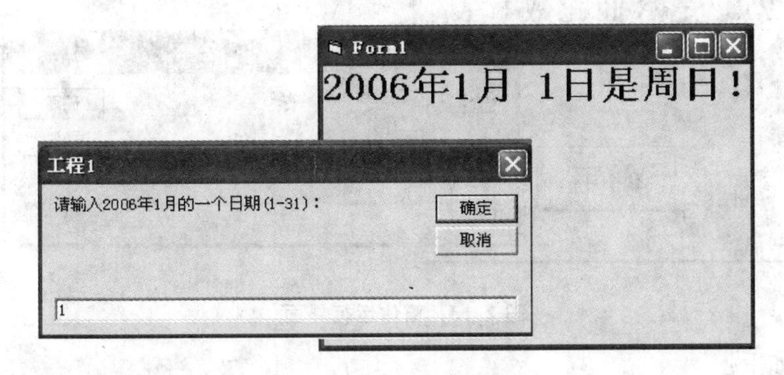

图 2.12　窗体运行界面

2. 单分支结构 If…Then 语句

格式：

If <条件> Then

　<语句序列>

End If

说明：

1）<条件> 由表达式描述，当结果为 True 或非 0 数值时，则执行 Then 后面的<语句序列>；当结果为 False 或数值为 0 时，则不执行该 IF 条件语句。

2）End If 表示分支结构的结束，不可省略。

3. 双分支结构 If…Then…Else 语句

格式：

If <条件> Then

　<语句序列 1>

Else

　<语句序列 2>

End If

说明：

1）<条件> 由表达式描述，当结果为 True 或非 0 数值时，则执行 Then 后面的<语句序列 1>；当结果为 False 或数值为 0 时，则执行<语句序列 2>。

2）<语句序列 1>和<语句序列 2>中只能执行其中之一。

3）End If 表示分支结构的结束，不可省略。下面两个例子等价：

例 2.15
```
If todayDate < Now Then todayDate = Now       '行 If 语句
```

例 2.16
```
If todayDate < Now Then                       'If 语句
        todayDate = Now
End If
```

例 2.17　任意输入一个 3 位正整数(100～999)，判断该数是否为水仙花数(例如 $153=1^3+5^3+3^3$)。程序运行界面如图 2.13 所示。

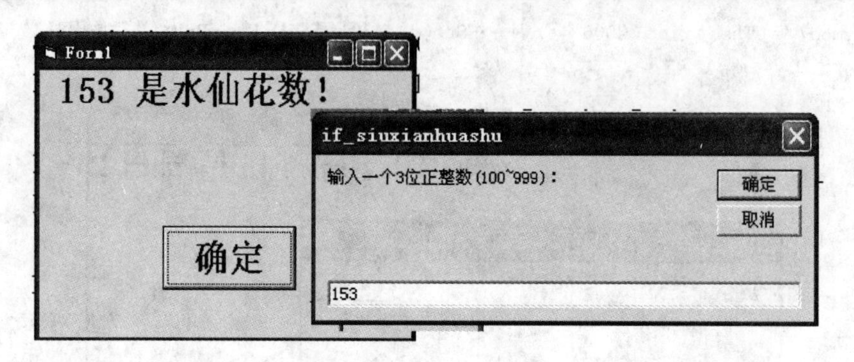

图 2.13　窗体运行界面

事件代码如下：

```
Private Sub Command1_Click()
    Dim x As Integer,i As Integer,j%,k%
    x = InputBox("输入一个 3 位正整数(100～999):")
    i = x \ 100: j = x \ 10 - i * 10: k = x - i * 100 - j * 10          '求 X 的百位数、十位数和个位数
    Print i,j,k
    If i ^3 + j ^3 + k ^3 = x Then
        PrintX;"是水仙花数!"
    Else
        PrintX;"不是水仙花数!"
    End If
End Sub
```

例 2.18　计算分段函数

$$y=\begin{cases}\sqrt{2*\sin^2(x)+4x+1-3} & x\geqslant 0\\ 3x^2+4x-5 & x<0\end{cases}$$

(1) 用行 If 分支结构实现计算分段函数

```
y = 3 * x * x + 4 * x - 5

If  x> = 0  Then  y = Sqr(2 * Sin(x) * Sin(x) + 4 * x + 1) - 3
```

或

```
If  x <0  Then  y = 3 * x * x + 4 * x - 5
If  x> = 0  Then  y = Sqr(2 * Sin(x) * Sin(x) + 4 * x + 1) - 3
```

但是,不能表示为

```
If  x> = 0  Then  y = Sqr(2 * Sin(x) * Sin(x) + 4 * x + 1) - 3
y = 3 * x * x + 4 * x - 5
```

(2) 用双分支结构实现计算分段函数

```
If  x> = 0 Then
    y =  SQR(2 * sin(x) * sin(x) + 4 * x + 1) - 3
Else
```

```
    y=3*x*x+4*x-5
End If
```

4. 多分支结构 If…Then…ElseIf 语句

格式：

```
If  ＜条件1＞  Then
    ＜语句序列1＞
[ElseIf  ＜条件2＞  Then
    ＜语句序列2＞]
      ……
[ElseIf  ＜条件n＞  Then
    ＜语句序列n＞]
[Else
    ＜语句序列n+1＞]
End If
```

说明：

1）若条件1的值为真，则执行语句序列1；当条件的值为假时，再依次测试条件2至条件n的值是否为真。当某个条件为真，则执行相应的语句序列，然后退出该分支结构；当条件2至条件n的值均为假时，若有可选项Else，则执行语句序列$n+1$，若无可选项Else，则各语句序列均不执行。

2）当多分支结构中有多个表达式同时满足条件，则只执行第一个与之匹配的语句序列。因此，注意多分支结构中条件的书写次序。

3）ElseIf语句可以有多个，但Else语句只能有一个。

4）If、Then、Else、ElseIf和End If为VB保留字。

例2.19 利用If…Then…Else语句编写求函数

$$y=\begin{cases}1-x & x<1\\(1-x)(2-x) & 1\leqslant x\leqslant 2\\-(2-x) & x>2\end{cases}$$

的值，要求当文本框Text1中输入自变量x的值，则标签Label1上显示函数值。

根据题意，在窗体上添加一个文本控件Text1和标签控件Label1，运行界面如图2.14所示。

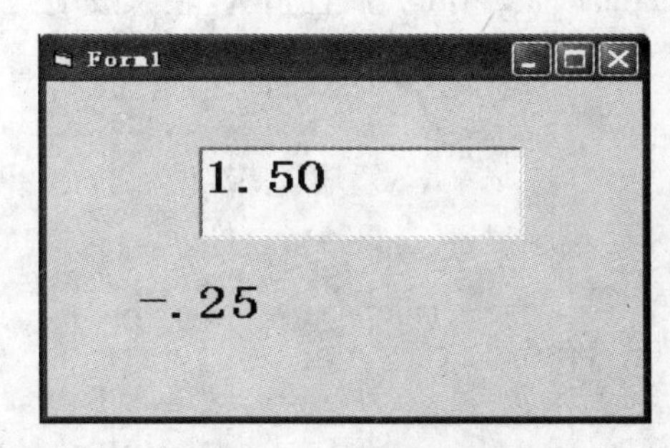

图2.14 窗体运行界面

事件代码：

```
Private Sub Text1_Change()
    Dim x As Double,y As Double
    Label1.Caption = ""              '清空 Label1 的内容
    x = CDbl(Text1.Text)             '将字符串类型转化为双精度类型
    If(x<1#)Then
        y = 1# - x
    ElseIf  (x >= 1#' And  x <= 2#)  Then
            y = (1# - x) * (2# - x)
        Else y = -(2# - x)
    End if
    Label1.Caption = y               '在 Label1 上显示结果
End Sub
```

例 2.20 通过窗体上的一个标题为“输入成绩”的命令按钮控件，利用人机交互函数从键盘输入一个考试分数(考试分数为 0～100 之间的任意一个整数)，然后由程序判断该分数所在的成绩段。0～59 之间显示“不及格”；60～69 之间显示“及格”；70～79 之间显示“中”；80～89 之间显示“良”；90～100 之间显示“优”；除此之外显示“成绩输入有错！”

操作步骤如下：

1）建立窗体 Form1，并在窗体上创建一个命令按钮控件 Command1 和一个文本框控件 Text1，它们的字体属性均为加粗一号字。窗体运行界面如图 2.15 所示。

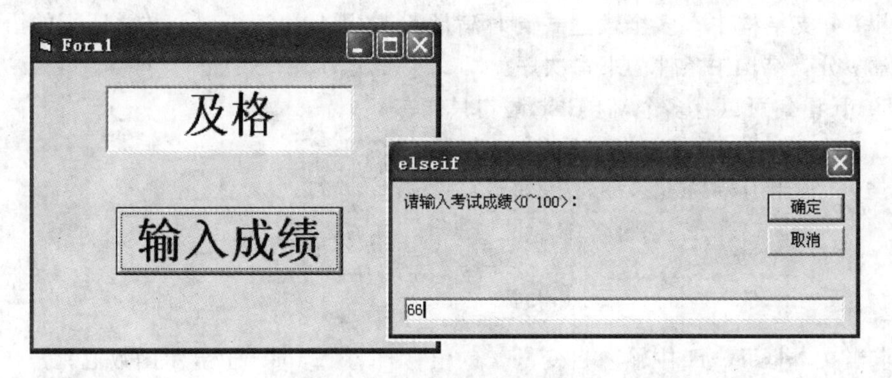

图 2.15 窗体运行界面

2）命令按钮控件 Command1 的 Caption 属性值为“输入成绩”。

3）事件代码如下：

```
Private Sub Command1_Click()
    Dim fen As Integer
    fen = Inputbox("请输入考试成绩<0～100>：")
    If fen > 100  And  fen<0  Then
        Text1.Text = "成绩输入有错!"
    ElseIf fen >= 90 Then
        Text1.Text = "优"
    ElseIf fen >= 80 Then
```

```
        Text1.Text = "良"
    ElseIf fen >= 70 Then
        Text1.Text = "中"
    ElseIf fen >= 60 Then
        Text1.Text = "及格"
    Else
        Text1.Text = "不及络"
    End If
End Sub
```

5. If 语句的嵌套

If 语句嵌套是指 If 或 Else 语句块中又包含 If 语句。

格式：

```
If <条件 1> Then
   If <条件 2> Then
        ……
   End If
End If
```

说明：

1) 保持 If 结构的完整性，不能省略 End If。

2) 尽量采用缩进式书写格式，使结构清晰。

2.2.2　Select Case 情况语句

情况语句又称多条件选择语句，即从多种情况中选择一种执行。Select Case 语句对于处理多种条件的判断执行比前两种方法更方便、更清晰。

格式：

```
Select Case <测试表达式>
    Case <表达式列表 1>
        <语句序列 1>
    Case <表达式列表 2>
        <语句序列 2>
        ⋮
    Case <表达式列表 2>
        <语句序列 n>
    [Case Else
        <语句序列 n+1>]
End Select
```

说明：

1) 计算<测试表达式>的值，然后将该值依次与每一个 Case 后面的<表达式列表>相比较，如果二者匹配，则执行其后的<语句序列>，再转向执行 End Select 语句；若与所有 Case 都不匹配，但存在 Case Else 语句，就执行<语句序列 n+1>，否则执行 End Select 语句。

2）测试表达式的常用类型是数值型或字符型。

3）如果<测试表达式>的值与多个 Case 子句中的<表达式列表>相匹配，则只执行与之相匹配的第一个 Case 语句下面的<语句序列>。

4）Case 后面的<表达式列表>为必选参数，可以是下列三种形式之一：

● 表达式 1 [，表达式 2][，表达式 3]，…

例如：Case 60,70,80,90,100

表示的情况是：变量或表达式的值等于 60、70、80、90、100 之一。

● <表达式 1> To <表达式 2>

例如：Case 60 To 100

表示的情况是：60≤<变量或表达式>≤100

● Is <关系运算符> <表达式>

例如：Is >=60

表示的情况是：变量或表达式的值大于等于 60。

Case Else 用来表示不符合所有<表达式列表>情况的处理。

例 2.21 输入一个 1 到 9 之间的整数，判别其奇偶。

程序代码如下：

```
x = InputBox("输入一个 1 - 9 之间的整数")
Select Case x
   Case 1,3,5,7,9
       Print x; "这是奇数"
   Case 2,4,6,8
       Print x; "这是偶数"
End Select
```

例 2.22 输入一个字符，判别该字符是数字，还是英文字母。若是英文字母，则区分大小写。

程序代码如下：

```
x = InputBox("请输入一个字符：")
Select Case x
   Case 0 to 9
       Print x; "此字符是在 0 到 9 的范围内的数字"
   Case "A" to "Z"
       Print x; "此字符是在 A 到 Z 之间的大写英文字母"
   Case "a" to "z"
       Print x; "此字符是在 a 到 z 之间的小写英文字母"
   Case Else
       Print x; "此字符是不是数字或英文字母"
End Select
```

例 2.23 计算如下分段函数的值：

$$y=\begin{cases}5x & 0\leqslant x\leqslant 1, x=2, x\geqslant 3\\ 5 & 1<x<2, 2<x<3\\ -5x & x<0\end{cases}$$

事件代码如下：

```
Private Sub Form1_Click()
   x = InputBox("输入一个实数：")
   Select Case x
       Case 0 To 1,2,3,Is >= 3
           Print 5 * x
       Case 1 To 2,2 To 3
           Print 3
       Case Is < 0
           Print - 5 * x
   End Select
End Sub
```

2.2.3　条件函数ⅡF

还可以使用ⅡF( )函数来实现一些比较简单的分支结构。该函数可以代替 IF 语句。

格式：ⅡF(表达式,当条件为 True 时的值,当条件为 False 时的值)

说明：

＜表达式＞可以是一个关系表达式、逻辑表达式或数值表达式,当它的值为 True 或非 0 时,ⅡF 函数的返回值是＜当条件为 True 时的值＞的值;当＜表达式＞的结果为 False 或 0 时,返回值是＜当条件为 False 时的值＞的值。

例 2.24　计算分段函数

$$y=\begin{cases}\sqrt{2*\sin^2(x)+4x+1-3} & x\geqslant 0\\ 3x^2+4x-5 & x<0\end{cases}$$

函数值的语句可以简单地表示为

```
y = IIf(x> = 0,SQR(2 * sin(x) * sin(x) + 4 * x + 1) - 3,3 * x * x + 4 * x - 5)
```

例如：当 x 的值为 0 时,y 的值为-2;当 x 的值为-1 时,y 的值为-6。

2.2.4　条件函数 Choose

可以使用 Choose( )函数来代替 Select Case 语句,适用于简单的判断场合。

格式：Choose(整数表达式,选项列表)

功能：Choose( )函数根据整数表达式的值来决定返回选项列表中的某个值。如果整数表达式的值是 1,则 Choose( )函数会返回选项列表中的第 1 个选项;如果整数表达式的值是 2,则 Choose( )函数会返回选项列表中的第 2 个选项……依次类推。若整数表达式的值小于 1 或大于列出选项数目时,则返回 Null。

例如：编写程序,根据随机函数 Rnd( )产生 1～4 的值,转换成“＋”,“－”,“＊”和“/”运算符的语句如下：

```
Op = Choose(Int(Run() * 5),"+","-","*","/")
```

2.2.5 分支结构语句的应用特点总结

(1) 如果应用程序中只有一个分支,而且语句序列中语句较少时,建议使用单行分支结构 If…Then 语句或单分支结构 If…Then…End If 语句。

(2) 如果应用程序中有两个分支,而且两个语句序列中的语句多于一个时,建议使用双分支结构 If…Then…Else…End If 语句。

(3) 如果程序中有三个以上分支,建议使用多分支结构 If…Then…ElseIf…End If 或分支结构的嵌套。当分支的条件较复杂或为多种情况时,建议使用情况分支结构 Select…End Select 语句。

2.3 三种循环结构语句的格式、功能及区别

循环结构语句是按照给定的条件去重复执行一个具有特定功能的程序段。当程序需要反复执行某种操作时,可以采用循环结构,从而简化程序,提高效率。

VB 提供了三种循环结构,有 For…Next 循环、While…Wend 循环以及 Do…Loop 循环。其中 For…Next 循环又称"步长循环"、"记数循环"等;While…Wend 循环和 Do…Loop 循环又称条件循环。

条件循环分为两种:

当型:当满足条件时执行循环,它的主要语句有 Do While…Loop、Do…Loop While、While…Wend 等。

直到型:执行循环直到满足条件为止,它的主要语句有:DoUntil…Loop、Do…Loop Until 等。

2.3.1 For 循环语句

For 循环又称步长循环语句,一般用于有确定的循环次数以及循环变量的初值到终值之间有固定步长变化的循环。

格式:

```
For <循环变量>=<初值> To <终值> [Step<步长>]
    [<语句序列 1>]
    [Exit For]
    [<语句序列 2>]
Next [<循环变量]
```

For 循环的执行过程:首先将初值赋给循环变量,判断其是否超过终值,若没有超过,执行一遍循环体;计算下一个循环变量(增加步长),再判断其是否超过终值,没超过,再执行循环体;直到超过终值则退出循环,执行 Next 下面的语句。

说明:

1) 循环变量也称为循环控制变量,它必须为数值型或数字字符型。

2) 初值、终值都是数值型,可以是数值表达式,不但可以是整数,而且还可以是单精度或双精度数。

3）步长是每一次循环变量的增量，它可以是正数，也可以是负数。若是正数，循环变量的初值小于等于终值时执行循环体，大于终值时退出循环；若是负数，循环变量的初值大于等于终值时执行循环体，小于终值时退出循环。缺省步长，默认是 1。值得注意的是，步长值是程序的循环体执行到 Next 语句时，将循环变量进行增值。

4）循环体是 For 语句和 Next 语句之间的语句序列。

5）Next 语句后面的循环变量与 For 语句中的循环变量必须相同，并且 Next 后面的循环变量可以省略。

6）Exit For 用于退出循环的执行。它一般与 If 语句配合使用，根据条件判断结果退出循环。

7）循环体如果缺省，称为“空循环”，一般用于“延时”。

8）For 循环一般用在已知循环次数的情况。循环次数的计算公式为

循环次数＝Int(Abs(终值－初值)/步长＋1)

9）For…Next 循环可以嵌套使用，嵌套层次没有具体限制。但是在使用嵌套时应注意：各层次的循环变量名不能相同，内外层循环不能交叉。

例 2.25　求 1～1000 之间的“水仙花数”。（注：是一个三位数，其各个位数的立方和等于该数本身。运行界面如图 2.16 所示。）

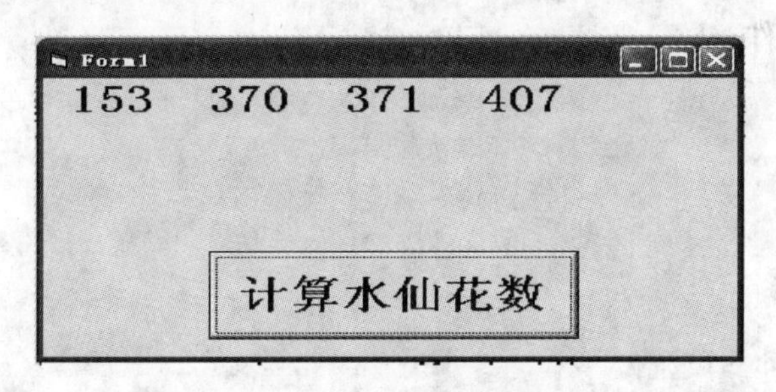

图 2.16　窗体运行状态

分析：三位数 n 中的每一位上的数可以这样来表述：

百位 i ：i＝Int(n/100)

十位 j ：j＝ Int(n/10)－i×10

个位 k ：k＝n Mod 10

编写 Command1_click 的代码如下：

```
Private Sub Command1_Click()
    Dim i As Integer,j As Integer,k As Integer,n As Integer
    For n = 100 To 999
        i = Int(n / 100)
        j= Int(n / 10) - i * 10
        k = n Mod 10
        If  n =  i ^3 + j ^3 + k ^3 Then Print n;
    Next
End Sub
```

2.3.2 Do…Loop 循环结构

Do…Loop 循环用于设定条件进行判断，根据判断的结果来控制循环的执行。

Do…Loop 循环结构可以完成“直到型”循环，也可以完成“当型”循环。

Do…Loop 循环结构一共有如下 5 种格式。

格式 1：

```
Do
    <语句组>
    [Exit Do]
    <语句组>
Loop
```

格式 2：

```
Do While <条件>
    <语句组>
    [Exit Do]
    <语句组>
Loop
```

格式 3：

```
Do
    <语句组>
    [Exit Do]
    <语句组>
Loop While <条件>
```

格式 4：

```
Do Until <条件>
    <语句组>
    [Exit Do]
    <语句组>
Loop
```

格式 5：

```
Do
    <语句组>
    [Exit Do]
    <语句组>
Loop Until <条件>
```

说明：

1）格式 2、3 称为当型循环结构，即当<条件>为 True 时执行循环体，当<条件>为 False 时退出循环，执行 Loop 后面的语句。二者的主要区别是：格式 2 是先判断、后执行，循环体可能一次也不执行（开始条件就为假）；而格式 3 是先执行、后判断，循环体至少要执行一次。

2）格式 4、5 称为直到型循环结构，即当<条件>为 False 时执行循环体，直到<条件>为 True 时退出循环。二者的区别是：格式 4 是先判断、后执行；而格式 5 是先执行、后判断。

3）不管是先判断后执行还是反之，要完成同样的操作，While 与 Until 后面的<条件>总是相反的。例如在某例中，循环结构控制语句使用 While x>0 同 Until x<=0 时的运行结果是等价的。

4）格式 1 是一个无限循环的结构形式，因为在它的 Do 语句和 Loop 语句中都没有限制循环变量的<条件>语句。那么这样的语句格式只有通过在循环体中的条件语句 If、Select Case 和循环结束语句 Exit Do 控制循环体的执行和结束；否则称为人们常说的“死循环”。

5）五种格式的循环体中都包括可选项 Exit Do 语句，其意义是：在循环体中执行该语句将无条件地退出循环，执行 Loop 后面的语句。

注意：

1）循环条件的描述；

2）边界值；

3）要有循环变量的改变使其从循环中退出。

例 2.26　利用 For 循环计算 $S=2^0+2^1+2^2+\cdots\cdots+2^N$ 当 $S\leqslant 1000$ 时最大的 N。

分析：用 For 循环语句计算该题，不是非常合适的；因为该题的和变量 S 与指数变量 N 都是未知数。因此在编此程序时，根据经验将 N 的最高值放大为 100，此值充分满足题目的要求。另外，在循环语句中，使用了退出循环语句 Exit For，当程序达到要求时退出循环。运行结果如图 2.17 所示。

事件代码如下：

```
Private Sub Command1_Click()
    Dim s%,n%
    Print " N" & Space(3) & "S"
    For n =  0 To 100
        s = s + 2^n
        If s > 1000 Then
            Exit For
        End If
        Print n; s
    Next
    Print "最大的 N 为"; n - 1
End Sub
```

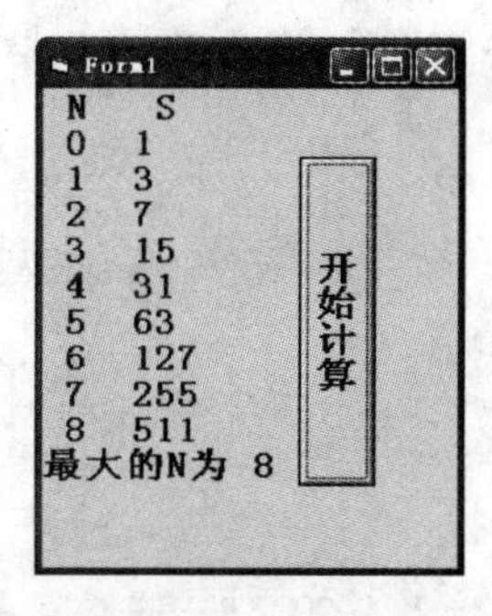

图 2.17　**窗体运行界面**

例 2.27　用 Do…Loop 循环语句计算例 2.26，事件代码如下：

```
Private Sub Command1_Click()
    Dim s%,n%
    Print " n" & Space(3) & "S"
    Do
        s = s + 2^n
        If s > 1000 Then
            Exit Do
        End If
        Print n; s
        n = n + 1
    Loop
    Print "最大的 N 为";n - 1
End Sub
```

例 2.28　用 Do While…Loop 循环语句计算例 2.26，事件代码如下：


```
Private Sub Command1_Click()
    Dim s%,n%
    Print " n" & Space(3) & "S"
    Flag =  -1
    Do While flag =  -1            ´条件为真
```

```
        s = s + 2^ n
        If s > 1000 Then
            flag = 0
        End If
        Print n; s
        n= n+ 1
    Loop
    Print "最大的 N 为"; n-1
End Sub
```

例 2.29 用 Do…Loop While 循环语句计算例 2.26,事件代码如下:

```
Private Sub Command1_Click()
    Dim s% ,n%
    Print " n" & Space(3) & "S"
    Do
        s = s + 2^ n
        Print n; s
        n= n+ 1
    Loop While s <= 1000
    Print "最大的 N 为"; n-2
End Sub
```

例 2.30 用 Do Until…Loop 循环语句计算例 2.26,运行界面如图 2.18 所示。事件代码如下:

```
Private Sub Command1_Click()
    Dim s% ,n%
    Print " n" & Space(3) & "S"
    Do Until s > 1000
        s = s + 2^ n
        Print n; s
        n= n+ 1
    Loop
    Print "最大的 N 为";n-2
End Sub
```

图 2.18 窗体运行界面

例 2.31 用 Do …Loop Until 循环语句计算例 2.26,事件代码如下:

```
Private Sub Command1_Click()
    Dim s% ,n%
    Print " N" & Space(3) & "S"
    Do
        s = s + 2^ n
        Print n; s
        n= n+ 1
        Loop Until s > 1000
```

```
    Print "最大的 N 为"; n - 2
End Sub
```

2.3.3　While…Wend 循环结构

While…Wend 为先判断、后执行循环结构。在这种结构中，很可能循环体一次都不执行。

格式：

While <条件>

　　<循环体>

Wend

说明：

1）首先判断<条件>是否为 True(或非 0 值)，若是，执行一遍循环体，再判断，再执行…，直到<条件>为 False(或 0 值)跳出循环，执行 Wend 后面的语句。

2）循环体内一定要有改变循环变量的语句，否则就会导致“死循环”。

3）条件中的变量应在循环体外赋初值，除非是 0。

4）当型循环也可以嵌套，层数没有限制，每个 Wend 和最近的 While 相匹配。

例 2.32　用 While…Wend 循环语句计算例 2.26，事件代码如下：

```
Private Sub Command1_Click()
    Dim s%, n%
    Print " N" & Space(3) & "S"
    While s <= 1000
        s = s + 2^ n
        Print n; s
        n = n + 1
    Wend
    Print "最大的 N 为"; n - 2
End Sub
```

2.4　循环嵌套语句结构

在一个循环体内又出现另外的循环语句称为循环嵌套或多重循环结构。

注意：内循环必须完整的包含在外循环中，不能出现循环的交叉嵌套。

例 2.33　下面是使用 For 循环和 While 循环的双重嵌套结构完成打印如图 2.19 所示图形的三个事件代码。

方法一　For 循环语句与 Do While 循环语句的双重嵌套结构完成打印事件代码：

```
Private Sub Form_Load()
    For i = 1 To 9
        Print Space(9 - i);
        j = 1
        Do While j <= i
            Print Str(i);
            j = j + 1
```

```
        Loop
        Print
    Next
End Sub
```

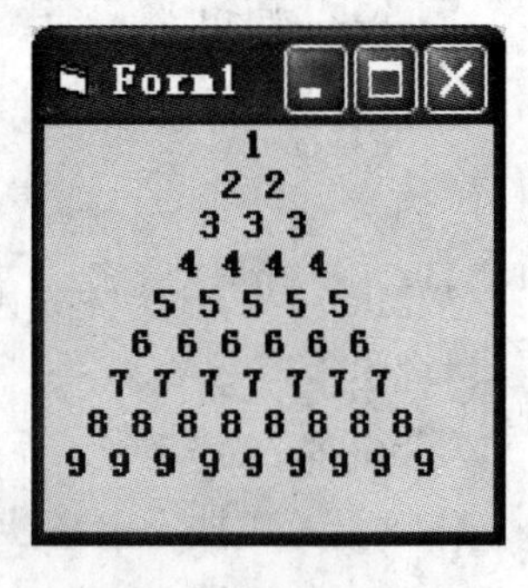

图 2.19　窗体运行界面

方法二　FOR 循环语句的双重嵌套结构完成打印事件代码：

```
Private Sub Form_Load()
    For i = 1 To 9
        Print Space(9 - i);
        j = 1
        For j = 1 To i
            Print Str(i);
        Next j
        Print
        Next
End Sub
```

方法三　DO WHILE 循环语句的双重嵌套结构完成打印事件代码：

```
Private Sub Form_Load()
    Do While i <= 9
        Print Space(9 - i);
        j = 1
        Do While j <= i
            Print Str(i);
            j = j + 1
        Loop
        i = i + 1
        Print
    Loop
End Sub
```

例 2.34　求 1～1000 之间所有能够被 13 整除的数。按每行 10 个数排列输出。运行界面如图 2.20 所示。

设计步骤如下：

1）创建窗体 Form1。

2）在窗体上画控件 Picture1。

3）事件代码如下：

```
'循环语句与 IF 条件语句嵌套例子
Private Sub Command1_Click()
    Dim i As Integer, j As Integer
    j = 0
    For i = 1 To 1000
        If i Mod 13 = 0 Then
            j = j + 1
```

```
            Picture1.Print i;
            If j Mod 10 = 0 Then Picture1.Print
        End If
    Next i
    Picture1.Print
    Picture1.Print "一共有" & j & "个数可以被 13 整除"
End Sub
```

```
Form1
13   26   39   52   65   78   91   104   117   130
143  156  169  182  195  208  221  234  247  260
273  286  299  312  325  338  351  364  377  390
403  416  429  442  455  468  481  494  507  520
533  546  559  572  585  598  611  624  637  650
663  676  689  702  715  728  741  754  767  780
793  806  819  832  845  858  871  884  897  910
923  936  949  962  975  988
一共有76个数可以被13整除
计算
```

图 2.20　窗体运行界面

其中，语句 If j Mod 10＝0 Then Picture1. Print 控制每行打印满足条件的数的个数(10 个)，注意语句 Picture1. Print i;后的分号不能省略。

2.5　其他辅助语句

2.5.1　Goto 语句

在非结构化 BASIC 语言中，Goto 语句在程序设计中用于程序循环结构。自从结构化程序设计语言推出之后，Goto 语句被 For、Do…Loop 和 While…Wend 等循环语句替代，Goto 语句用得越来越少；但是在有些应用中，使用该语句也能起到简化程序的作用。

格式：Goto ＜语句标号| 行号＞

无条件地转向执行语句标号或行号的语句。语句标号是一个标识符，行号是一个整数。使用语句标号时，后面必须加一个冒号；而使用行号可以不加冒号。它常与 If 语句连用。

例 2.35　在窗体上显示 10 行“计算中心”，运行界面如图 2.21 所示。

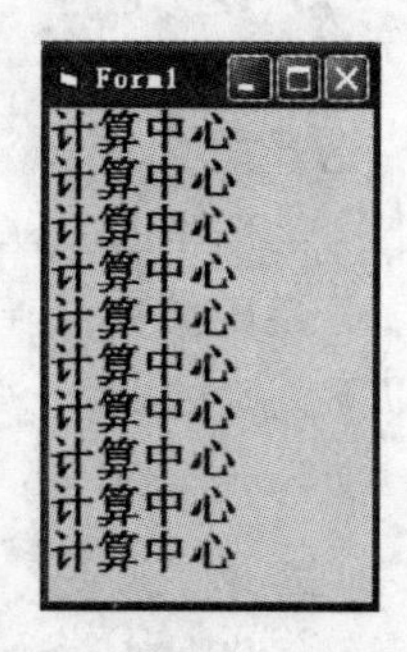

图 2.21　窗体运行

事件代码如下：

```
Private Sub Form_Click()
    Form1.FontSize = 16
    100  Print "计算中心"
    a = a + 1
    If a = 10 Then GoTo ss
```

```
    GoTo 100
    ss:
End Sub
```

2.5.2 On - GoTo 语句

格式：On <数值表达式>GoTo<语句标号列表>|<行号列表>

1）根据<数值表达式>的值把控制转到几个指定的语句行中的一个语句行。

2）<语句标号列表>|<行号列表>可以是程序中存在的多个语句标号或行号，它们之间用逗号分隔。

例 2.36 用 On…GoTo 语句实现输入一个计算机考试成绩，显示分数段。代码如下：

```
Private Sub Form_Click()
    Form1.FontSize = 16
    ss:
    x = InputBox("请输入计算机成绩<0 - 100>,输入 999 结束输入:")
    If (x < 0 Or x > 100) And x <> 999 Then Print "输入有误!"
    If x = 999 Then End
    On x \ 10 GoTo 1,2,3,4,5,6,7,8,9,10
    1: Print "01 - 19": GoTo ss
    2: Print "20 - 29": GoTo ss
    3: Print "30 - 39": GoTo ss
    4: Print "40 - 49": GoTo ss
    5: Print "50 - 59": GoTo ss
    6: Print "60 - 69": GoTo ss
    7: Print "70 - 79": GoTo ss
    8: Print "80 - 89": GoTo ss
    9: Print "90 - 99": GoTo ss
    10: Print "100": GoTo ss
End Sub
```

习题 2

2.1 选择题

1. 结构化程序由三种基本结构组成，下面属于三种基本结构之一的是(   )。

(A) 递归结构　(B) 分支结构　(C) 过程结构　(D) 输入、输出结构

2. 以下正确的 For…Next 结构是(   )。

(A)
```
For x=1 To Step 10
  ⋮
Next x
```

(B)
```
For x=3 To -3 Step -3
  ⋮
Next x
```

(C)
```
For x=1 To 10
re: …
Next x
If I=10 Then GoTo re
```

(D)
```
For x=3 To 10 Step 3
  ⋮
Next y
```

3. 下列循环语句能正常结束循环的是(　　)。

(A) i=5
Do
i=i+1
Loop Until i<0

(B) i=1
Do
i=i+2
Loop Until i=10

(C) i=10
Do
i=i-1
Loop Until i<0

(D) i=6
Do
i=i-2
Loop Until i=1

4. 下面程序段的运行结果为(　　)。

For i = 3 To 1 Step -1
Print Spc(5 - i);
For j = 1 To 2 * i - 1
Print "*";
Next j
Print
Next I

(A) *
* * *
* * * * *

(B) * * * * *
* * *
*

(C) * * * * *
* * *
*

(D) * * * * *
* * *

5. 下列程序当在文本框输入 "ABCD"四个字符时,窗体上显示的是(　　)。

Private Sub Text1_Change()
Print Text1.Text;
End Sub

(A) ABCD

(B) AABABCABCD

(C) A
B
C
D

(D) A
AB
ABC
ABCD

6. 不能分别正确显示 1!、2!、3!、4! 的值是哪个程序段(　　)。

(A) For i=1 To 4
n=1
For j=1 To i
n=n*j
Next j
Print n
Next i

(B) For i=1 To 4
For j=1 To i
n=1
n=n*j
Next j
Print n
Next i

(C)
```
n=1
For j=1 To 4
  n=n*j
  Print n
Next j
```

(D)
```
n=1
j=1
Do While j<=4
  n=n*j
  Print n
  j=j+1
Loop
```

7. 假定 x 的值为 5，则在执行以下语句时，其输出结果为"Result"的 Select Case 语句是(　　)。

(A)
```
Select Case x
    Case 10 To 1
    Print "Result"
End Select
```

(B)
```
Select Case x
Case Is> 5,Is< 5
  Print "Result"
End Select
```

(C)
```
Select Case x
  Case Is> 5,1,3 To 10
  Print "Result"
End Select
```

(D)
```
Select Case x
Case 1,3,Is> 5
  Print "Result"
End Select
```

8. 假定有以下循环结构，则正确的描述是(　　)。

```
Do Until 条件
    循环体
Loop
```

(A) 如果"条件"是一个为 0 的常数，则一次循环体也不执行

(B) 如果"条件"是一个为 0 的常数，则无限次执行循环体

(C) 如果"条件"是一个不为 0 的常数，则至少执行一次循环体

(D) 不论"条件"是否为"真"，至少要执行一次循环体

9. 假定有以下程序段，则语句 Print i*j 的执行次数是(　　)。

```
For i = 1 To 3
 For j = 5 To 1 Step - 1
 Print i * j
Next j,i
```

(A) 15　　(B) 16　　(C) 17　　(D) 18

10. 以下程序段的输出结果为(　　)。

```
x = 1
y = 4
Do Until y> 4
 x = x * y
 y = y + 1
Loop
Print x
```

(A) 1　　(B) 4　　(C) 8　　(D) 20

11. 设 a=6,则执行 x=Ⅱf(a>5,-1,0)后,x 的值为(　　)。

(A) 5　　(B) 6　　(C) 0　　(D) -1

12. 执行下面的程序段后,x 的值为(　　)。

```
x = 5
For i = 1 To 20 Step 2
    x = x + i\5
Next i
```

(A) 21　　(B) 22　　(C) 23　　(D) 24

13. 执行下面的程序段后,x 的值为(　　)。

```
For i =  1 To 4
    x = 4
    For j = 1 To 3
        x = 3
        For k =  1 To 2
            x = x + 6
        Next k
    Next j
Next i
Print x
```

(A) 7　　(B) 15　　(C) 157　　(D) 538

14. 执行下面的程序段后,依次在输入对话框中输入 5、4、3、2、1、-1,则输出结果为(　　)。

```
x = 0
Do Until x = -1
    a = InputBox("请输入 A 的值")
    a = Val(a)
    b = InputBox("请输入 B 的值")
    b = Val(b)
    x = InputBox("请输入 x 的值")
    x = Val(x)
    a = a + b + x
Loop
Print a
```

(A) 2　　(B) 3　　(C) 14　　(D) 15

15. 阅读下面的程序段,执行下面的三重循环后,a 的值为(　　)。

```
For i = 1 To 3
    For j = 1 To i
        For k  = j To 3
            a = a + 1
        Next k
    Next j
```

```
Next i
```

(A) 3　(B) 9　(C) 14　(D) 21

16. 执行下面的程序段后，n 和 x 的值分别为(　　)。

```
x = 0
Do While x< 50
    x = (x + 2) * (x + 3)
    n = n + 1
Loop
Print n
Print x
```

(A) 1 和 0　(B) 2 和 72　(C) 3 和 50　(D) 4 和 168

17. 在窗体上画两个名称分别为 Label1 和 Label2 的标签，然后编写如下事件过程：

```
Private Sub Form_Click()
    x =  -5: s =  -5
    Select Case s
        Case Is> 0
            y = x + 1
        Case Is> =  0
            y = x + 2
        Case Else
            y = x + 3
    End Select
    Label1.Caption = x
    Label2.Caption = y
End Sub
```

程序运行后，单击窗体，标签 Label1 和 Label2 中显示的内容分别是(　　)。

(A) −5 和 −2　(B) −5 和 −4　(C) −5 和 −3　(D) −5 和 −5

18. 在 Visual Basic 中，下列控制结构不能嵌套的是(　　)。

(A)分支控制结构　(B)多分支控制结构

(C) For 循环控制结构　(D) Do 循环控制结构

19. 在窗体上画一个命令按钮，名称为 Command1，然后编写如下事件过程：

```
Private Sub Command1_Click()
    Dim s As Integer
    Dim flag As Boolean
    flag = True
    s = 0
    i = 1
    While i < 100 And flag
        s = s + i
        i = i + 2
        If s Mod 5 = 0 Then
            flag = False
```

```
        End If
    Wend
    Print s
End Sub
```

程序运行后,单击命令按钮,则在窗体上显示的内容是(　　)。

(A) 4950　　(B) 5　　(C) 25　　(D) 1

20. 在窗体上画一个命令按钮,名称为 Command1,然后编写如下事件过程:

```
Private Sub Command1_Click()
    For i = 1 To 2
        For j = 1 To i
            Print String(i,65 + i);
        Next j
    Next i
End Sub
```

程序运行后,单击命令按钮,则在窗体上显示的内容是(　　)。

(A) 656666　　(B) BCCCC　　(C) BCC　　(D) BC

21. 编写如下事件过程:

```
Private Sub Form_Click()
    Dim S As Integer
    Dim FLAG As Boolean
    FLAG = True
    S = 1
    While S < 100 And FLAG
        S = S + 7
        If S Mod 5 = 0 Then FLAG = False
    Wend
    Print S
End Sub
```

程序运行后,单击窗体,在窗体上显示的值是(　　)。

(A) 1　　(B) 15　　(C) 35　　(D) 99

22. 设有如下事件过程:

```
Private Sub Form_Click()
    For i = 1 To 100
        If i Mod 8 = 5 Then
            Exit For
        End If
        i = i + 1
    Next i
    Print i
End Sub
```

程序运行后,单击窗体,则在窗体上显示的信息是(　　)。

(A) 1　　(B) 5　　(C) 13　　(D) 200

23. 有如下事件代码：

```
Private Sub Form_Click()
    For i = 1 To 9
        For j = i - 1 To 1 Step - 2
            Print " * ";
        Next j
    Next i
End Sub
```

程序运行后，单击窗体，则在窗体上显示" * "的个数是(　　)。

(A) 72　　(B) 45　　(C) 20　　(D) 18

24. 在窗体上画一个命令按钮，其名称为 Command1，然后编写如下事件过程：

```
Private Sub Command1_Click()
    For i = - 10 To 20
        x = x + 5
    Next i
    x = x + 10
    Print x
End Sub
```

程序运行后，单击命令按钮，则在窗体上输出的信息是(　　)。

(A) 155　　(B) 165　　(C) 175　　(D) 185

25. 在窗体上画一个命令按钮 Command1，然后编写如下程序：

```
Private Sub Command1_Click()
    s = 2
    Do
        s = (s - 1) * (s + 1)
    Loop Until s >= 45
    Print s
End Sub
```

程序运行后，如果单击命令按钮，则在窗体上显示的内容是(　　)。

(A) 35　　(B) 45　　(C) 63　　(D) 48

26. 执行下面的程序段，输出的结果为(　　)。

```
For I = 1 To 4
    For J = 0 To I
        Print Chr $ (65 + I);
    Next J
    Print
Next I
```

(A) BB
CCC
DDDD
EEEEE

(B) A
BB
CCC
DDDD

(C) B
CC
DDD
EEEE

(D) AA
BBB
CCCC
DDDDD

27. 在窗体上画一个命令按钮,名称为 Command1,然后编写如下事件过程:

```
Private Sub Command1_Click()
    Dim x As Integer
    x = x + 1
    For i = 1 To 3
        For j = 0 To i
            If j Mod 2 = 0 Then
                Print Chr $ (65 + i);
            Else
                Print Chr $ (97 + i);
            End If
        Next j
        Print
    Next i
End Sub
```

程序运行后,单击命令按钮,则在窗体上显示的内容是(   )。

(A) Bb
CcC
DdDd

(B) Aa
BbB
CcCc

(C) Ab
AbC
AbCd

(D) bB
cCc
dDdD

28. 在窗体上画一个命令按钮,名称为 Command1,然后编写如下事件过程:

```
Private Sub Command1_Click()
    For i = 1 To 4
      For j = 1 To i
        For k = j To i
          s = s + 1
        Next k
      Next j
      s = s - 1
    Next i
    Print s
End Sub
```

程序运行后,单击命令按钮,则在窗体上显示的内容是(   )。

(A) 16　(B) 20　(C) 26　(D) 30

29. 以下程序段中循环中循环体执行的次数是(   )。

```
k = - 1
    Do
        k = k + 1
```

```
    Loop While k <= 10
  Print k
```

(A) 9　　(B) 10　　(C) 11　　(D) 12

30. 有如下程序：

```
  Private Sub Form_Click( )
      Dim i As Integer,j As Integer
      i = 1
      j = 0
      Do
        Do
          s = s + j
          j = j + 1
          i = i + 1
        Loop While j <= 2
        s = s + i
        i = i + 2
      Loop Until i > 8
      Print s
  End Sub
```

程序运行后，如果单击窗体，则在窗体上输出的信息是(　　)。

(A) 17　　(B) 31　　(C) 6　　(D) 18

31. 下面程序的循环次数为(　　)。

```
For a = 1 To 3
    For b = 1 To a
        For c = b To 3
        Next c
    Next b
Next a
```

(A) 14　　(B) 17　　(C) 15　　(D)9

32. 下列语句中语法正确的是(　　)。

(A)
```
If X > 3 Then Y=3
End If
```

(B)
```
If X > 3 Then Y=3
ElseIf X=Z Then
    Print X
End If
```

(C)
```
If X > 3 Then
        Y=3
Else
        Y=-3
End If
```

(D)
```
Select Case X
  Case 1
     X=X+1
  Case 2
     X=X+2
Else
        X=X+3
End Select
```

33. 设 I=12,则由下列循环语句控制的循环次数是(　　)。

```
Do
    I = I + 2
Loop While I< = 10
```

(A) 0　　(B) 1　　(C) 10　　(D) 12

34. 下列程序段中,能正常结束循环的是(　　)。

(A) I=1
```
Do
    I=I+2
Loop Until I=10
```
(B) I=5
```
Do
    I=I+1
Loop Until I < 0
```
(C) I=10
```
Do
    I=I+1
Loop Until I=1
```
(D) I=6
```
Do
    I=I-2
Loop Until I > 0
```

35. 在窗体上画一个文本框,然后编写如下事件过程:

```
Private Sub Form_Load()
Text1.Text = ""
Text1.SetFocus
For i = 1 To 5
    Sum = Sum  + I
Next I
Text1.text = Sum
End Sub
```

上述程序的运行结果是(　　)。

(A) 在文本框中输出 15　　(B) 在文本框中输出 0

(C)在文本框中输出不定值　　(D) 出错

36. 在窗体上画一个名称为 Command1 的命令按钮,然后编写如下事件过程:

```
Private Sub Command1_Click()
    Static s As Integer
    For i = 5 To 1 Step - 0.3
        s = s + 1
    Next i
    Print s
End Sub
```

程序运行时,两次单击命令按钮 Command1 后,在窗体上显示的结果是(　　)。

(A) 14　　(B) 15　　(C) 28　　(D) 30

37. 在窗体上有一个命令按钮,其名称为 Command1,然后编写如下程序:

```
Private Sub Command1_Click()
    For i = 0 To 3
```

```
            x = 10
            For j = 1 To 2
                x = i + j
                For k = 0 To 2
                    x = x + 1
                Next k
            Next j
        Next i
        Print x
    End Sub
```

程序运行后,如果单击命令按钮,则在窗体上显示的内容是(　　)。

(A) 5　　(B) 8　　(C) 15　　(D) 24

38. 在窗体上画一个命令按钮 Command1,然后编写如下事件过程:

```
Private Sub Command1_Click()
    Dim x As Integer
    x = InputBox("请输入 X 的值")
    Select Case x
       Case 1,2,4,6
         Print "A"
       Case 5,7 To 9
         Print "B"
       Case Is = 10
         Print "C"
       Case Else
         Print "D"
    End Select
End Sub
```

程序运行后,单击命令按钮,在弹出的输入框中输入 8,则在窗体上显示的信息是(　　)。

(A) A　　(B) B　　(C) C　　(D) D

39. 下列循环中的循环体至少执行一次的是(　　)。

(A) For…Next　　(B) While…Wend

(C) Do While…Loop　　(D) Do…Loop Until

40. 在 VB 中,下列形式的语句不能形成多重循环的是(　　)。

(A)
```
For i=…
   For j=…
      For k=…
      ⋮
      Next
   Next
Next
```

(B)
```
For i=…
   For j=…
      For k=…
      ⋮
Next k,j,i
```

(C)
```
For i=…
   For j=…
      For k=…
      ⋮
      Next k
   Next j
Next i
```

(B)
```
For i=…
   For j=…
      For k=…
      ⋮
      Next i
   Next j
Next k
```

2.2　读程序写结果

1. 写出程序运行时单击命令按钮 Command1 后，Form1 上的输出结果。程序如下：

```
Private Sub Command1_Click()
    num = 255
    k = 0
    Do While num <> 0
      k = k + num Mod 2
      num = num \ 2
    Loop
    Print k
End Sub
```

2. 写出程序运行时单击命令按钮 Command1 后，Form1 上的输出结果。程序如下：

```
Private Sub Command1_Click()
    Dim n As Integer
    For k = 1 To 50
      If k - 10 * Int(k / 10) = 0 Or k / 3 = k \ 3  And k Mod 7 = 0 Then
        n = n + 1
      End If
    Next k
    Print n
End Sub
```

3. 写出程序运行时单击命令按钮 Command1 后，Form1 上的输出结果。程序如下：

```
Private Sub Command1_Click()
    a = 8
    b = 18
    If a < b Then t = a: a = b: b = t
    k = 1
    Do While k * a Mod b <> 0
        k = k + 1
    Loop
    Print k * a
End Sub
```

4. 写出程序运行时单击命令按钮 Command1 后，Form1 上的输出结果。程序如下：

```
Private Sub Command1_Click()
    For j = 10 To 5 Step -2
      K = j + 1
      If K < 6 Then Exit For
    Next j
    Print K; j
End Sub
```

5. 写出程序运行时单击命令按钮 Command1 后，Form1 上的输出结果。程序如下：

```
Private Sub Command1_Click()
  A = 1: I = 0
  Select Case A * 2
    Case 1
      A = A + 1
    Case 2
      A = A + 2
    Case Else
      A = A + 3
  End Select
  Print A
End Sub
```

6. 单击命令按钮 Command1 后，如果输入 ABCDEFG，写出 Form1 上的输出结果。程序如下：

```
Private Sub Command1_Click()
    C = InputBox("请输入字符串：")
    P = " "
    For L = Len(C) To 2 Step - 2
      P = Mid(C,L - 1,2) + P
    Next L
    Print P
End Sub
```

7. 写出程序运行时单击命令按钮 Command1 后，Form1 上的输出结果。程序如下：

```
Private Sub Command1_Click()
    For j = 1 To 6
      Print Tab(20 - j);
      For k = 1 To 2 * j - 1
        If j Mod 2 = 0 Then
          Print Mid$ (Str$ (j / 2),2,1);
        Else
          Print " $ ";
        End If
      Next k
      Print
    Next j
End Sub
```


8. 设输入的数据分别为"W"、"8"和"?"，单击窗体后，写出 Form1 上的输出结果。程序如下：

```
Private Sub Form_Click()
    Dim strC As String * 1
    strC = InputBox("请输入数据")
    Select Case strC
      Case "a" To "z","A" To "Z"
```

```
            Form1.Print strC + " Is Alpha Character"
        Case "0" To "9"
            Form1.Print strC + " Is Numeral Character"
        Case Else
            Form1.Print strC + " Is Other Character"
    End Select
End Sub
```

9. 写出程序运行时单击命令按钮 Command1 后，Form1 上的输出结果。程序如下：

```
Private Sub Command1_Click()
Dim I As Integer, j As Integer
Dim star As String
star = " * "
For I = 1 To 6
    Form1.Print Tab(14 - I * 2);
    For j = 1 To I * 2 - 1
      Form1.Print star;
    Next j
    Form1.Print
Next I
For I = 1 To 6
    Form1.Print Tab(2 + I * 2);
    For j = 1 To (6 - I) * 2 - 1
      Form1.Print star;
    Next j
    Form1.Print
Next I
End Sub
```

10. 写出程序运行时单击命令按钮 Command1 后，Form1 上的输出结果。程序如下：

```
Private Sub Command1_Click()
    Form1.Cls
    w = 3
    For k = 2 To 6 Step 2
        Form1.Print "w = "; w, "k = "; k
        w = w + 1
    Next k
    Form1.Print "w = "; w, "k = "; k
End Sub
```


2.3　填空

1. 计算 1 至 100 之间自然数之和，并存放变量 s。程序如下：

```
Private Sub Form_Click()
    Dim s As Integer
    i = 1
```

```
    Do While (  [1]  )
      s = s + i
      (  [2]  )
      (  [3]  )
    Print s
End Sub
```

2. 本事件过程求 100 的阶乘末尾 0 的个数(提示：1～100 中每个 5 的倍数阶乘的乘法都相应会产生一个 0)。程序如下：

```
Private Sub Command1_Click()
    Dim icount As Integer
    icount = (  [1]  )
    For k = 5 To(  [2]  ) Step(  [3]  )
      icount = icount + 1
    Next k
    Print icount
End Sub
```

3. 下面是判断 N 是否为素数的程序：

```
Private Sub Command1_Click()
    N = InputBox("请输入一个数 N")
    K = Int(Sqr(N))
    I = 2
    flag = 0
    Do While(  [1]  )
        If(  [2]  ) =  0Then
            flag = 1
        Else
            I = I + 1
        End If
        (  [3]  )
      If flag = 0 Then
        Print N; "是一个素数"
      Else
        Print N; "不是一个素数"
      End If
End Sub
```

4. 以下程序段：


```
Private Sub Command1_Click( )
    Text2.Text = " "
    n = Val(Text1.Text)
    Do While(  [1]  )
        k = (  [2]  )
        n = n \ 2
```

```
        Text2.Text = LTrim(Str(k)) + Text2.Text
      ( [3] )
    End Sub
```

用于将文本框 Text1 中输入的十进制整数转换为二进制数,并显示在文本框 Text2 中。

5. 本程序用辗转相除法求自然数 m、n 的最大公约数和最小公倍数。求最大公约数的算法如下:(1)对于已知两数 m、n,使得 $m>n$;(2) m 除以 n 得余数 r;(3)若 $r=0$,则 n 为求得的最大公约数,算法结束,否则执行(4);(4)$m<-n$,$n<-r$ 再重复执行(2)。原两数相乘除以最大公约数即为最小公倍数。程序如下:

```
Private Sub Command1_Click()
    Dim m%,n%,mn%
    n = Val(InputBox("n = "))
    m = Val(InputBox("m = "))
    If n <= 0 Or m <= 0 Then
        MsgBox "数据出错"
        Exit Sub
    End If
    mn = m * n
    If( [1] )Then
        t = m
        m = n
        n = t
    End If
    Do While( [2] )
        ( [3] )
        m = n
        n = r
    Loop
    Form1.Print "最大公约数 = "; m
    Form1.Print "最小公倍数 = "; mn / m
End Sub
```

6. 下面程序:

```
Private Sub Command1_Click()
    Dim A As Integer
    Dim B As Integer
    Dim C As Integer
    Dim nTemp As Integer
    A = Val(InputBox("Please input first integer","输入正整数"))
    B = Val(InputBox("Please input second integer","输入正整数"))
    C = Val(InputBox("Please input third integer","输入正整数"))
    If( [1] ) Then
        nTemp = A: A = B: B = nTemp
    End If
    If( [2] )Then
```

```
        nTemp = A: A = C: C = nTemp
    End If
    If( [3] )Then
        nTemp = B: B = C: C = nTemp
    End If
    Print "The integers in order is"; A; B; C
End Sub
```

的功能是输入三个数,由大到小排序。

7. 下面程序:

```
Private Sub Command1_Click()
    X = InputBox("请输入第一个数:")
    Y = InputBox("请输入第二个数:")
    Z = InputBox("请输入第三个数:")
    If X < Y Then
        A = X
        X = Y
        Y = A
    End If
    If( [1] )Then
        Print Y
    ElseIf( [2] )Then
        Print Z
    Else
        Print X
    ( [3] )
End Sub
```

的功能是输入三个数,输出中间数。

8. 输入任意长度的字符串,要求将字符顺序倒置,当输入"ABCDEFG"后,输出"GFEDCBA"。程序如下:

```
Private Sub Form_Click()
Dim a$ ,i% ,c$ ,d$
a = InputBox$("输入字符串")
n =( [1] )
For i = 1 To Int(n \ 2)
    c = Mid(a,i,1)
    Mid(a,i,1) =( [2] )
    Mid(a,n-i+1,1) = c
    ( [3] )
Print a
End Sub
```

9. 下面程序:

```
Private Sub Form_Click()
```

```
    Counter = 0
    SSAL = 0
    TEMP = Val(InputBox("请输入工人工资"))
    HSAL = TEMP
    LSAL = TEMP
    Do Until(  [1]  )
      If TEMP < LSAL Then
        LSAL = TEMP
      End If
      If TEMP > HSAL Then
        (  [2]  )
      End If
      SSAL = SSAL + TEMP
      (  [3]  )
      TEMP = Val(InputBox("请输入工人工资"))
    Loop
    AVESAL = SSAL / Counter
    Print "最高工资是："; HSAL
    Print "最低工资是："; LSAL
    Print "平均工资是："; AVESAL
End Sub
```

的功能是：从键盘输入若干工人的工资，当输入－1 时结束输入，程序计算其中的最高工资、最低工资以及平均工资并显示出来。

10. 以下程序：

```
Private Sub Command1_Click()
    Dim n As Integer
    n = InputBox("请输入 N：")
    i = 1
    f = 0
    Do While(  [1]  )
      j = 1
      x = 1
      While j <= i
        x = x * j
        (  [2]  )
      Wend
      f = f + x
      i = i + 1
      (  [3]  )
    Print f
End Sub
```

的功能是，由键盘输入一个 N，计算 1！＋2！＋…＋N！。

2.4 读程序写出正确结果,并回答问题。

1. 程　序

```
Private Sub Command1_Click()
    Dim x As Integer, f As Boolean
    x = Val(InputBox("请输入任意整数"))
    k = 2
    f = True
    Do
        If x Mod k = 0 Then f = False
        k = k + 1
    Loop Until k > x - 1 Or Not f
    If f Then Print "ok" Else Print "no"
End Sub
```

问题 1: 程序运行时,x 输入 13,结果是什么?

问题 2: 程序实现什么功能?

2. 程　序

```
Private Sub Command1_Click()
    w = InputBox("请输入一个英文单词:")
    For n = 1 To Len(w) \ 2
      If Mid(w,n,1) = Mid(w,Len(w) - n + 1,1)   Then
        YesNo = "yes"
      Else
        YesNo = "no"
      End If
    Next n
    Print w,YesNo
End Sub
```

问题 1: 运行时输入 batab 后,程序结果是什么?

问题 2: 请说明以上程序实现的功能。

3. 程　序

```
Private Sub Command1_Click()
    C = InputBox("请输入字符串:")
    p = ""
    For L = Len(C) To 1 Step -1
        p = p + Mid(C,L,1)
    Next L
    Print p
End Sub
```

问题 1: 运行时输入 abcde 后,程序的结果是什么?

问题 2: 请说明以上程序实现的功能。

4. 程　序

```
Private Sub Form_Click()
    Dim x$ ,n%
    n = 20
    Do While n <> 0
        a = n Mod 2
        n = n \ 2
        x = Chr(48 + a) & x
    Loop
    Print x
End Sub
```

问题 1：程序的运行结果是什么？

问题 2：程序的功能是什么？

5. 程　序

```
Private Sub Text1_KeyPress(KeyAscii As Integer)
Dim aa As String * 1
aa = Chr$ (KeyAscii)
Select Case aa
    Case "A" To "Z"
      aa = Chr$ (KeyAscii + 32)
    Case "a" To "z"
      aa = Chr$ (KeyAscii - 32)
End Select
KeyAscii = Asc(aa)
End Sub
```

问题 1：程序的功能是什么？

问题 2：运行时向文本框中输入 HELLO world！后，文本框中显示什么内容？

第 3 章 过 程

本章学习的目的与基本要求

1. 掌握过程的概念，事件过程与通用过程的区别。
2. 掌握五种常用库函数的使用。
3. 掌握函数过程与子程序过程的区别及使用。
4. 重点掌握过程调用时参数间的传递问题。
5. 掌握变量的作用域、生存周期。
6. 正确理解函数嵌套与递归调用的定义与使用方法。

3.1 什么是过程

3.1.1 过程的概念

过程是用于完成某项任务而设计的一段相对独立的事件代码。在 Visual Basic 中，除了用于声明常量和变量的语句外，用 Visual Basic 设计应用程序时，主要工作就是编写过程。

3.1.2 过程的分类

过程可分为事件过程和通用过程。通用过程又可分为子程序过程(sub 过程)和函数过程(function 过程)。

1. 事件过程

事件过程是指当某事件发生时，对象对该事件做出响应的事件代码。事件过程只能放在窗体模块中并由事件触发。系统为它提供了框架和接口，用户只须根据需要填写它的内容即可。

定义事件过程的格式如下：

```
Private Sub <控件名>_<事件名>([<形参表列>])
    [语句块 1]
    [Exit Sub]              '可以用该语句提前结束事件过程
    [语句块 2]
End Sub
```


2. 通用过程

通用过程是指将在不同程序中重复出现的一段事件代码单独编写成一个过程，其目的在于简化程序设计，避免重复编写代码。通用过程是不属于任何一个过程的，它可以放在窗体模

块中，也可以放在标准模块中。通用过程必须由事件过程或通用过程调用方可执行。

通用过程根据是否有返回值，又可分为子程序过程（sub 过程）和函数过程（function 过程）。其中，子程序过程在程序运行后没有返回值；而函数过程在程序运行后要返回主程序一个值，该值的类型在定义函数过程时声明。

3.2 常用库函数的使用

系统提供了大量的内部函数供用户使用。常用的函数按功能可以分为数学函数、转换函数、字符串函数和日期时间函数等。

3.2.1 数学函数

常用的数学函数如表 3.1 所列。

表 3.1 常用数学函数 *

函数名	功 能	函数实例	结 果
Abs(N)	求绝对值函数	Abs(-2)	2
Cos(N)	余弦函数	Cos(0)	1
Exp(N)	以 e 为底的指数函数	Exp(2)	7.389
Log(N)	以 e 为底的自然对数	Log(8)	2.079
Rnd[(N)]	产生随机数，N 可以省略	Rnd	0～1 之间的随机数
Sgn(N)	取得正负号函数	Sgn(-2)	-1
		Sgn(2)	1
		Sgn(0)	0
Sin(N)	正弦函数	Sin(0)	0
Sqr(N)	平方根函数	Sqr(4)	2
Tan(N)	正切函数	Tan(0)	0

说明：

1) 在三角函数中，自变量 N 是一个数值表达式，必须以弧度表示。如果自变量以角度给出，可以用下面的公式转化：

$$1^\circ=(\pi/180)\text{rad}=(3.1415926/180)\text{rad}$$

2) Log 和 Exp 互为反函数，即 Log(Exp(N))和 Exp(Log(N))的结果仍是原来自变量 N 的值。

3) Sqr 函数的自变量不能是负数。

4) Rnd 函数返回随机数的范围是：[0,1)，即是大于或等于 0 而小于 1 的函数。当一个应用程序多次用到随机函数或多次运行同一个带有随机函数的应用程序，VB 都会提供相同的种子，即 Rnd 函数会产生相同序列的随机数，达不到程序预期的结果。为了消除这种情况，产生不同序列的随机数，可以使用 Randomize 语句。语句格式如下：

Randomize [x]

这里的 x 是一个整数，可以给随机数生成器一个新的种子值。省略 x，则系统会自动返回

* 常用库函数的函数符号与数学中的符号不一致，请读者注意。

新的种子值。

例 3.1 产生随机数。

Int(Rnd * 100)+1 是取 1～100 之间的随机整数,包括 1 和 100。

Int(Rnd * 100+1) 也可以取 1～100 之间的随机整数,包括 1 和 100。

Int(Rnd * 11+20) 产生 20～30 之间的随机整数,包括 20 和 30。

想取不同的随机序列,只要在取随机函数的前面加语句 Randomize 即可。

例 3.2 将数学表达式：$x^3+|y|+e^2-\sin 60°+\ln\sqrt{8}-\sqrt{xz}$转化为 VB 表达式。

x^3+Abs(y)+Exp(2)+Sin(60 * 3.1415926/180)+Log(8)-Sqr(x * z)

例 3.3 将数学表达式：$x^3+|y|+e^2-\sin 60°+\log(8)-\sqrt{xz}$转化为 VB 表达式。

x^3+Abs(y)+Exp(2)+Sin(60 * 3.1415926/180)+Log(8)/Log(10)-Sqr(x * z)

3.2.2 转换函数

常用的转换函数如表 3.2 所列。

表 3.2 常用转换函数

函数名	功 能	函数实例	结 果
Asc(C)	把字符转换为 ASCII 码值或把字符串中的第一个字符转换为 ASCII 码值	Asc("A")	65
		Asc("BCD")	66
Chr$(N)	将 ASCII 码值转换成相应的字符	Chr$(65)	"A"
Str$(N)	数值转换为字符串	Str$(12.34)	" 12.34"
Fix(N)	截尾取整函数,无舍入运算	Fix(-2.7)	-2
		Fix(2.7)	2
Int(N)	取小于或等于 N 的最大整数	Int(-2.6)	-3
		Int(2.6)	2
Hex[$](N)	把十进制数转换成十六进制数	Hex$(100)	"64"
Oct[$](N)	把十进制数转换成八进制数	Oct(100)	144
Lcase$(C)	把大写字母转换成小写字母	Lcase$("ABC")	abc
Ucase$(C)	把小写字母转换为大写字母	Ucase$("abc")	ABC
Val(C)	把数字字符串转换为数值	Val("12AB")	12

说明：

1) Chr 和 Asc 互为反函数,Chr(Asc(C))=C,Asc(Chr(N))=N,其中 C 表示字符类型的变量,N 表示数值类型的变量。

例如 Chr(Asc("A")=A,Asc(Chr(65))=65。

2) Str 函数在将数值转换为字符串时,对于负数直接转换;对于非负数,会在转换后的字符串左边增加空格,即数值的符号位。故 Str$(12.34)转换的结果是字符串" 12.34"而不是"12.34"。

3) Val 函数在将数字字符串转换为数值类型时,当字符串中出现数值类型规定的字符以外的字符,则停止转换,函数的返回值为停止转换前的结果。如果第一个字符即为非数值类型规定的字符,则函数的返回值为 0。例如：Val("123.4Abc")=123.4,Val("-12.3E2")=-1230(其中 E 为指数符号),Val("A123")=0。

4）其他的类型转换函数，如 Cint、Ccur、Clng 等。

5）函数名后有没有"$"结果相同，例如 Chr(65)=Chr$(65)，结果都是 A。

3.2.3 字符串函数

常用的字符串函数如表 3.3 所列。

说明：

1）字符串长度是以字为单位的，也就是不论西文字符还是汉字都作为一个字，占 2B。传统概念中西文字符用 ASCII 编码，每个字符占 1B。这与传统的概念不同。Len 函数和 LenB 函数都是求字符串的长度，但 Len 的单位是字，LenB 的单位是字节。例如：Len("ABC 计算机")=6、LenB("ABC 计算机")=12。

2）Join 和 Split 作用相反，分别是对数组元素的连接和分离。

3）函数后的$可以省略，系统默认的返回值也是字符串类型。

表 3.3 常用字符串函数

函数名	功 能	函数实例	结 果
Ltrim$(C)	去掉字符串左边的空格	Ltrim$(" AB")	"AB"
Rtrim$(C)	去掉字符串右边的空格	Rtrim$("AB ")	"AB"
Trim$(C)	去掉字符串两边的空格	Trim$(" AB ")	"AB"
Left$(C,N)	取出字符串左边的 N 个字符	Left$("ABCD",2)	"AB"
Right$(C,N)	取出字符串右边的 N 个字符	Right$("ABCD",2)	"CD"
Mid$(C,N1[,N2])	取子串函数。从 C 中 N1 位置向右取 N2 个字符。省略 N2，默认到字符串结束	Mid$("ABCDEF",2,3)	"BCD"
* Replace(C,C1,C2[,N1][,N2])	在字符串 C 中，从 N1（省略 N1，默认从第 1 位）开始将 C2 代替 C1（有 N2，则代替 N2 次）	Replace("12345123","23","AB")	"1AB451AB"
Instr([N1,]C1,C2)	在 C1 中从 N1 位置开始查找字符串 C2 位置（省略 N1，默认从头开始查找），找不到，返回值为 0	Instr(2,"ABCDABEF","AB")	5
Len(C)	求字符串长度	Len("VB 程序设计")	6
LenB(C)	求字符串所占字节数	LenB("VB 程序设计")	12
Space$(N)	返回 N 个空格	Space$(3)	" "
String$(N,C)	返回 N 个由 C 中的首字母组成的字符串	String$(3,"ABCD")	"AAA"
* StrReverse(C)	将字符串反序	StrReverse("ABCD")	"DCBA"
* Join(数组名[,分隔符])	将数组中的各元素按分隔符连接成字符串变量	A=array("AB","12") Join(A,"")	AB12
* Split(字符串[,分隔符])	将字符串按分隔符分割成字符数组，与 Join 作用相反	A=Split("AB,12",",")	A(0)="AB" A(1)="12"

3.2.4 日期时间函数

常见的日期时间函数如表 3.4 所列。

说明：

1）Now、Date、Time 都是返回系统日期或时间的函数，注意它们返回值的区别。

2）日期函数中的自变量"C|N"可以是字符串表达式，也可以是数值表达式。其中"N"表示相对于1899年12月31日前后的天数。

3）对于日期函数，除上述函数外，还有两个比较重要的函数。

表3.4 常用日期时间函数

函数名	功能	函数实例	结果
Now()	返回系统的日期和时间	Now()	2004-2-1416：52：37
Date[()]	返回系统日期	Date()	2004-2-14
Time[()]	返回系统时间	Time()	16：52：37
DateSerial(年,月,日)	返回一个日期形式	DateSerial(4,2,14)	2004-2-14
DateValue(C)	同上。但自变量为字符串	DateValue("4,2,14")	2004-2-14
Year(C|N)	返回年的代码(1753-2078)	Year(365)相对于1899,12,30为0天后的365天的代码	1900
		Year("04,2,14")	2004
Day(C|N)	返回日期的代码(1-31)	Day("04,2,14")	14
Month(C|N)	返回月份的代码(1-12)	Month("04,2,14")	2
* MonthName(N)	返回月份名称	MonthName(2)	二月
Second(C|N)	返回秒(0-59)	Second(#16：52：37#)	37
Minute(C|N)	返回分(0-59)	Minute(#16：52：37#)	52
WeekDay(C|N)	返回星期代码(1-7)星期日为1,星期一为2	WeekDay("04,2,14")	7
* WeekDayName(N)	把星期代码(1-7)转换为星期名称。1为星期日	WeekDayName(7)	星期六

1. DateAdd增减日期函数

格式：DateAdd(要增减日期的形式,增减量,要增减的日期变量)

功能：对要增减的日期变量按日期形式做增减。要增减的日期形式如表3.5所列。

例如：

```
DateAdd("ww",1,#2004-2-14#)
```

作用是在指定的日期上加1周，所以函数的结果为：2004-2-21(日期型)。

表3.5 日期形式

日期形式	yyyy	y	q	m	d	ww	w	h	n	s
意义	年	一年的天数	季	月	日	星期	一周的日数	小时	分	秒

2. DateDiff函数

格式：DateDiff(要间隔的日期形式,日期1,日期2)

功能：两个指定的日期按日期形式求相差的日期。要间隔的日期形式如表3.5所列。

例3.4 要计算2004年2月14日距离2008年1月1日还有多少天，表达式为

DateDiff("d",#2004-2-14#,#2008-1-1#)

作用是两个指定日期求差值，返回间隔的天数，所以表达式的结果为1417。

3.2.5 Shell()函数

在VB中,不仅可以调用内部函数,还可以用Shell函数调用在DOS或WINDOWS下运行的可执行程序。Shell函数的使用格式如下:

Shell(应用程序名[,窗口类型])

说明:

1) 应用程序名要写出完整的路径,而且必须是可执行文件(扩展名为.bat、.com、.exe)。

2) 窗口类型表示要执行的窗口的大小,可以选择0~4或6的整数值。一般取1,表示窗口的正常大小。

例3.5 当程序执行WINDOWS的计算器程序时,Shell函数的使用如下:

```
a = Shell("c:\winnt\system32\calc.exe",1)(Windows 2000下)
a = Shell("c:\windows\calc.exe",1)(Windows 98下)
```

当程序执行到该语句时,显示计算器界面,如图3.1所示,然后程序继续往下执行。

图3.1 计算器界面

3.3 函数过程与子程序过程的区别

3.3.1 函数过程与子程序过程在格式上的区别

1. 定义子程序过程格式

[Private | Public] [Static] Sub ＜过程名＞([＜形参表列＞])

  [语句块1]

  [Exit Sub] '可以用该语句提前结束子程序过程

  [语句块2]

End Sub

2. 定义函数过程的格式

[Private |Public] [Static] Function ＜过程名＞([＜形参表列＞])[As ＜数据类型＞]

```
    [语句块 1]
    <过程名>=<表达式>      '通过函数名返回函数的值
    [Exit Function]        '可以用该语句提前结束函数过程
    [语句块 2]
End Function
```

说明：

1) 函数过程以 Function 开头，以 End Function 结束；子程序过程以 Sub 开头，以 End Sub 结束。

2) 函数过程通过函数名返回函数的值，因此，函数过程名要有数据类型，用"As <数据类型>"定义。如此项缺省，则默认为"Variant"类型；子程序过程无返回值。

3) 通常，在函数过程内函数名至少应被赋值一次，使函数获得返回值。否则，函数过程将返回一个默认值：数值函数返回 0，字符串函数返回一个空串；而子程序过程内没有对子程序过程名的赋值。

3.3.2 函数过程与子程序过程在调用上的区别

1. 子程序过程的执行

一个子程序过程的执行，必须要由一个过程或函数通过调用语句调用该子过程，通过调用引起该子过程的执行。子程序过程的调用有两种方法：

(1) 用 Call 语句调用子程序过程

格式：Call [窗体名|模块名.]<过程名>[(实参表列)]

例如：Call Swapmn(m,n) 或 Call Form1. Swapmn(m,n)。

(2) 直接使用过程名调用子程序过程

格式：[窗体名|模块名.]<过程名>[<实参表列>]

例如：Swapmn m,n 或 Form1. Swapmn m,n。

说明：

1) 两种方法的主要区别：用 Call 语句调用子程序过程，实参必须用括号括起来；而直接使用过程名调用子程序过程时，实参不必用括号括起来。

2) 调用本窗体或标准模块内的子程序过程时，"窗体名|模块名."部分可以省略。

2. 函数过程的执行

与 Sub 过程一样，要执行一个 Function 过程，必须要调用该函数过程，调用引起函数过程的执行。Function 过程的调用，通过表达式方式实现。

例 3.6 函数过程的定义与调用：

```
Private  Function Sum_n(a as Integer)
   For I = 1 To a
     S = S + I
   Next I
  Sum_n = S
End Function
Private Sub Form_Click()
   Dim s As Long
```

```
    s = Sum_n(100): Print s
End Sub
```

或

```
Private Sub Form_Click()
   Print Sum_n(100)
End Sub
```

说明：函数过程与子程序过程在调用上的区别是：将函数过程调用写在一个表达式中，作为表达式的一项参与运算；而将子程序过程作为一个程序语句或用 CALL 命令调用。

3.4 关于参数传递的几个问题

3.4.1 变量的作用域及生存期

1. 变量的作用域

变量的作用域是指它有效作用的范围。

通常将变量的作用域划分为：局部变量、窗体级或模块级变量和全局变量。

(1) 局部变量

局部变量是指在过程内部用 Dim 或 Static 定义的变量。这些变量只在所定义的过程中有效，一旦过程结束，这些变量就会无效。因此，不同的过程可以使用相同名称的变量，它们分别代表不同的变量。

(2) 窗体级或模块级变量

窗体级或模块级变量是指在窗体或模块的"通用"声明段中用 Dim 或 Private 定义的变量。这些变量只在所定义的窗体或模块范围内有效，可以被本窗体或模块内的过程访问，但不能被其他窗体或模块内的过程访问。窗体级或模块级变量的生存期随窗体或模块的产生而生存，随窗体或模块的释放而消失。

(3) 全局变量

全局变量是指在窗体或模块的"通用"声明段中用 Public 定义的变量，或在标准模块中用 Global 定义的变量。这些变量可以被所有窗体或模块内的过程所访问，作用范围是整个应用程序。

例 3.7 定义全局变量：

```
Public x As Single
Global Sum As Long            ' 只能在标准模块中声明全局变量
Public c As Integer
```

说明：

1) 用 Public 在窗体中声明的全局变量在其他窗体或模块中使用必须在变量名前加窗体名。例如：在 Form2 窗体的过程中要使用在 Form1 窗体中定义的全局变量 x，其格式为：Form1. x. 。

2) 在模块中用 Public 或 Global 声明的全局变量在其他窗体或模块中使用不必在变量名

前加窗体名。

3）全局变量的使用要格外小心，一般情况下尽量少用或不用。

4）在同一模块中定义了不同级而有相同名的变量时，系统优先访问作用域小的变量名。如果希望访问全局变量，则必须在全局变量名前加模块名。

例 3.8 全局变量与局部变量同名的定义及使用：

```
Public Test As Integer                 '定义全局变量
Sub Form_Click()
    Dim Test As Integer                '定义局部变量
    Test = 12                          '访问局部变量
    Form1.Test = 40                    '访问全局变量必须加窗体名
    Print Form1.Test,Test              '输出 40 和 12
End Sub
```

2. 变量的生存期

变量的生存期是指变量在整个程序运行过程中的有效生存时间，即变量所占用的内存单元何时分配、何时释放。按变量的生存期可划分为：自动变量和静态变量。

1）自动变量是指用 Dim 语句定义的变量。当过程被调用时，为自动变量分配存储单元，过程结束存储单元就被释放。

2）静态变量是指用 Static 语句定义的变量。静态局部变量的生存期为整个程序，它的值具有继承性。当过程再次被调用时，静态局部变量取上次调用结束后的值。

3.4.2 函数调用时参数间传递

1. 形式参数与实际参数

形式参数是指在定义 Sub 过程和 Function 过程时，过程名后的参数，简称“形参”或“虚参”。在定义过程时，参数的值是不确定的。

实际参数是指调用 Sub 过程和 Function 过程时，过程名后的参数，简称“实参”。在调用过程时，参数的值必须是确定的。

在调用一个过程时，主调过程与被调过程之间的数据传递是通过形参与实参的“虚实结合”完成的。

2. 虚实结合原则

参数的传递是按实参与形参对应位置进行的，不是按同名的原则进行的。这就要求实参与形参在类型、个数、位置上要一一对应。例如有下列定义语句：

```
Public Sub exam(xAs Integer,yAs Long,str As String)
    ⋮
End Sub
```


形参有三个参数，这就要求调用语句中也要有三个实参，例如有下列调用语句：

```
Call exam(y,x,"Book")
```

按虚实结合原则：实参 y 与形参 x、实参 x 与形参 y、实参"Book"与形参 str 对应传递，并且要求实参 y 必须是整形，实参 x 必须为长整形，第三个实参必须为字符串类型，实参数量必须为

三个。

3. 虚实结合方式

虚实结合的方式有两种："按值"和"按地址"传递。

1）按值传递是指当过程被调用时，主调过程将实参的值传递给被调过程的形参。调用结束时，实参的值不会发生变化。

在调用过程时，如有下列情况之一，均属于按值传递。

- 当实参是常量或表达式时。
- 当实参是变量：在定义过程时，形参前用 ByVal 关键字加以说明；在过程调用时，实参变量用括号括起来。

例 3.9 按值传递示例：

```
Sub e6_6(x As Integer,y As Integer,ByVal z As Integer)
    x = x + y: y = y + z: z = z + x
    Print "过程调用中  x,y,z = "; x,y,z
End Sub

Private Sub Form_Click()
    Dim a As Integer,b As Integer,c As Integer
    a = 1: b = 2: c = 3
     Print "调用过程前  a,b,c = "; a,b,c
     Call e6_6(1,2,a + b)            '实参是常量或表达式时，是按值传递
     Print "第一次调用后 a,b,c = "; a,b,c
     Call e6_6((a),(b),c)            'a、b 用括号括起来了，c 所对应的形参
     '前有 ByVal，按值传递，内存空间分配如图 3.2 所示
     Print "第二次调用后 a,b,c = "; a,b,c
End Sub
```

运行结果如图 3.3 所示。

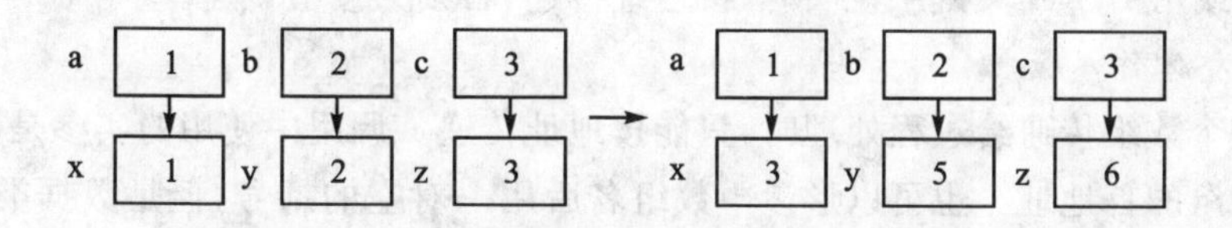

图 3.2 按值传递变量参数时的内存空间分配

```
Form1
调用过程前   a, b, c= 1        2        3
过程调用中   x, y, z= 3        5        6
第一次调用后 a, b, c= 1        2        3
过程调用中   x, y, z= 3        5        6
第二次调用后 a, b, c= 1        2        3
```

图 3.3 例 3.9 按值传递参数运行结果

2）按地址传递是指当过程被调用时，主调过程将实参的地址传递给被调过程的形参。当形参的值发生变化时，实参的值也随形参的值发生了变化，因为它们公用一个地址单元。

当实参是变量，并且形参前无 ByVal 关键字或用 ByRef 关键字说明时，即按地址传递。

按地址传递变量参数时的内存空间分配如图 3.4 所示，实参 a、b、c 分别对应形参 x、y、z。a 与 x、b 与 y、c 与 z 共用同一个内存单元。例如：

```
Sub  abc(x,y,z)
 ⋮
End Sub
Private Sub Form_Click()
 ⋮
   Call  abc(a,b,c)
 ⋮
End Sub
```

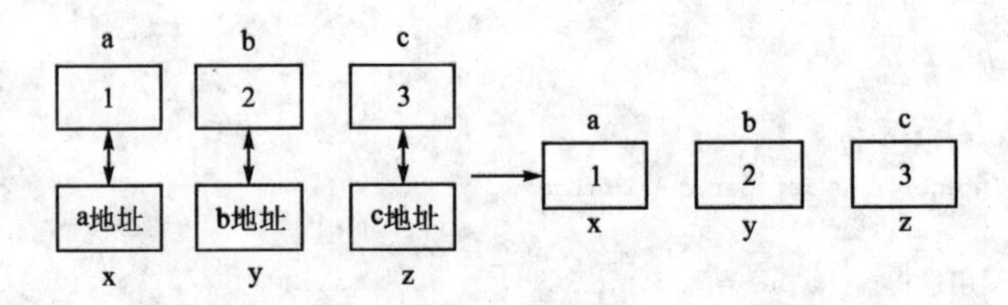

图 3.4　按地址传递变量参数时的内存空间分配

4. 数组参数

过程参数可以是任何合法的数据类型，即基本类型、数组、记录和对象均可作为过程参数。数组作为过程参数分为两种：传递数组中的元素和传递整个数组。

(1) 数组元素作参数

当过程中使用数组元素作为参数传递时，同基本类型的变量做参数用法一样，即形参前无 ByVal 关键字或用 ByRef 关键字说明时，按地址传递；否则为按值传递。

(2) 数组整体作参数

当要把整个数组传递给过程处理时，只能按地址传递。调用中使用的实参是数组名，向形参传递的是数组的首地址。也可以形参中数组名后用一对空的括号，但是数据类型必须与实参一致。

如有数组 a，其定义形式如下：

```
Dim a(1 to 5) As Integer
```

现要将数组所有元素传递给过程 MoveArray，则可采用如下方法：

```
Call MoveArray(a())
```

或

```
Call MoveArray(a)
```

过程中的形参形式如下：

```
Sub MoveArray(b() As Integer)
```

例 3.10 按顺序查找，将关键字的值与数组中的元素一一比较，如果值相同，查找成功；如果找不到，则查找失败。查找子过程代码及窗体代码如下：

```
Dim b(1 To 8) As Integer
Dim Index %
Public Sub search(x() As Integer,key % ,Index % )
   Dim I %
   For I = LBound(x) To UBound(x)
      If key = x(I) Then
         Index = I
         Exit Sub
      End If
   Next I
   Index = - 1          '找不到时,index 的值为 - 1
End Sub
Private Sub Form_Click()
   Dim k %
   Index = - 1
   b(1) = 1: b(2) = 2: b(3) = 3: b(4) = 4
   b(5) = 5: b(6) = 7: b(7) = 8: b(8) = 12
   k = Val(InputBox("输入要查找关键字的值"))
   Call search(b,k,Index)
   Print Index
End Sub
```

例 3.11 选择法排序。假定有 n 个数的序列，要求按递增的次序排序，算法步骤如下：

1) 从 n 个数中选出最小数的下标，然后将最小数与第 1 个数交换位置。

2) 除第 1 个数外，其余 $n-1$ 个数再按步骤(1)的方法选出次小的数，与第 2 个数交换位置。

3) 重复步骤(1)$n-1$ 遍，最后构成递增序列。

本例题是一个有 10 个元素的数组，用选择法按递增顺序排序。子过程代码如下：

```
Dim a(1 To 10) As Integer
Private Sub xuanzepaixu(a() As Integer)
   Dim I % ,j % ,t % ,Min %
   For I = 1 To 9
      Min = I
      For j = I + 1 To 10
         If a(j) < a(Min) Then Min = j
      Next j
   t = a(I)
   a(I) = a(Min)
   a(Min) = t
   Next I
```

```
End Sub
Private Sub Form_Click()
    Dim m %
    a(1) = 9: a(2) = 1: a(3) = - 12: a(4) = 2: a(5) = 6
    a(6) = 3: a(7) = 4: a(8) = 5: a(9) = 7: a(10) = 12
    Call xuanzepaixu(a)
    For m = 1 To 10
        Print a(m)
    Next m
End Sub
```

3.5 递　归

3.5.1 什么是递归

函数的递归(或子过程的递归)是指在调用一个函数(或子过程)的过程中出现直接地或间接地调用该函数(子过程)自身。例如,在调用 f1()函数的过程中,又调用了 f1()函数,这称为直接递归调用;而在调用 f1()函数的过程中,调用了 f2()函数,又在调用 f2()函数的过程中调用了 f1()函数,这称为间接递归调用。

递归调用解决问题的方法是:将原有的问题分解为一个新的问题,而新的问题又用到了原有问题的解法,这就出现了递归。按照这一原则分解下去,每次出现的新问题都是原有问题的简化子问题,而最终分解出来的新问题是一个已知解的问题,这便是有限的递归调用。只有这些有限的递归调用才是有意义的。无限的递归调用在实际中是没有意义的。

3.5.2 递归的使用方法

递归调用的过程可分为如下两个阶段:

第一个阶段为"递推"阶段:将原有问题不断地分解为新的子问题,逐渐从未知的向已知的方向推测,最终到达已知的条件,即递归结束条件,这时递推阶段结束。

第二个阶段为"回归"阶段:该阶段是从已知的条件出发,按照"递推"的逆过程,逐一求值回归,最后到达递推的开始处,结束回归阶段,完成递归调用。

例 3.12　用递归方法求 $n!$。

正整数 n 的阶乘为 $n*(n-1)*(n-2)*\cdots*2*1$,0 的阶乘为 1,即 $n! = n*(n-1)!$。可用递归公式表示:

$$n! = \begin{cases} 1 & n=0, n=1 \\ n(n-1)! & n>1 \end{cases}$$

程序如下:

```
Public Function fac(n % ) As Integer
    If n = 1or n = 0Then
        fac = 1
    Else
```

```
        fac = n * fac(n - 1)
    End If
End Function
Private Sub Command1_Click()
    Print "fac(4) = "; fac(4)
End Sub
```

程序的执行过程如图 3.5 所示,图中第一行属于“递推”阶段,第二行属于“回归”阶段。

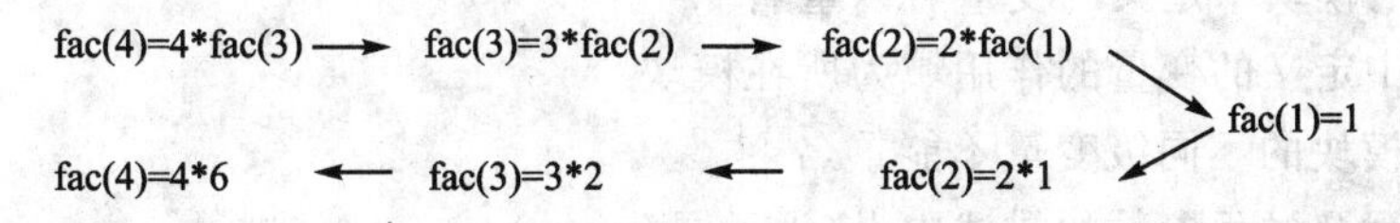

图 3.5　fac(4)的执行过程

习题 3

3.1　选择题

1. 在 VB 应用程序中,以下正确的描述是(　　)。
   (A) 过程的定义可以嵌套,但过程的调用不能嵌套
   (B) 过程的定义不可以嵌套,但过程的调用可以嵌套
   (C) 过程的定义和过程的调用均可以嵌套
   (D) 过程的定义和过程的调用均不能嵌套

2. 假定有以下两个过程:

```
Sub s1(ByVal x As Integer,ByVal y As Integer)
  Dim t As Integer
  t = x
  x = y
  y = t
End Sub
Sub s2(x As Integer,y As Integer)
  Dim t As Integer
  t = x
  x = y
  y = t
End Sub
```

   则以下说法中正确的是(　　)。
   (A) 用过程 S1 可以实现交换两个变量的值的操作,S2 不能实现
   (B) 用过程 S2 可以实现交换两个变量的值的操作,S1 不能实现
   (C) 用过程 S1 和 S2 都可以实现交换两个变量的值的操作
   (D) 用过程 S1 和 S2 都不能实现交换两个变量的值的操作

3. 在过程的形式参数的前面加上关键字(　　),则该参数说明为传值参数。
   (A) Val　　(B) ref　　(C) ByRef　　(D) ByVal

4. 在函数体中退出函数的语句是(　　)。
   (A) Exit Do　　(B) Exit For　　(C) Exit　　(D) Exit Function
5. 若已定义一个子过程 p1,它有三个数值型传值参数,则调用该子过程的正确语句是(　　)。
   (A) p1(0,1,2)　　(B) p1　　(C)call p1 0,1,2　　(D)p 0,1,2
6. 下面关于变量的作用域,正确的描述是(　　)。
   (A) 在模块中所有过程外定义的变量一定是全局变量
   (B) 在不同的模块中定义的变量可以重名
   (C) 在模块中定义的变量的作用域为所在模块
   (D) 在同一模块的不同级变量不能重名
7. 以下关于过程及过程参数的描述中,错误的是(　　)。
   (A) 过程的参数可以是控件名称
   (B) 用数组作为过程的参数时,使用的是"传地址"方式
   (C) 只有函数过程能够将过程中处理的信息传回到调用的程序中
   (D) 窗体可以作为过程的参数
8. 如果一个工程含有多个窗体及标准模块,则以下叙述中错误的是(　　)。
   (A) 如果工程中含有 Sub Main 过程,则程序一定首先执行该过程
   (B) 不能把标准模块设置为启动模块
   (C) 用 Hide 方法只是隐藏一个窗体,不能从内存中清除该窗体
   (D) 任何时刻最多只有一个窗体是活动窗体
9. 下面语句中错误的是(　　)。
   (A) ReDim Preserve Matrix(10,Ubound(Matrix,2)+1)
   (B) ReDim Preserve Matrix(Ubound(Matrix,1)+1,10)
   (C) ReDim Preserve DynArray(Ubound(DynArray)+1)
   (D) ReDim DynArray(Ubound(DynArray)+1)
10. 一个工程中包含两个名称分别为 Form1、Form2 的窗体、一个名称为 Func 的标准模块。
    假定在 Form1、Form2 和 Func 中分别建立了自定义过程,其定义格式为

    Form1 中定义的过程:

```
Private Sub Fun1( )
 ⋮
End Sub
```

    Form2 中定义的过程:

```
Private Sub Fun2( )
 ⋮
End Sub
```

    Func 中定义的过程:

```
Private Sub Fun3( )
 ⋮
End Sub
```

在调用上述过程时，如果不指明窗体或模块的名称，则以下叙述中正确的是(　　)。

(A) 上述三个过程都可以在工程中的任何窗体或模块中被调用

(B) Fun1 和 Fun2 过程能够在工程中各个窗体或模块中被调用

(C) 上述三个过程都只能在各自被定义的模块中调用

(D) 只有 Fun3 过程能够被工程中各窗体或模块调用

11. 下列对过程调用时参数传递的不正确说法是(　　)。

(A) 参数传递有传值和传址两种

(B) 传址是实参的值随着形参的改变而改变

(C) 传值是实参的值不会随着形参的改变而改变

(D) 传址是形参的变化不会影响到实参

12. 以下叙述中错误的是(　　)。

(A) 一个工程中可以包含多个窗体文件

(B) 在一个窗体文件中用 Private 定义的通用过程能被其他窗体调用

(C) 窗体、标准模块、类模块等需要分别保存为不同类型的磁盘文件

(D) 全局变量必须在标准模块中定义

13. 以下关于函数过程的叙述中，正确的是(　　)。

(A) 函数过程形参的类型与函数返回值的类型没有关系

(B) 在函数过程中，它的返回值可以有多个

(C) 当数组作为函数过程参数时，既能以传值方式传递，也能以传址方式传递

(D) 如果不指明函数过程参数的类型，则该参数没有数据类型

14. 以下关于变量作用域的叙述中，正确的是(　　)。

(A) 窗体中凡被声明为 Private 的变量只能在某个指定的过程中使用

(B) 全局变量必须在标准模块中声明

(C) 模块级变量只能用 Private 关键字声明

(D) Static 类型变量的作用域是它所在的窗体或模块文件

15. 下列关于过程叙述不正确的是(　　)。

(A) 过程的传值调用是将实参的具体值传递给形参

(B) 过程的传址调用是将实参在内存的地址传递给形参

(C) 过程的传值调用参数是单向传递的，过程的传址调用参数是双向传递的

(D) 无论过程传值调用还是过程传址调用，参数传递都是双向的

16. 在过程定义中用(　　)表示形参的传值。

(A) Var　　(B) ByDef　　(C) ByVal　　(D) Value

17. 在过程中定义的变量，若离开该过程后，还能保存过程中局部变量的值，则应该将过程放在(　　)中。

(A) 窗体模块　　(B) 标准模块　　(C) 类模块　　(D) 工程

18. 在过程中定义的变量，若希望在离开该过程后，还能保存过程中局部变量的值，则应使用(　　)关键字在过程中定义局部变量。

(A) Dim　　(B) Private　　(C) Public　　(D) Static

19. 下面子过程语句，合法语句是(　　)。

(A) Sub f1(ByVal n%()　　　　(B) Sub f1(n%) as Integer

(C) Function f1%(f1%)　　　　(D) Function f1(ByVal　n%)

20. 要想从子过程调用后返回两个结果，下面子过程语句说明合法的是(　　)。

(A) Sub f2(ByVal n%,ByVal m%)

(B) Sub f1(n%,ByVal m%)

(C) Sub f1(n%,m%)

(D) Sub f1(ByVal n%,m%)

21. 在过程的形式参数的前面加上关键字(　　)，则该参数说明为传址参数。

(A) Val　　(B) ref　　(C) ByRef　　(D) ByVal

22. 若已编写了一个 sort 子过程，在该工程中有多个窗体，为了方便调用 sort 子过程，应该将过程放在(　　)中。

(A) 窗体模块　　(B) 标准模块　　(C) 类模块　　(D) 工程

3.2　填空题

1. 在 VB 中，过程定义有两种传递形式参数的方法，分别是数值传递和(　　)。

2. 模块中以关键字(　　)定义子过程，则在每个窗体中都可调用该过程。

3. 现有自定义过程 beeps，调用该函数方法(参数为 5)为 beeps 5 和(　　)。

3.3　写出程序运行结果

1. 假定有如下的 Sub 过程：

```
Sub s(x As Single,y As Single)
    t = x
    x = t/y
    y = t mod y
End Sub
```

在窗体上画一个命令按钮，然后编写如下事件过程：

```
Private Sub Command1_Click()
    Dim a As Single
    Dim b As Single
    a = 5
    b = 4
    s   a,b
    Print a,b
End Sub
```

程序运行后，单击命令按钮，输出结果为多少？

2. 阅读程序：

```
Function f(a As Integer)
    b = 0
    static c
    b = b + 1
    c = c + 1
    f = a + b + c
```

```
End Function
Private Sub Command1_Click()
    Dim a As Integer
    a = 2
    For i = 1 To 3
        Print f(a)
    Next i
End Sub
```

运行上面的程序,单击命令按钮,输出结果多少?

3. 阅读程序:

```
Sub subp (b() As Integer)
    For i = 1 To 4
        b(i) = 2 * i
    Next i
End Sub
Private Sub Command1_Click()
    Dim a(1 to 4) As Integer
    a(1) = 5
    a(2) = 6
    a(3) = 7
    a(4) = 8
    subp a()
    For i = 1 To 4
        Print a(i)
    Next i
End Sub
```

运行上面的程序,单击命令按钮,输出结果为多少?

4. 假定有以下的过程:

```
Function func(a As Integer,b As Integer) As Integer
    Static m As Integer,i As Integer
    m = 0
    i = 2
    i = i + m + 1
    m = i + a + b
    func = m
End Function
```

在窗体上画一个命令按钮,然后编写如下事件过程:

```
Private Sub Command1_Click()
    Dim k As Integer,m As Integer
    Dim p As Integer
    k = 4
    m = 1
```

```
    p = func(k,m)
    Print p;
    p = func(k,m)
    Print p
End Sub
```

程序运行后,单击命令按钮,输出结果为多少?

5. 假定有如下的 Sub 过程:

```
Sub S(x%,y%)
    t = x
    x = t/y
    y = t Mod y
End Sub
```

在窗体上画一个命令按钮,然后编写如下事件过程:

```
Private Sub Command1_Click( )
    Dim a%,b%
    a = 5
    b = 4
    S a,b
    Print a,b
End Sub
```

程序运行后,单击命令按钮,输出结果为多少?

6. 设有如下通用过程:

```
Public Function f(x As Integer)
    Dim y As Integer
    x = 20
    y = 2
    f = x * y
End Function
```

在窗体上画一个名称为 Command1 的命令按钮,然后编写如下事件过程:

```
Private Sub Command1_Click()
    Static x As Integer
    x = 10
    y = 5
    y = f(x)
    Print x; y
End Sub
```


程序运行后,如果单击命令按钮,则在窗体上显示的内容是多少?

7. 设有如下通用过程:

```
Public Sub Fun(a(),ByVal x As Integer)
    For i = 1 To 5
```

```
    x = x + a(i)
    Next
End Sub
```

在窗体上画一个名称为 Text1 的文本框和一个名称为 Command1 的命令按钮，然后编写如下程序：

```
Private Sub Command1_Click()
    Dim arr(5) As Variant
     For i = 1 To 5
        arr(i) = i
    Next
    n = 10
    Call Fun(arr(),n)
    Text1.Text = n
End Sub
```

程序运行后，单击命令按钮，则在文本框中显示的内容是多少？

8. 在窗体模块中编写以下 Function 过程和窗体 Click 事件过程：

```
Private Function CommFun(n As Integer)As Integer
    Dim I As Integer
    S = 1
    For i = 1 To n
    s = s * i
    Next i
    CommFun = s
End  Function
Private Sub Form_Click()
    Dim Sum As Integer
    Dim K As Integer
    sum = 0
    For k = 1To 3
        sum = sum + CommFun(k)
    Next k
    Print sum
End sub
```

当程序运行时，在窗体中单击鼠标左键，则程序的输出结果是多少？

9. 在窗体中添加一个命令按钮、一个标签和一个文本框，并将文本框的 Text 属性置空，编写命令按钮 Command1 的 Click 事件代码：

```
Private Function fun(x As Long) As Boolean
    If x Mod 2 = 0 Then
        fun = True
    Else
        fun = False
    End If
```

```
End Function
Private Sub Command1_Click()
    Dim n As Long
    n = Val(Text1.Text)
    p = IIf(fun(n),"奇数","偶数")
    Label1.Caption = n & "是一个" & p
End Sub
```

程序运行后,在文本框中输入 20,单击命令按钮,标签中的内容为多少?

10. 在窗体中添加一个命令按钮,并编写如下程序:

```
Public Enum workdays
    Sunday = 5
    Monday
    Tuesday
    Wednesday
    Thursday
    Friday
    Saturday
    invalid = -1
End Enum
Private Sub Command1_Click()
    Dim day As workdays
    day = Friday
    Print Val(day)
End Sub
```

程序运行后,单击命令按钮,运行结果是多少?

11. 假定有以下函数过程:

```
Function Fun(S As String) As String
    Dim s1 As String
    For i = 1 To Len(S)
        s1 = UCase(Mid(S,i,1)) + s1
    Next i
    Fun = s1
End Function
```

在窗体上画一个命令按钮,然后编写如下事件过程:

```
Private Sub Command1_Click()
    Dim Str1 As String,Str2 As String
    Str1 = InputBox("请输入一个字符串")
    Str2 = Fun(Str1)
    Print Str2
End Sub
```

程序运行后,单击命令按钮,如果在输入对话框中输入字符串“abcd”,则单击“确定”按钮

后在窗体上的输出结果为多少？

12. 在窗体上画一个名称为 Command1 的命令按钮，然后编写如下通用过程和命令按钮的事件过程：

```
Private Function f(m As Integer)
    If m Mod 2 = 0 Then
        f = m
    Else
        f = 1
    End If
End Function
Private Sub Command1_Click()
    Dim i As Integer
    s = 0
    For i = 1 To 5
        s = s + f(i)
    Next
    Print s
End Sub
```

程序运行后，单击命令按钮，在窗体上显示的是多少？

13. 在窗体上画一个名称为 Command1 的命令按钮，编写如下程序：

```
Private Sub Command1_Click()
    Print pl(3,7)
End Sub
Public Function pl(x As Single,n As Integer) As Single
    If n = 0 Then
        pl = 1
    Else
        If n Mod 2 = 1 Then
            pl = x * x + n
        Else
            P1 = x * x - n
        End If
    End If
End Function
```

程序运行后，单击该命令按钮，屏幕上显示的结果是多少？

14. 在窗体上设置相应的控件，并在代码窗口编写下列程序：

```
Private Sub Form_Click()
    Dim a As Long,b As Long
    a = InputBox("请输入若干个整数")
    Call P(a,b)
    Print b
End Sub
```

```
Private Sub P(x As Long,y As Long)
    Dim n As Integer,j As String * 1,s As String
    K = Len(Trim(Str(x)))
    s = " "
    For i = K To 1 Step -1
        j = Mid(x,i,1)
        s = s + j
    Next i
    y = Val(s)
End Sub
```

运行程序,在 InputBox 框中输入 123456,然后单击"确定"按钮,则输出结果是多少?

15. 在窗体画一个命令按钮,然后编写如下过程:

```
Function fun(ByVal num As Long)As Long
    Dim k As Long
    k = 1
    num = Abs(num)
    Do While num
        k = k * (num Mod 10)
        num = num\10
    Loop
    fun = k
End Function

Private Sub Command1_Click()
    Dim n As Long
    Dim r As Long
    n = InputBox("请输入一个数")
    n = CLng(n)
    r = fun(n)
    Print r
End Sub
```

程序运行后,单击命令按钮,在输入对话框中输入 234,输出结果为多少?

16. 下面过程:

```
Private Sub Command1_Click()
    Dim x% ,y%
    x = 12: y = 34
    Call f1(x,y)
    Print x,y
End Sub
Public Sub f1(n% ,ByVal m%)
    n = n Mod 10
    m = m \ 10
End Sub
```

运行后显示的结果是什么？

17. 下面过程：

```
Private Sub Command1_Click()
    Print p1(3,7)
End Sub
Public Function p1(x!,n%)As Single
    If n = 0 Then
        p1 = 1
    Else
        If n Mod 2 = 1 Then
            p1 = x * p1(x,n \ 2)
        Else
            p1 = p1(x,n \ 2) \ x
        End If
    End If
End Function
```

运行后显示的结果是多少？

18. 在窗体上画一个命令按钮，然后编写如下程序：

```
Sub inc(a As Integer)
    Static x As Integer
    x = x + a
    Print x;
End Sub

Private Sub command1_click()
    inc 2
    inc 3
    inc 4
End Sub
```

程序运行后，单击命令按钮，输出结果为多少？

19. 在窗体上画一个命令按钮，然后编写如下程序：

```
Function m(x As Integer,y As Integer) As Integer
    m = IIf(x > y,x,y)
End Function
Private Sub command1_click()
    Dim a As Integer,b As Integer
    a = 1
    b = 2
    Print m(a,b)
End Sub
```

程序运行后，单击命令按钮，输出结果为多少？

20. 程序：

```
Private x As Integer
Private Sub Command1_Click()
    x = 5: y = 3
    Call proc(x,y)
    Label1.Caption = x
    Label2.Caption = y
End Sub
Private Sub proc(ByVal a As Integer,ByVal b As Integer)
    x = a * a
    y = b + b
End Sub
```

运行后,单击命令按钮,则两个标签中显示的内容分别是什么?

21. 在窗体模块中编写以下 Sub 过程和窗体 Click 事件过程:

```
Private Sub suba(x As Integer,y As Integer)
    Dim t As Integer
    t = x: x = y: y = t
End Sub
Private Sub Form_Click()
    Dim a As Integer,b As Integer
    a = 10: b = 20
    Call suba(a,b)
    Print a; b
    Call suba(b,a)
    Print a; b
End Sub
```

当程序运行时,在窗体中单击左键,则程序的输出结果是多少?

22. 下面程序:

```
Private Sub search(a() As Variant,ByVal key As Variant,index% )
    Dim I%
    For I = LBound(A) To UBound(a)
        If key = a(I) Then
            index = I
            Exit Sub
        End If
    Next I
    index = -1
End Sub
Private Sub Form_Load()
    Show
    Dim b() As Variant
    Dim n As Integer
    b = Array(1,3,5,7,9,11,13,15)
    Call search(b,11,n)
```

```
    Print n
End Sub
```

运行后，输出结果为多少？

23. 设有如下程序：

```
Private Sub Form_Click()
    Dim a As Integer,b As Integer
    a = 20: b = 50
    p1 a,b
    p2 a,b
    p3 a,b
    Print "a = "; a,"b = "; b
End Sub
Sub p1(x As Integer,ByVal y As Integer)
    x = x + 10
    y = y + 20
End Sub
Sub p2(ByVal x As Integer,y As Integer)
    x = x + 10
    y = y + 20
End Sub
Sub p3(ByVal x As Integer,ByVal y As Integer)
    x = x + 10
    y = y + 20
End Sub
```

该程序运行后，单击窗体，则在窗体上显示的内容是：a=________和 b=________。

3.4　程序填空

1. 在窗体上画一个名称为 Command1 的命令按钮，然后编写如下程序：

```
Option Base 1
Private Sub Command1_Click()
    Dim a(10) As Integer
    For i = 1 To 10
        a(i) = i
    Next
    Call swap(  1  )
    For i = 1 To 10
        Print a(i);
    Next
End Sub
Sub swap(b() As Integer)
    n = (  2  )
    For i = 1 To n / 2
        t = b(i)
        b(i) = b(n)
```

```
        b(n) = t
        (  3  )
    Next
End Sub
```

上述程序的功能是：通过调用过程 swap，调换数组中数值的存放位置，即 a(1)与 a(10)的值互换，a(2)与 a(9)的值互换，……，a(5)与 a(6)的值互换。请填空。

2. 下列事件代码：

```
Private Sub Command1_Click()
    Dim f1 As Long,f2 As Long,f3 As Long,y As Single
    Call fact(5,f1)
    Call fact(7,(  1  ))
    Call fact(8,f3)
    s = (  2  )
    Print "s = "; s
End Sub
Sub fact(ByVal n As Integer,ByRef f As Long)
    Dim t As Long,i As Integer
    t = 1
    For i = 1 To n
        t = t * i
    Next i
    (  3  )
End Sub
```

的功能是计算(5！+7!)/8！的值，在括号内填上适当内容。

3.5 阅读程序回答问题

1. 有以下程序：

```
Public Function fac(n As Integer) As Integer
    If n = 1 Then
        fac = 1
    Else
        fac = n * fac(n - 1)
    End If
End Function
Private Sub Command1_click()
    Dim m As Integer
    m = 3
    Print "fac(";m;") = ";fac(m)
End Sub
```

问题 1. 请写出以上程序的功能是什么？

问题 2. 请写出该程序运行的结果？

2. 有以下程序：

```
Private Sub Command1_Click()
    Print f(100,8)
End Sub
Public Function f(ByVal n%,ByVal r%)
    If n <> 0 Then
        f = f(n \ r,r)
        Print n Mod r;
    End If
End Function
```

问题1.请写出以上程序的功能是什么？

问题2.请写出该程序运行的结果？

3. 有以下程序：

```
Private Sub Command1_Click()
    Print f(24,18)
End Sub
Public Function f(m%,n%)
    Do While m <> n
        Do While m > n: m = m - n: Loop
        Do While n > m: n = n - m: Loop
    Loop
    f = m
End Function
```

问题1.请写出以上程序的功能是什么？

问题2.请写出该程序运行的结果？

第 4 章

控件、菜单及多窗体的使用

本章学习的目的与基本要求

1. 正确理解常用控件的基本属性、事件、方法。
2. 掌握控件数组的建立及应用。
3. 掌握菜单的建立方法。
4. 掌握多窗体的建立及使用方法。

4.1 常用控件的使用方法与技巧

VB 是面向对象的程序设计语言，对界面进行了封装，形成了一系列的编程控件。程序设计人员在制作用户界面时，只须拖动所需的控件到窗体中，然后对控件进行属性设置和编写事件过程即可，大大减轻了繁琐的用户界面设计工作，相对面向过程的程序设计语言来说，这就是面向对象程序设计的一大特点。

4.1.1 控件的类型

目前 VB 中可用控件很多，大致分三类：标准控件、ActiveX 控件和可插入对象。

1. 标准控件

标准控件又称内部控件，如标签、文本框、命令按钮等。标准控件出现在工具箱中，共 20 个。

2. ActiveX 控件

ActiveX 控件是一种 ActiveX 部件。ActiveX 部件共有四种：

ActiveX 部件 { ActiveX 控件 / ActiveX 文档 / ActiveX DLL / ActiveX EXE }

ActiveX 部件是可以重复使用的编程代码和数据，是由用 ActiveX 技术创建的一个或多个对象所组成。ActiveX 部件，是扩展名为.OCX 的独立文件，通常存放在 Windows 的 System 目录中。

ActiveX 控件与 ActiveX DLL/ EXE 的区别：

1）ActiveX 控件——有界面，用“工程/部件”命令加载，工具箱上有图标。

2）ActiveXDLL/EXE——一般没有界面，用“工程/引用”设置引用，一般工具箱上没有图标。

3. 可插入对象

是 Windows 应用程序的对象，如“Microsoft Excel 工作表”。可插入对象也可添加到工具箱上，同标准控件一样使用。

4.1.2　控件常用属性

1. Name 名称属性

创建的对象名称，有默认的名。在程序中，控件名是作为对象的标识而引用，不会显示在窗体上。

2. Caption 标题属性

该属性决定了控件上显示的内容。

3. Height、Width、Top 和 Left 属性

VB 默认坐标系统的 X 轴是从左向右的，Y 轴是从上向下的；默认的长度单位是缇(1 in=1440 缇，1 cm≈567 缇)。

Width 和 Height 属性分别表示对象的宽度和高度；Left 和 Top 分别是对象的左上角的横坐标和纵坐标。对于控件来说，Left 和 Top 分别是控件的左边和上边到其容器的距离，长度单位是控件所在容器的长度单位。

4. Enabled 属性

控件是否可操作。当设置为 False 时，呈暗淡色，禁止用户进行操作。

5. Visible 属性

控件是否可见。当设置为 False 时，用户看不到，但控件本身存在。

6. Font 属性

Fontname 字体、Fontsize 字体大小、Fontbold 是否是粗体、Fontitalic 是否斜体、Fontstrikethru 是否加一删除线和 Fontunderline 是否带下划线。

7. Forecolor 前景颜色属性

设置控件的前景颜色(即正文颜色)。其值是一个十六进制常数，用户可以在调色板中直接选择所需颜色。

8. Backcolor 背景颜色属性

略。

9. Backstyle 背景风格属性

0 - transparent：透明显示，即控件背景颜色显示不出来。1 - Opaque：不透明显示，能显示出控件背景颜色。

10. BorderStyle 边框风格属性

0 - None：控件周围没有边框；

1 - Fixed Single：控件带有单边框。

11. Alignment 属性

控件上正文水平对齐方式。

0 -正文左对齐；1 -右对齐；2 -居中。

12. AutoSize 属性

控件是否根据正文自动调整大小。为 True 时，能自动调整大小。

13. WordWarp 属性

AutoSize 为 True 时,WordWarp 才有效,按正文字体大小在垂直方向上改变显示区域的大小。

14. TabIndex 属性

决定了按 Tab 键时,焦点在各个控件移动的顺序。各个控件默认 TabIndex 值就是控件建立时的顺序,第一个为 0。

15. 控件默认属性

反映该控件最重要的属性,使用时可省略属性名。

注意:CommandButtom 的默认属性为 Default,当该属性为 True,按 Enter 键时,该控件起作用。

4.1.3 内部控件的基本操作

内部控件的基本操作包括控件的画法、控件的复制、删除和通过属性窗口调整控件位置和大小等。

1. 可人机对话的 TextBox 控件

TextBox 控件,又称文本框控件,如图 4.1 所示。它被用来显示用户输入的信息是 Windows 操作系统下进行人机对话的常用元素。

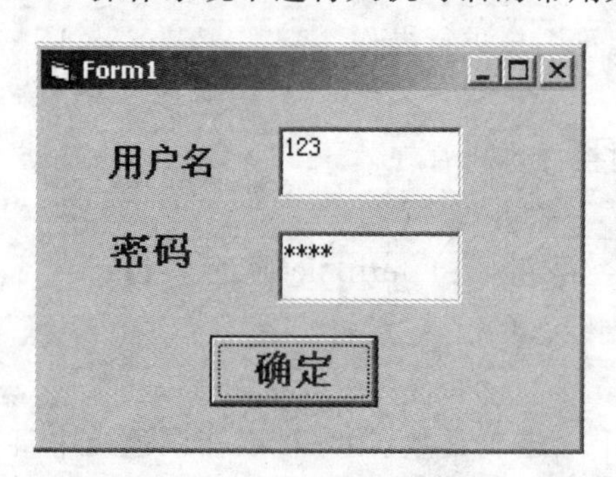

图 4.1 密码程序运行窗体

所谓人机对话,就是计算机能获知用户给它的信息;同时,它也能作出相应的反馈,除了用鼠标向计算机发出命令外,也常需要以键盘向计算机输入一些内容,如键入用户的姓名、年龄、性别等。

例 4.1 输入密码的窗体:在这个窗体中,有两个文本框控件,可以看出它们的功能是不同的。上面的文本框能供用户输入名,也就是输入正常的文字。当用户将鼠标移至此控件时,它能显示一段文字。这是由 ToolTipText 属性决定的。在下面的文本框中输入文字时,会被“*”代替,起到了保密的作用,只须将该文本框属性 PasswordChar 改为“*”即可。

(1) TextBox 的常用属性

Text:设置控件中的文本。

MultiLine:设置控件是否可以接受多行文本。

ScrollBars:设置控件是否具有水平或垂直滚动条(但当 MultiLine 属性为 False 时,它是不起作用的)。

Alignment:设置控件中文本的对齐方式。

PasswordChar:以特定的字符来代替控件中的文本字符。这个属性很适合设置密码对话框。

Locked:设置文本框内容在运行时是否可以被用户编辑。True 时,不能编辑。

ToolTipText:设置用户将鼠标移至该控件时,所出现的提示文本。

(2) TextBox 控件的主要作用

接受用户输入文本,它们可以是具有滚动条的。所以,Text、MultiLine、ScrollBars、Alignment、Locked 这几个属性就显得非常重要,而 PasswordChar、ToolTipText 属性,又对 TextBox 控件的功能作了扩充。TextBox 控件是 VB 中的常用控件,掌握这些属性对今后的程序开发将大有帮助。

2. Label 控件

Label 控件,又称为标签控件,与文本框控件一样,它也能显示文本。但是,Label 控件不能由用户直接对其进行编辑。

Label 控件用来显示不希望被用户修改的文本,它的功能似乎没有 TextBox 强(TextBox 能接受用户输入);但在实际上,Label 控件是 VB 控件中最有用的一个。因为任何有文字的程序,都免不了用 Label 控件作为文字标签。由于主要用于显示的功能,所以除了要对 Caption、BorderStyle、Alignment 属性熟悉之外,一些与文字显示相关的属性也很重要,它们有:

AutoSize——Label 控件调整自己的大小来适应文本。

WordWrap——当一行文本过长时自动换行。

Font——设置字体。

FontColor——设置字体颜色。

Label 控件在窗体设计中是经常使用的,在很多的应用程序中都能见到它们。在前面的"密码程序"的设计中,"用户名"、"密码"这两行字就是两个 Label 控件,它们是没边框的。

"方法"是指一个控件所执行的任务。如 SetFocus,就可使对象控件得到焦点。每种控件所能执行的任务并不相同,所以它们也有不同的方法。

在"密码程序"的设计中,如果在程序代码中适当加上语句 Text2. Setfocus,让密码框得到焦点的代码,则更方便用户的使用,省去了光标定位的麻烦。

Label 与 TextBox 的区别:

1) Label 控件不能由用户直接对其进行编辑,这是它与文本框控件最显著的区别。

2) Label 控件有一个 BackStyle 属性,当其值为 0 时,控件呈透明显示;而 TextBox 控件则没有此属性。

3) 从人机对话的角度来看,对于大多数 VB 程序,都用文本框控件来接受信息,而用标签控件来向用户反馈信息。

4) Label 控件,由于它只显示文本,而不能由用户对其编辑操作,所以就不具有焦点。当 TextBox 控件获得焦点时,所显示的是文本框中有一个闪烁的小光标,即 TextBox 有一个方法——SetFocus;而 Label 控件则没有。

3. CommandButton 又称命令按钮

通常用户单击它,将执行一系列命令。

CommandButton 具有前面讲的大部分属性,用法基本一致,这里只介绍一下 CommandButton 控件的 Style 属性。

它有两种选择,一种为 0－Standard,表示标准风格的命令控件。它既不支持背景颜色 BackColor,也不支持图片属性 Picture,如图 4.2(a)所示。

而另一种为 1－Graphical,为"图形显示"风格控件。它既能设置 BackColor,如图 4.2(b)所示;也能设置 Picture 属性。所以要让 CommandButton 控件显示图形,只须将其 Style 属性

设置为 1 即可，如图 4.2(c)所示。

在例 1.1 中当用户单击“确定“按钮时，就使程序执行 Command1_Click 中的代码，而这个 Click，就是事件。现在的 Windows 程序都有这种响应用户操作的特点，这就是所谓的“事件驱动程序”。像鼠标移动、双击、右击、拖动、键盘按下等，这些用户对计算机的常用操作都是事件。

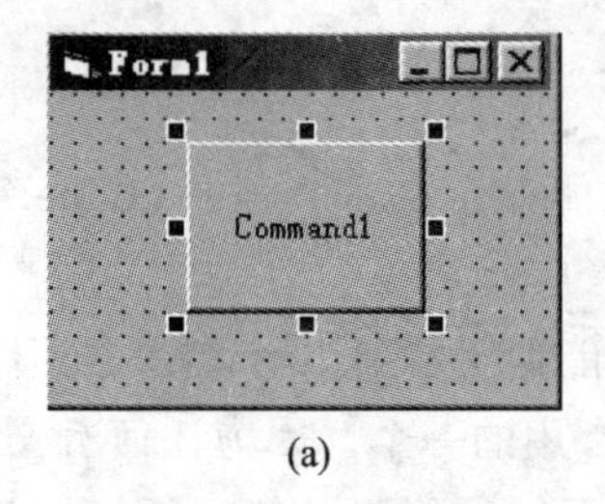

(a)

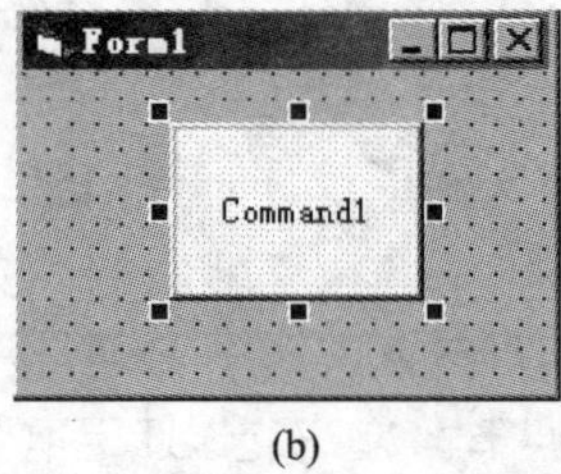

(b)

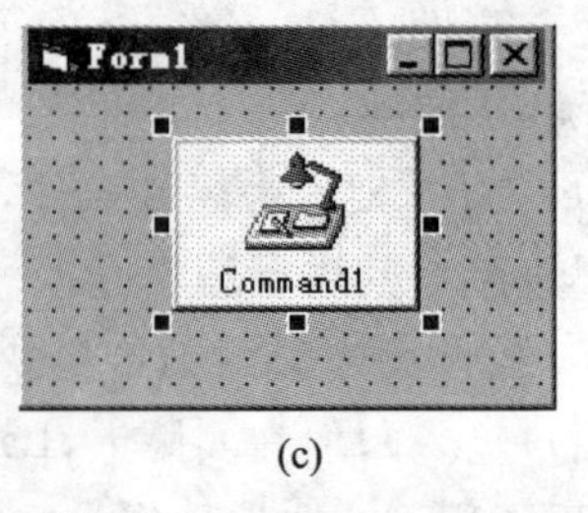

(c)

图 4.2　命令按钮 Style 属性的不同取值

不过并不是所有的控件都有这些事件，如 CommandButton 控件，就不具有双击的事件。不同类型的控件所具有的事件是不同的。

另外，事件并不单指用户的操作，它还包括一些别的因素。如程序刚启动时，将触发启动窗体的 Load 事件。将通过以后的学习来不断提高对事件的认识。

事件这个概念很重要，所设计的程序代码，大多都应放在相应的事件中。用户对程序的不同操作，将引发不同的事件过程。

(1) CommandButton 的常用事件

鼠标事件：

Click——用户单击鼠标键时发生；

MouseDown——用户释放鼠标键时发生；

MouseMove——移动鼠标时发生。

键盘事件：

KeyDown——在键按下时触发(可获得一个 KeyCode 值)；

KeyUp——在键弹起时触发(可获得一个 KeyCode 值)；

KeyPress——在键盘按下再弹起时发生(它可获得 KeyAscII 值)。

既然有了 KeyDown 和 KeyUp，为什么还要 KeyPress 事件，将键盘按下去后，到底是触发了 KeyPress 事件，还是 KeyDown 或 KeyUp 事件？当按了一下键盘后，这三种事件都触发。

一般而言，大多数程序并不关心 KeyDown 事件来确定按下的键；KeyPress 事件在触发后，能够获得一个 KeyAscii 值。它指键盘上的某个键与计算机 ASCII 码对应的值，如键入“1”，KeyAscii 为 49；“A”，KeyAscii 为 65；“Enter”，KeyAscii 为 13。当在 KeyPress 事件中将 KeyAscii 的值改为 0 后，就等于禁止键入，如图 4.3 所示，表示文本框中不能输入任何内容。

图 4.3　KeyAscii 的值为 0，禁止键入

然而并不是所有键盘上的键都有其 KeyAscii 值。有时,程序要判断用户是否按了功能键,要区别数字小键盘和常规数字键时,那么 KeyAscii 就无能为力了。此时可以考虑 KeyDown 和 KeyUp 事件,当用户击键后,它们能获得一个唯一的 KeyCode 值,从而判断用户到底按了键盘上的哪个键。可以说,键盘上大多数键(Tab、PrintScreen 键除外),都有唯一的 KeyCode 序列号。

总而言之,编程序可以根据需要来确定所选用的事件。如果是针对文本操作,一般采用 KeyPress 事件较好,因为它能获得一个与 ASCII 码相通的 KeyAscii 值。

(2) 计算机操作中常用快捷键和组合键

它是由 Ctrl、Shift、Alt 与一些别的键组合而成。由于运用了快捷键和组合键,大大方便了用户的操作。而在编程中怎样实现这些功能呢?

VB 的 KeyDown、KeyUp 事件中提供了对组合键的响应。如:

```
Private Sub Form_KeyDown(KeyCode As Integer,Shift As Integer)
  ⋮
End Sub
```

其中,Shift 参数值为:

未按 Ctrl、Shift、Alt 三键时,Shift 值为 0;

当按了“Shift”键时,Shift 值为 1;

当按了“Ctrl”键时,Shift 值为 2;

当按了“Alt”键时,Shift 值为 4;

若同时按“Shift”与“Ctrl”键,则 Shift 值为这两个键的 Shift 值之和:1+2=3。

依次类推,若同时按 Ctrl、Alt 和 A 键,则 Shift 值应为 6,如图 4.4 所示。

图 4.4 组合键与快捷键应用

在运行时,程序根据这个 Shift 值来判断用户有没有按组合键,以及按了哪种组合键。同样,在 MouseDown 与 MouseUp 这两个事件中,也有 Shift 参数,所以在程序中也能处理一些例如“按住 Ctrl 和 Shift 键,再单击鼠标”的复杂事件了。

4. PictureBox 和 Image 控件

在 VB 程序中,如果加上些生动的图形效果,就更能吸引用户。

除了窗体和 CommandButton 控件的 Picture 属性能显示图形外,在 VB 的标准控件中,还有两种专用图形控件用来显示图片。一个是 PictureBox 控件,另一个是 Image 控件。

例如在程序中含有两个苹果图片。有两个专用图形控件:图片框 PictureBox 和图像控件 Image 比较,如图 4.5 所示。在界面设计时,用属性 Picture 为它们设置所要显示的图形。

这两个控件都有自己的 Picture 属性。另外,也可以在代码设计中用 LoadPicture()函数为控件载入图形。

格式：对象名. Picture＝LoadPicture(FileName)

如果要清除图片，可以用：对象名. Picture＝Nothing 或对象名. Picture＝LoadPicture()。

在下面的“苹果”小程序中，两副图片都一样，可为什么要用两种控件呢？在功能上，这两种控件有很大的不同。

PictureBox 与 Image 的差别在于：Image 控件专门用来显示位图；而 PictureBox 控件提供了许多更复杂的图片处理方法，如它可以在程序运行时用一些画图函数或方法来绘图，并且还能作为容器控件。也就是说，在 PictureBox 控件上，还能放置一些别的控件；而这些都是 Image 控件所不具备的。

通过“苹果”小程序的窗体来观察一下 PictureBox 控件。可以发现，上面有一个 Label 控件置于苹果的上面。由于其 BackStyle 设置为 0，故而程序运行时很难发现 Label 控件的存在，如图 4.6 所示。当单击了这个苹果的某个区域后，会有一段注解说明。其实就是点中了这个 Label 控件，从而触发了这个 Label 控件的 Click 事件。

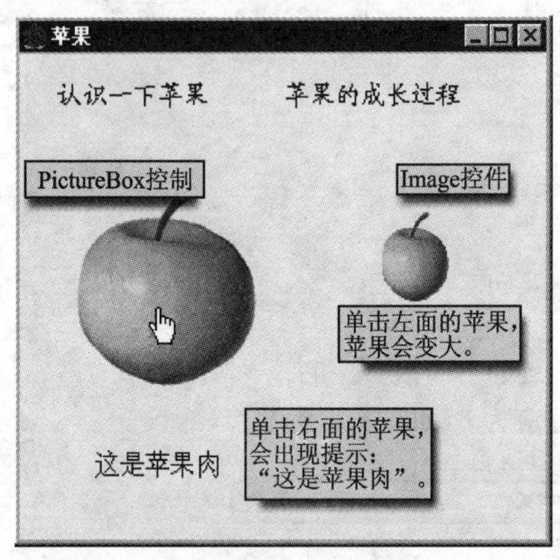

图 4.5　PictureBox 与 Image 控件的比较

图 4.6　PictureBox 上面有一个 Label 控件

从此程序可以看出，PictureBox 起到了容器的作用。虽然 PictureBox 的功能比 Image 控件强，但占用的资源却很大。所以，如果在程序中只想显示图片，则建议用 Image 控件为好。

注意：PictureBox 控件与 Image 控件的两个特有的属性：

Image 控件有个 Stretch 属性，能自动调节图形比例，使其能适合控件的大小。如果 Stretch 被设置为 True，那么，控件大小的调整使得它所包含的图形的大小也要调整。

PictureBox 控件则相反，它有一个 AutoSize 属性，其作用为根据图片的尺寸，相应地调节控件的大小。将控件尺寸缩小，看看程序运行时有何变化。由于 AutoSize 值为 True，就能完整显示苹果图片了，如图 4.7(a)、(b)所示。

这两个属性的含义正相反。苹果从小变大，就是利用了 Image 控件的 Stretch 属性，使其具有了伸缩功能。

在上面的程序中，可以看到为程序加上图形效果，可以通过窗体或 PictureBox 控件以及 Image 控件来实现。加载图形有两种方法，一种是在属性框中为相应的对象（窗体、PictureBox、Image）设置其 Picture 属性；另一种为在代码中用 LoadPicture 语句为对象设置图形。

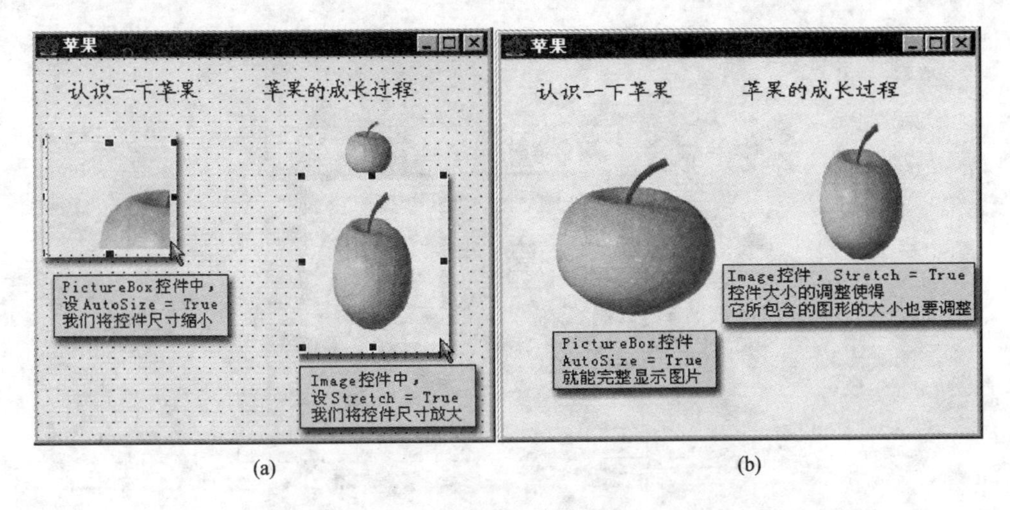

图 4.7　PictureBox 控件 AutoSize 属性与 Image 控件 Stretch 属性比较

PictureBox 的 AutoSize 属性与 Image 的 Stretch 属性，对于控制图形的大小非常重要。AutoSize 属性，能自动调节 PictureBox 控件的尺寸，以适合图片的大小；而 Stretch，则能根据Image 控件的大小，自动缩放其中的图形。

VB 系统还提供了一个图片库，可以在 Visual Basic 的安装路径下（…\Microsoft Visual Studio\Common\Graphics）找到。这个图库中提供 bmp 图片、光标文件、图标文件、wmf 格式图片，甚至还有 AVI 动画。当编程需要图像资源时，可以到这个图片库中查找。

5. 复选、单选框控件

CheckBox 控件俗称复选框，OptionButton 控件俗称单选框。

下面通过一个小程序，来深入了解一下这两种控件。

这是一个“世界杯预测”的小程序，它的按钮就像录音机的按钮一样，同一时间总有一个是被按下去的。其实它们是一组单选框控件，只不过形状像命令按钮而已。要做这种按钮，只须将该控件的 Style 属性设置为 1 - Graphical 即可，如图 4.8 所示。当设置为这个值后，就可以为这些按钮设置图片了。而当 Style 为 0 - Standard 时，控件是没有图形效果的。同样，CheckBox 控件，也有这种功能相同的属性，这和以前讲过的 CommandButton 的 Style 属性差不多。

要在程序中熟练运用 CheckBox 和 OptionButton 控件，就要熟练掌握它们的 Value 属性和 Click 事件。

Value 属性：返回单选框或复选框是否被选中。

Value 属性对于 OptionButton 来说，有 True 和 False 两个值。当设置了其中一个 OptionButton 控件的 Value 值为 True 时，这个控件就会被显示选中；而当设置另一个 OptionButton 的 Value 值为 True 时，由于 OptionButton 控件只能作单选，所以原来那个 OptionButton 的 Value 值又会自动变成 False，变成未被选中状态。

CheckBox 的 Value 属性值与 OptionButton 不一样。在属性框的 Value 属性旁的下拉框中，有 0 - UnChecked、1 - Checked、2 - Grayed 三个值。其实前两个值与 OptionButton 的 Value 属性值一样，0 - UnChecked 代表着没有选中；1 - Checked 则代表着选中；而 2 - Grayed，使控件呈灰色显示，即不可用。

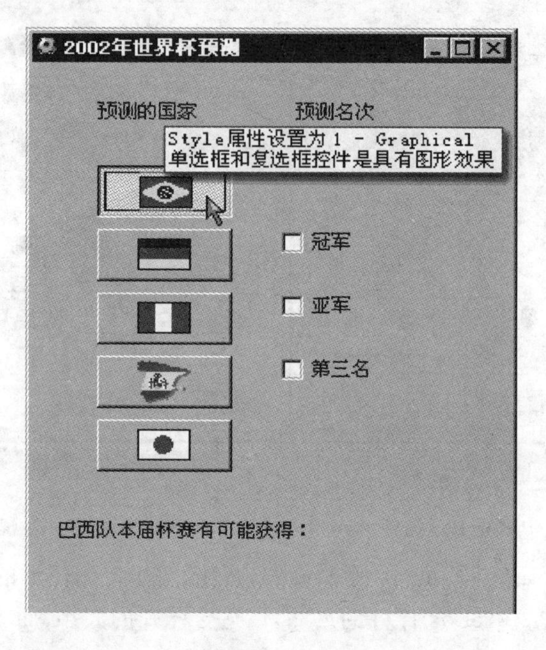

图 4.8 单选框控件 Style 属性的应用

Chick 事件，即用户按下鼠标后所产生的事件。在这个程序中，当按了第二个 OptionButton 后，即激发了它的 Click 事件，从而执行了相应的程序，如图 4.9 所示。同样，也可以看一下 CheckBox 的 Click 事件。当鼠标点击第一个复选框时，触发了它的 Click 事件。当点击了复选框后，其 Value 会有两种可能出现，只有其 Value 值为 1 即被选中时，底下的 label 框才会出现被选的内容。

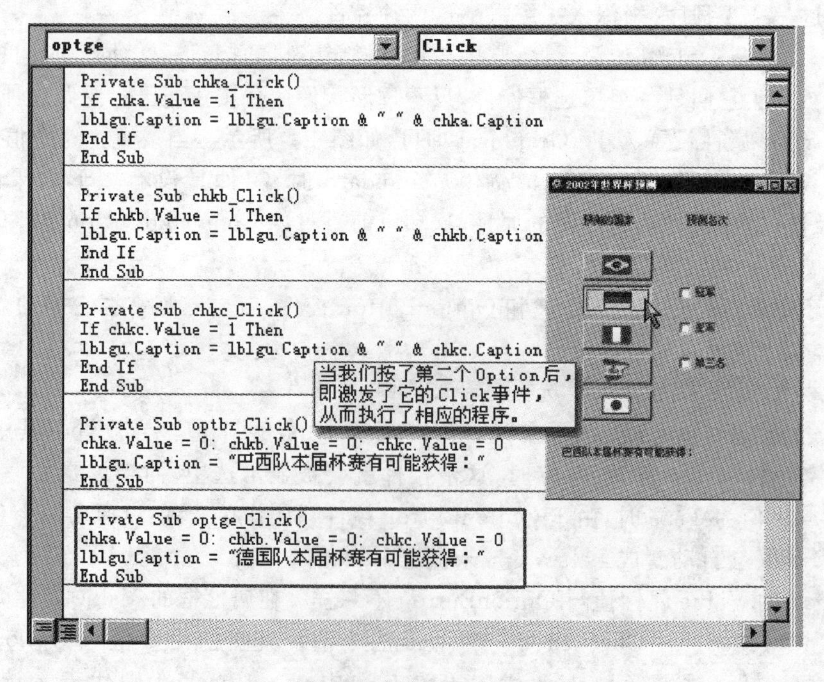

图 4.9 单选框与复选框 Value 属性的区别

通过单选框与复选框的不同的特性，可以知道，OptionButton 具有 DblClick 事件，而 CheckBox 却没有。

单选框与复选框，它们具有很多相同的属性、方法和事件。但由于这两个控件的作用不同，使得其 Value 属性值不同。虽然清楚了单选框和复选框的常用样式，但还必须知道，当将其 Style 属性设为 1 后，其外观会起不小的变化(Picture 属性和 BackColor 属性起了作用)。至于要使用这两个控件，则必须在它们的 Click 事件中编写代码。

6. Frame 控件

Frame 控件，又称为容器控件，它能为窗体上的控件进行分组。

使用容器控件可以将一个窗体中的各种功能进一步进行分类。当窗体上有几组内容不相关的单选框时，只有唯一一个控件能被选中，这是不合理的，如图 4.10(a)所示。

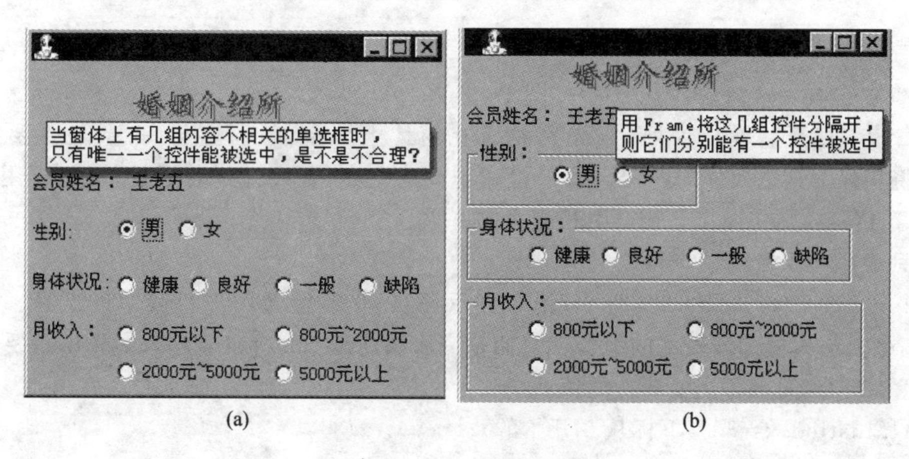

(a)　　(b)

图 4.10　Frame 控件的应用

当使用 Frame 控件将这几组控件分隔开时，则它们分别能有一个控件被选中，从而符合要求，如图 4.10(b)所示。

另外，在程序设计中，假如涉及到要将一块区域的许多控件全部不可见，如果分别写代码，将这些控件的 Visible 属性设为 False，则很麻烦。而事先将这些控件放置在一个 Frame 控件上，则只要写一句代码就够了，如图 4.11 所示。Frame 控件看来简单，功能却很强。

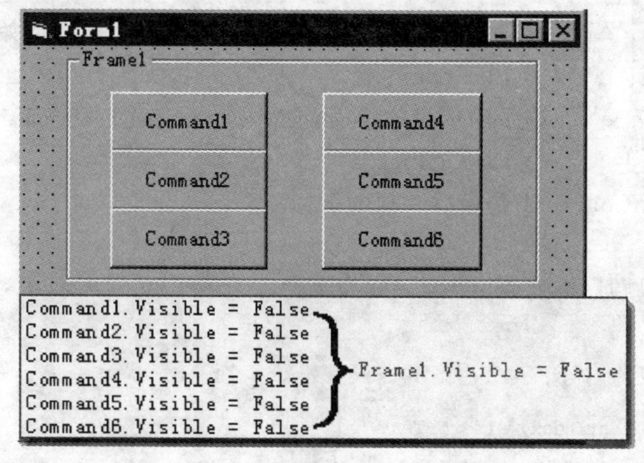

图 4.11　Frame 内控件属性的应用

由于 Frame 控件有容器的功能，所以，在其上设置别的控件时，要在 Frame 上画控件，而不能简单地在工具箱中双击该控件。如果只是在工具箱中双击该控件的话，控件将加载到窗体上而非 Frame 中。Frame 内的控件，是不能够将它们移到窗体上的；同样，窗体中的控件也不能移动到 Frame 中。

有时根据需要，还可以在 Frame 中再加载一个 Frame，使容器中再包含一个容器。以前学过的 PictureBox 控件也具有容器的功能，而且还能显示图片。PictureBox 虽然有容器功能，但因为其功能强大，所占的资源也就多，从优化的角度考虑，就应该使用 Frame 控件。

Frame 控件看似简单，其实在程序的界面设计中，经常会派上用处。例如在一个窗体中，要让一批控件出现或消失，用 Frame 控件就可以很轻松地实现。

如：在图 4.11 中，若希望六个命令按钮同时不可见，可用语句：

```
Frame1.Visible = False
```

实现。

注意：在刚开始设计界面时，先别忙着在窗体上画控件，而应想一想，是否要先绘制 Frame，将它作为其他控件的容器。如果没考虑到这一点，在设计好若干控件后，再用 Frame 作为它们的容器，则在操作上会产生相当大的麻烦。

7. 列表框与组合框

列表框 ListBox（如图 4.12 所示）用于显示项目列表，接受用户对其中的选择。组合框 ComboBox 是文本框和列表框的组合。它们是完成快速浏览和标准化输入数据的重要控件。

图 4.12 中列表框各主要属性的值：

List1.ListIndex＝3 （下标从 0 开始的）；

List1.ListCount＝5；

List1.Selected(3)＝True，其余为 False；

List1.Sorted＝False，没有排序；List1.Text ＝"cox"，与 List1.List(List1.ListIndex)相等。

图 4.12 ListBox 应用

(1) 列表框

重要属性：P——可在程序中设置或引用，D——可在设计状态设置。

① List ：PD

字符型数组，存放列表框的项目，下标从 0 开始。

② ListIndex：P

选中的项目的序号，没有项目被选定时为－1。

③ ListCount：P

项目的数量，ListCount－1 是最后一项的下标。

④ Sorted：D

True——按字母顺序排列；False——按加入先后顺序排列。

⑤ Text：P

列表项中被选定的内容：

```
List1.List(List1.ListIndex) = List1.Text
```

⑥ Selected：P

逻辑数组，列表框所特有。Selected(i)的值为 True 表示第 i+1 项被选中。

⑦ MultiSelect

列表框所特有：

0 - None——禁止多项选择；

1 - Simple——简单多项选择；

2 - Extended——扩展多项选择。

(2) 列表框事件

列表框能接受 Click、DblClick、GotFocus 和 LostFocus 等大多数事件；但通常不编写 Click 事件过程代码，因为列表框主要是让用户从选项中选择，单击相当于“选定”。

(3) 列表框的方法

列表框可使用 AddItem、ReMoveItem 和 Clear 三种方法，用于在程序运行期间添加和删除选项。

1) AddItem 方法

AddItem 方法是将一个选项加入到列表框中，其格式如下：

列表框名. AddItem　字符串 [,下标]

其中：字符串是加入到列表框中选项的名称；下标是可选的，表示新增选项在列表框中的位置，取值为 0 到 ListCount - 1，当值为 0 时表示第一个参数，不加此参数，选项将加在最后。但如果 Sorted 属性设为 True，添加项目会自动根据字母的顺序排列，此时 Index 属性将失去作用。

例如：

```
List1.AddItem "学号",2          ′在列表框 List1 中插入第三项“学号”
List1.AddItem "地址"            ′将“地址”加到最后一项
```

2) Remove 方法

Remove 方法是删除列表框中的一个选项，其格式如下：

列表框名. RemoveItem　下标

例如：

```
List1.RemovItem 4                    ′删除列表框中的第 5 项
List1.RemovItem  List1.ListIndex     ′删除列表框的当前所选项
```

3) Clear 方法

Clear 方法清除列表框中的全部内容，其格式如下：

列表框名. Clear

例如：

```
List1.Clear                          ′清除列表框 List1
```

组合框的许多属性都与列表框相同，但组合框有一个重要属性 Style，用来确定组合框的类型和行为。Style 其属性值有 3 个，如表 4.1 所列。Style 属性的不同取值，构成不同的组合框，如图 4.13 所示。

表 4.1　Style 属性值区别

类　型	Style	输　入
下拉式组合框	0	能
简单组合框	1	能
下拉式列表框	2	不能

所有组合框都响应 Click 事件，只有简单组合框才能接受 DblClick 事件。

前面介绍的列表框的 AddItem、ReMoveItem 和 Clear 三种方法对组合框都适用。

例 4.2 对列表框进行项目添加、修改和删除操作。列表框 List1 的选项在 Form_Load 中用 AddItem 方法添加。添加按钮 Command1 的功能是将文本框中的内容添加到列表框中。删除按钮 Command2 的功能是删除列表框中选定的选项。如要修改列表框，则首先选定选项，然后单击“修改”按钮 Command3，所选的选项显示在文本框中；当在文本框中修改完之后再单击“修改确定”按钮 Command4，更新列表框。初始时，“修改确定”按钮 Command4 是不可选的，即它的 Enabled 属性为 False，如图 4.14 所示程序如下：

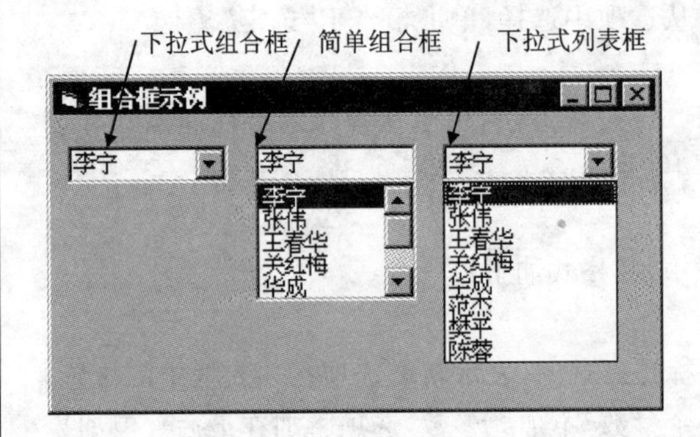

图 4.13　组合框的不同

图 4.14　列表框应用示例

```
Sub Form_Load()
    List1.AddItem "计算机文化基础"
    List1.AddItem "VB 5.0 程序设计教程"
    List1.AddItem "操作系统"
    List1.AddItem "多媒体技术"
    List1.AddItem "网络技术基础"
End Sub

Sub Command1_Click()
    List1.AddItem txtItem
    Text1 = ""
End Sub
Sub Command2_Click()
    List1.RemoveItem List1.ListIndex        ´删除第 listindex 项
End Sub
Sub Command3_Click()
    Text1 = list1.Text                      ´将选定的项目送文本框供修改
    Text1.SetFocus
    Command1.Enabled = False
    Command2.Enabled = False
    Command3.Enabled = False
    Command4.Enabled = True
End Sub
Sub Command4_Click()
```

```
 '将修改后的项目送回列表框,替换原项目,实现修改
 List1.List(List1.ListIndex) = text1
 Command4.Enabled = False
 Command1.Enabled = True
 Command2. Enabled = True
 Command3. Enabled = True
 Text1 = " "
End Sub
```

8. 计时器 Timer

时钟控件以 Interval 为时间间隔产生 Timer 事件。

(1) 属　性

Interval 属性：

单位为 ms(0.001s),0.5 s 是 500 ms。

Interval＝0,屏蔽计时器。

Enabled 属性：

True——有效计时。

False——停止时钟工作。

(2) 事　件：Timer 事件

例 4.3　定时的闹钟。设计窗体和运行窗体分别如图 4.15 和图 4.16 所示。

属性设置：Interval＝1000。

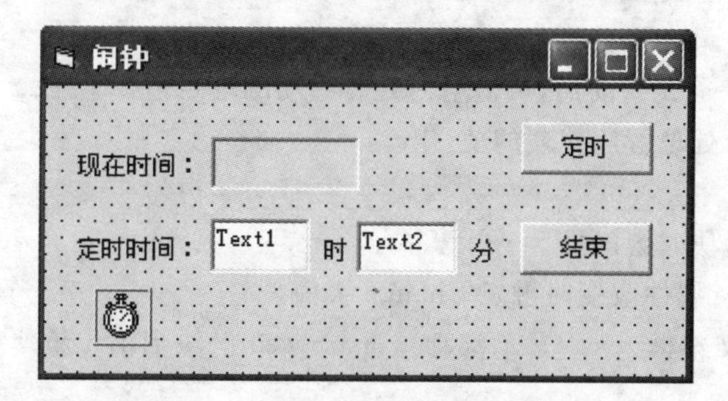

图 4.15　定时程序设计窗体

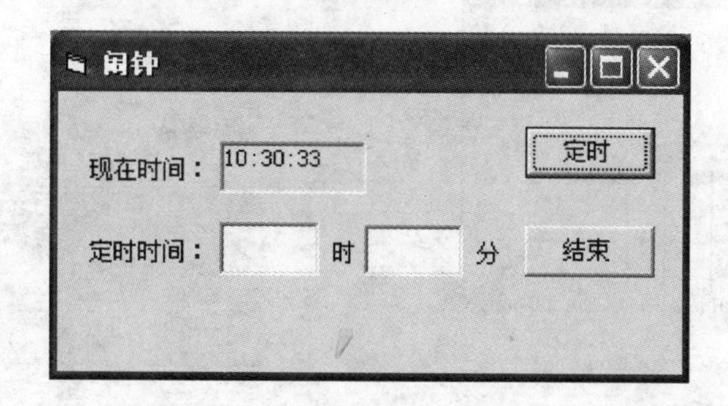

图 4.16　定时程序运行窗体

程序如下：

```
Private Sub Form_Load()
    Text1 = " "
    Text2 = " "
End Sub
Sub Command1_Click()
    hour = Format(Text1.Text,"00")
    minute = Format(Text2.Text,"00")
End Sub
Sub Timer1_Timer()
    Label1.Caption = Time $ ()
    if Mid $ (Time $ ,1,5) = hour + ": " + minute Then
        hour = " * * "
        minute = " * * "
        MsgBox ("时间到")
    End If
End Sub
```

9. 滚动条和 Slider 控件

(1) 共同具有的重要属性(如图 4.17 所示)

Max——最大值取值范围－32768～32767。

Min——最小值取值范围－32768～32767。

SmallChange——最小变动值，单击箭头时移动的增量值。

LargeChange——最大变动值，单击空白处时移动的增量值。

Value——滑块所处位置所代表的值。

(2) 事　件

Scroll——拖动滑块时会触发 Scroll 事件。

Change——Value 属性改变时触发 Change 事件。

例 4.4　用一个文本框 text1 显示滚动条 hsbSpeed 滑块当前位置所代表的值，如图 4.18 所示。

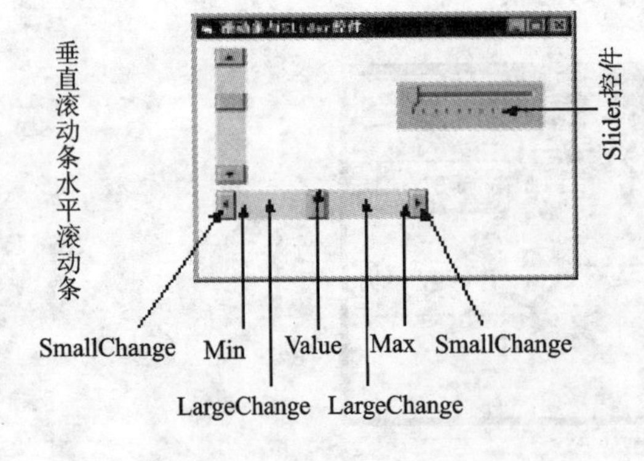

图 4.17　滚动条和 Slider 控件

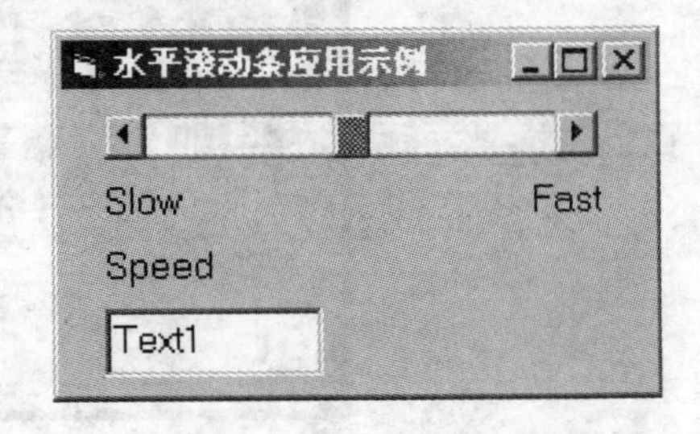

图 4.18　水平滚动条应用示例

属性设置：Max ：100，Min：0，SmallChange：2，LargeChange：10。

```
Private Sub hsbSpeed_Change()
    Text1.Text = hsbSpeed.Value
End Sub
```

4.2　控件数组的应用

控件数组是由一组相同类型的控件组成。它们共用一个控件名，具有相同的属性，建立时系统给每个元素赋一个唯一的索引号 Index。

控件数组共享同样的事件过程，通过返回的下标值区分控件数组中的各个元素。

例如：

```
Private Sub cmdName _Click(Index  As  Integer)
    ...
   If  Index = 3  then
         ' 处理第四个命令按钮的操作
   End If
   ...
End Sub
```

1. 在设计时建立控件数组

1）在窗体上画出控件，进行属性设置，这是建立的第一个元素。

2）选中该控件，进行 Copy 和若干次 Paste 操作建立所需个数的控件数组元素。

3）进行事件过程的编程。

例 4.5　建立含有四个命令按钮的控件数组，当单击某个命令按钮时，分别显示不同的图形或结束操作，如图 4.19 所示。控件设置如表 4.2 所列。

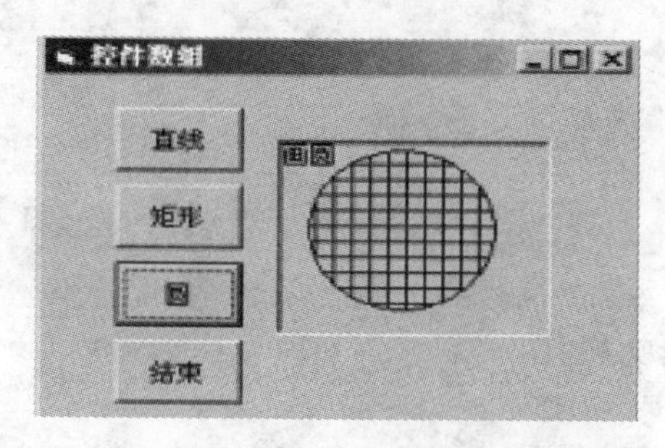

图 4.19　控件数组应用示例

表 4.2　控件设置

控件名	Index	Caption
Command1	0	直线
Command1	1	矩形
Command1	2	圆
Command1	3	结束
Picture1	空白	————

程序如下：

```
Private Sub Command1_Click(Index As Integer)
   Select Case Index
      Case 0
           …… "画直线"
      Case 1
```

```
            …… "画矩形"
        Case 2
            …… "画圆"
        Case Else
            End
    End Select
End Sub
```

2. 运行时添加控件数组

建立的步骤如下：

1) 在窗体上画出某控件，设置该控件的 Index 值为 0，表示该控件为数组，这是建立的第一个元素。

2) 在编程时通过 Load 方法添加其余的若干个元素，也可以通过 Unload 方法删除某个添加的元素。

3) 每个新添加的控件数组通过 Left 和 Top 属性确定其在窗体的位置，并将 Visible 属性设置为 True。

例 4.6 利用在运行时产生控件数组，构成一个国际象棋棋盘。设计界面和运行界面分别如图 4.20 和 4.21 所示；当单击棋格，显示对应的序号，并且将所有棋格颜色变反。

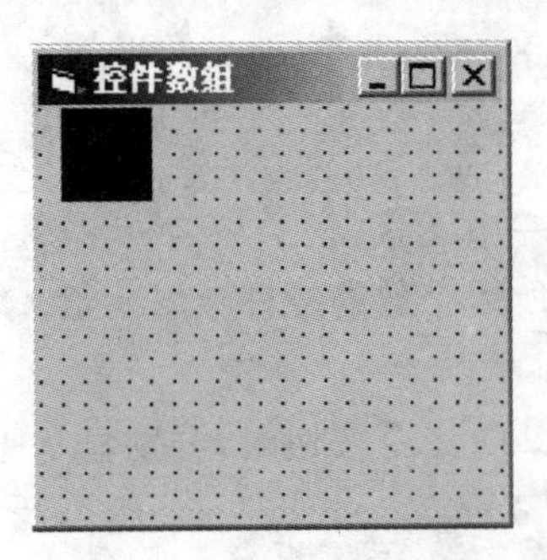

图 4.20 设计时界面

图 4.21 运行时界面

程序如下：

```
Private Sub Form_Load()
Dim mtop As Integer,mleft As Integer,i As Integer,j As Integer
 mtop = 0                                       '棋盘顶边初值
   For i = 1 To 8                               'i 为棋格的行号
    mleft = 50                                  '棋盘左边位置
     For j = 1 To 8                             'j 为棋格的行号
      k = (i - 1) * 8 + j                       '在第 i 行第 j 列产生一个棋格
       Load Label1(k)
       '利用 IIf 函数根据行、列号关系使棋格的背景黑白交替改变
       Label1(k).BackColor = IIf((i + j) Mod 2 = 0,QBColor(0),QBColor(15))
       Label1(k).Visible = True
       Label1(k).Top = mtop                     '产生的控件定位
       Label1(k).Left = mlef
```

```
        mleft = mleft + Label1(0).Width          '下一个棋格的左边位置
      Next j
       mtop = mtop + Label1(0).Height            '为下一行控件确定 Top 的位置
    Next i
  End Sub
  Private Sub Label1_Click(Index As Integer)
    Dim tag As Boolean
    Label1(Index).Caption = Index                '显示被单击棋格的序号
    For i = 1 To 8
     For j = 1 To 8
      k = (i - 1) * 8 + j
       If Label1(k).BackColor = &H0& Then
        Label1(k).BackColor = &HFFFFFF
       Else
        Label1(k).BackColor = &H0&
       End If
     Next j
    Next i
  End Sub
```

4.3 各类菜单的创建及区别

在 VB 中,菜单按使用形式分为下拉菜单和弹出式菜单两种。下拉式菜单位于窗口的顶部,弹出式菜单是独立于窗体菜单栏而显示在窗体内的浮动菜单。

下拉式菜单系统的组成结构 如图 4.22 所示。

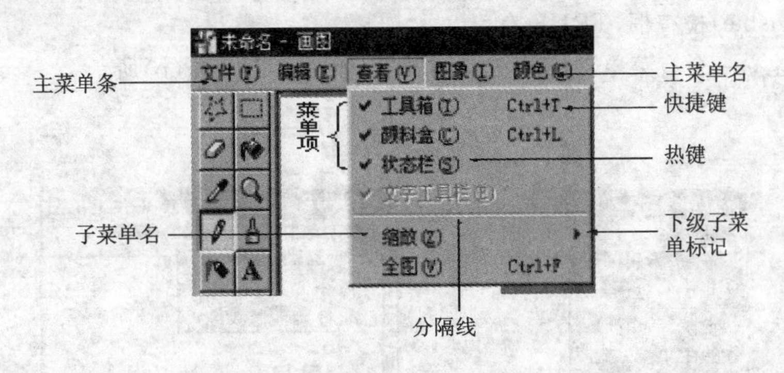

图 4.22　菜单的组成元素

4.3.1　菜单编辑器的使用

1. 菜单编辑器的启动方法

1）选择“工具”|“菜单编辑器”(Ctrl＋E)；

2）选择窗体上快捷菜单|菜单编辑器。

2. 菜单编辑器组成

菜单编程器组成如图 4.23 所示。

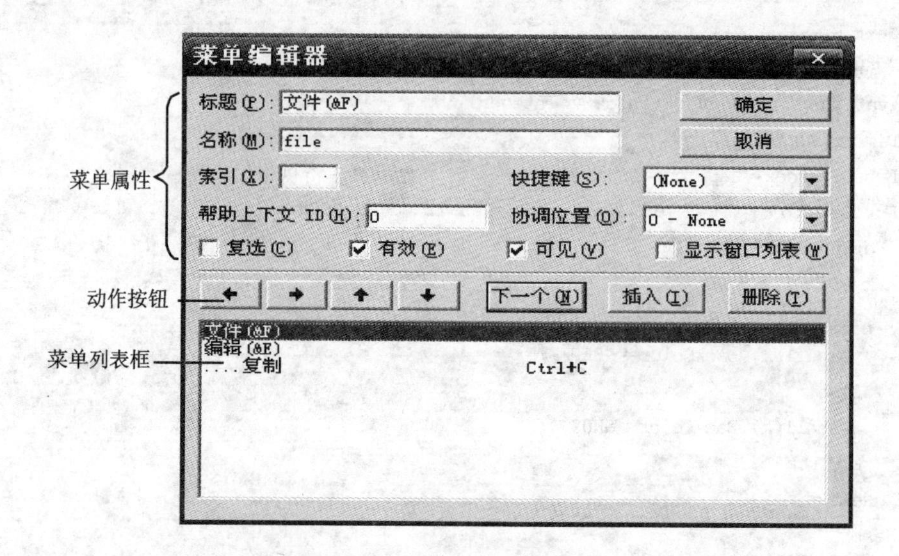

图 4.23　菜单编辑器对话框

菜单编辑器对话框常用属性说明：

1）标题(caption)，热键前面加 &。

2）名称(name)，分隔符也应有名称。

3）快捷键(shortcut)，菜单名没有快捷键。

4）复选(checked)检查框，TRUE 有√。

5）有效(enabled)检查框，TRUE 有√。

6）可见(visble)检查框，TRUE 有√。

例 4.7　建立一个有菜单功能的文本编辑器，如图 4.24(a)、(b)所示。

设计菜单：

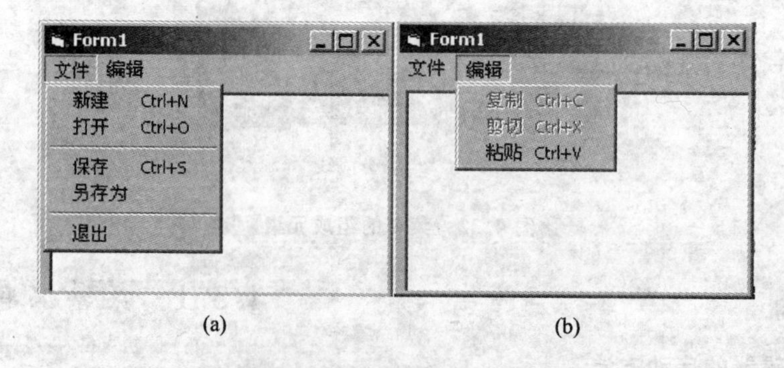

(a)　　　　(b)

图 4.24　窗体运行时的菜单编辑器

打开菜单编辑器，对每一个菜单项输入标题、名称和选择相应的快捷键，如表 4.3 所列。

表 4.3　文本编辑器菜单结构

标题	名称	快捷键	标题	名称	快捷键
文件	FileMenu		编辑	EditMenu	
…新建	FileNew	Ctrl+N	…复制	EditCopy	Ctrl+C
…打开	FileOpen	Ctrl+O	…剪切	EditCut	Ctrl+X
…保存	FileSave	Ctrl+S	…粘贴	EditPaste	Ctrl+V
…另存为	FileSaveAs				
…退出	FileExit				

为事件过程编写代码。

事件代码：

```
Private Sub FileOpen_Click()
  On Error GoTo nofile                           ´设置错误陷阱
    CommonDialog1.InitDir = "C:\Windows"         ´设置属性(可以在设计中完成)
    CommonDialog1.Filter = "文本文件 | *.Txt"
    CommonDialog1.CancelError = True
    CommonDialog1.ShowOpen                       ´或用 Action = 1
    Text1.Text = " "
      Open CommonDialog1.FileName For Input As #1 ´打开文件进行读操作
      Do While Not EOF(1)
          Line Input #1, inputdata               ´读一行数据
          Text1.Text = Text1.Text + inputdata + Chr(13) + Chr(10)
      Loop
        Close #1                                 ´关闭文件
    Exit Sub
nofile:                                          ´错误处理
    If Err.Number = 32755 Then Exit Sub          ´单击"取消"按钮
End Sub
    Private Sub Text1_MouseMove(Button As Integer, Shift As Integer, X As Single, Y As Single)
        If Text1.SelText <> " " Then
          EditCut.Enabled = True       ´当拖动鼠标选中要操作的文本后,剪切、复制按钮有效
          EditCopy.Enabled = True
          EditPaste.Enabled = False
        Else
          EditCut.Enabled = False      ´当拖动鼠标未选中文本,剪切、复制按钮无效
          EditCopy.Enabled = False
          EditPaste.Enabled = True
        End If
End Sub
```


4.3.2　菜单项增减

在程序运行时，菜单随时增减，如“文件”菜单能保留最近打开的文件数。这同控件数组一

样，使用菜单数组。

设计步骤：

1）在菜单设计时，加入一个菜单项，其 Index 为 0（菜单数组），Visual 为 False。

2）在程序运行时，通过 Load 方法向菜单数组增加新的菜单项。同样，要删除所建立的菜单项，使用 UnLoad 方法向菜单数组减少菜单项。

例 4.8 使例 4.7 中的文件菜单能保留最近打开过的文件清单。

在例 4.7 的基础上，在文件菜单的“退出”选项前面插入一个菜单项 RunMenu，设置索引属性为 0，如图 4.25 所示。

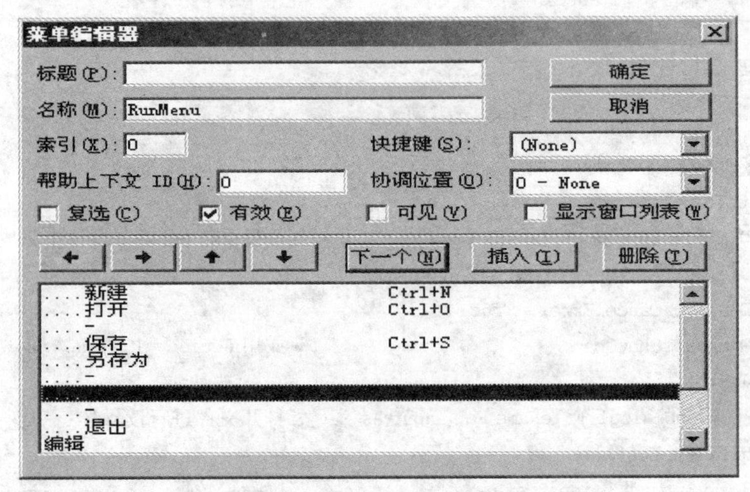

图 4.25 动态菜单编辑器对话框

程序如下：

```
iMenucount = iMenucount + 1
If iMenucount < 5 Then
    bar3.Visible = True
    Load RunMenu(iMenucount)                     '装入新菜单项
    RunMenu(iMenucount).Caption = CommonDialog1.FileName '打开的文件名字符串存入所对应的菜单数组
    RunMenu(iMenucount).Visible = True
Else
    i = iMenucount Mod 4                         '第五个以后的文件刷新数组控件的标题
    If i = 0 Then i = 4
    RunMenu(i).Caption = CommonDialog1.FileName
End If
```

4.3.3 弹出菜单

弹出菜单是独立于窗体菜单栏而显示在窗体内的浮动菜单。显示位置取决于单击鼠标键时指针的位置。设计与普通菜单相同（如果不希望菜单出现在窗口的顶部，该菜单名 Visible 属性设置为 False）。

菜单弹出的方法格式：[对象.]PopupMenu 菜单名，[标志，x，y]

其中，菜单名是必需的，其他参数是可选的。x、y 参数指定弹出菜单显示的位置。标志参数用

于进一步定义弹出菜单的位置和性能。

例如，在例 4.7 中要加入有关“编辑”这部分菜单的弹出功能。代码如下：

```
Sub Text1_MouseDown(Button As Integer,Shift As Integer,X As Single,Y As Single)
    If Button = 2 Then PopupMenu EditMenu,vbPopupMenuCenterAlign
End Sub
```

说明：Button＝2 表示按下鼠标右键，EditMenu 为菜单编辑名，vbPopupMenuCenter-Align 指定弹出菜单位置。

注意：下拉式菜单和弹出式菜单的建立方法相同，使用方法不同，弹出式菜单的使用须用单独的语句进行调用。

4.4　多窗体的使用技巧

4.4.1　多重窗体

1. 添加窗体

方法格式：工程|添加窗体

注意：添加“现存”窗体时要防止多个窗体的 Name 相同而不能添加；添加的窗体实际是将其他工程中已有的窗体加入，多个工程共享窗体；通过“另存为”命令以不同的窗体文件名保存，断开共享。

2. 保存窗体

一个工程中有多个窗体，应分别取不同文件名保存在磁盘上，VB 工程文件中记录了该工程的所有窗体文件名。

3. 设置启动窗体

方法格式：工程|属性|启动对象

4. 窗体语句

1）Load 语句：装入窗体到内存但没有显示窗体。

格式：Load 窗体名称

2）Unload 语句：从内存删除窗体。

格式：Unload 窗体名称

5. 窗体方法

1）Show 方法：显示一个窗体（当窗体没有 Load，自动 Load）。

格式：[窗体名称]. Show [模式]

0 - Model：关闭才能对其他窗体进行操作。

1 - Modeless：可以对其他窗体进行操作。

2）Hide 方法：隐藏窗体，没有从内存中删除。

格式：[窗体名称.] Hide

6. 不同窗体间数据的存取

1）存取控件的属性。

格式：另一窗体名. 控件名. 属性

2）存取变量的值。

格式：另一窗体名.全局变量名

例 4.9 输入学生五门课成绩，计算总分及平均分，如图 4.26(a)、(b)、(c)、(d)所示。

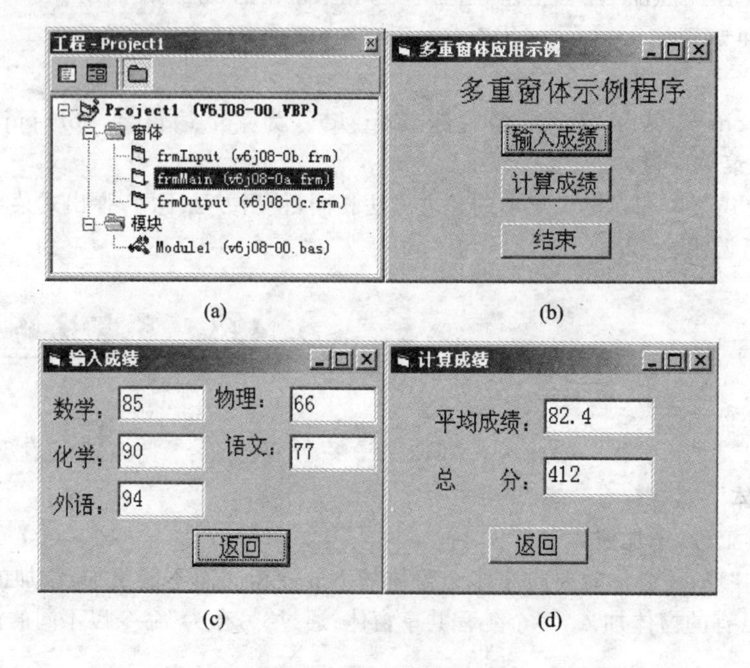

图 4.26 多重窗体示例

图 4.26(b)所示是本应用程序的主窗体运行后看到的第一个窗体。图 4.26(c)所示是当在主窗体上选择了“输入成绩”按钮后弹出的窗体。图 4.26(d)所示是当在主窗体上选择了“计算成绩”按钮后弹出的窗体。

Module 标准模块存放多窗体间共用的全局变量声明，即

```
Public MATH As Single
Public PHYSICS As Single
Public CHEMISTRY As Single
Public CHINESE As Single
Public ENGLISH As Single
```

对不同窗体间的显示，可利用 Show 和 Hide 方法。如在当前主窗体要显示输入成绩窗体的事件过程。代码如下：

```
Private Sub cmdInput_Click()
    frmMain.Hide
    frmInput.Show
End Sub
```


Frminput 窗体的 cmdReturn_Click()事件过程用于将文本框输入的值赋给全局变量。代码如下：

```
Private Sub cmdReturn_Click()
    MATH = Val(txtMath.Text)
```

```
    PHYSICS = Val(txtPhysics.Text)
    CHEMISTRY = Val(txtChemistry.Text)
    CHINESE = Val(txtChinese.Text)
    ENGLISH = Val(txtEnglish.Text)
    frmInput.Hide
    frmMain.Show
End Sub
```

Frmoutput 窗体 Form_Activate()事件过程用于计算总分和平均分,并显示。代码如下:

```
Private Sub Form_Activate() '当一个窗口成为活动窗口时发生 Activate 事件
    Dim total As Single
    total = MATH + PHYSICS + CHEMISTRY + CHINESE + ENGLISH
    txtAverage.Text = total / 5
    txtTotal.Text = total
End Sub
```

4.4.2　多文档界面

多文档界面由父窗口和子窗口组成,父窗口或称 MDI 窗体,是作为子窗口的容器。

1. 创建和设计 MDI 窗体及其子窗体

多文档界面的一个应用程序至少需要两个窗体:一个(只能一个)MDI 窗体和一个(或若干个)子窗体,如图 4.27 所示。

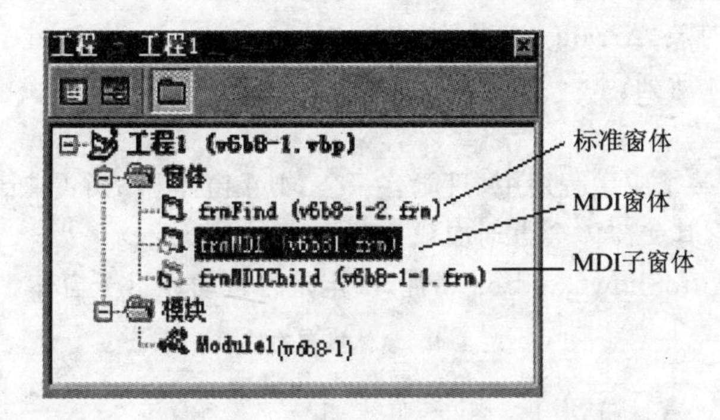

图 4.27　三种形式的窗体

(1) 创建和设计 MDI 窗体

创建方法格式:工程/添加 MDI 窗体

(2) 创建和设计 MDI 子窗体

创建:MDI 子窗体是一个 MDIChild 属性为 True 的普通窗体。要创建多个子窗体,通过窗体类来实现。代码如下:


```
Public Sub FileNewProc()
    Dim NewDoc As New frmMDIChild  '为 frmMDIChild 窗体模板定义新实例
    Static No As Integer
    No = No + 1
    NewDoc.Caption = "no" & No          '定义子窗体标题
```

```
    NewDoc.Show                     '显示子窗体
End Sub
```

2. MDI 窗体与子窗体的交互

(1) 活动子窗体和活动控件

MDI 窗体的两个属性：ActiveForm 和 ActiveControl。

如将子窗体的文本框中所选文本复制到剪贴板上。代码如下：

```
ClipBoard.SetText  frmMDI.ActiveForm.ActiveControl.SelText
```

(2) 显示 MDI 窗体及其子窗体

显示任何窗体的方法为 show。

(3) 维护子窗体的状态信息

略。

(4) 用 QueryUnload 卸载 MDI 窗体

略。

3. 多文档界面应用程序中的"窗口"菜单

(1) 显示打开的多个文档窗口

要在某个菜单上显示所有打开的子窗体标题,只须利用菜单编辑器将该菜单的 WindowList 属性设置为 True。

(2) 排列窗口

利用 Arrange 方法进行层叠、平铺和排列图标。

格式：MDI 窗体对象.Arrange 的排列方式

排列方式如表 4.4 所列。

注意：

1) 多文档界面的一个应用程序中,只能有一个 MDI 窗体和一个(或若干个)子窗体。

2) 加载子窗体时,其父窗体会自动加载并显示,反之则无。

3) MDI 窗体有 AutoShowChildren 属性,决定是否自动显示子窗体。

表 4.4 窗体排列方式

常　数	值	描　述
vbCascade	0	层叠所有非最小化
vbTileHorizontal	1	水平平铺所有非最小化
vbTileVertical	2	垂直平铺所有非最小化
vbArrangeIcons	3	重排最小化

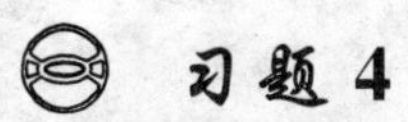

习题 4

4.1 填空题

1. 在窗体中添加一个命令按钮,名称为 Command1,然后编写如下程序：

```
Private Sub Command1_Click()
```

```
    A = 1234
    B$ = Str$(A)
    C = Len(B$)
    Print C
End Sub
```

程序运行后，单击命令按钮，则在窗体上显示的内容是(　　)。

2. 窗体、图片框或图像框中的图形通过对象的(　　)属性设置。
3. 为了使标签能自动调整大小以显示全部文本内容，应把标签的(　　)属性设置为 True。
4. 属性窗口主要是针对窗体和控件设置的。在 Visual Basic 中，窗体和控件被称为(　　)。
5. 窗体文件的扩展名为(　　)，每个窗体对应一个窗体文件，窗体及其控件的属性和其他信息，包括代码都存放在该窗体文件中。
6. 每个 Visual Basic 对象都有其特定的属性，可以通过(　　)来设置，对象的外观和对应的操作由所设置的值来确定。
7. VB 中对象的(　　)、事件和方法构成了对象的三要素。
8. 写出清除标签显示信息的语句为(　　)。
9.

```
Static Private Sub cmdSum_Click()
    Dim Sum as integer
    Sum = 2 * Sum + 1
End Sub
```

问：第三次单击命令按钮 cmdSum 后，Sum 的值为(　　)。

10. 菜单的热键指使用(　　)键和菜单项标题中的一个字符来打开菜单。
11. CommonDialog 控件是 ActiveX 控件，需要通过(　　)命令选择 Microsoft Common Dialog Control6.0 选项，将 CommonDialog 控件添加到工具箱。
12. 在 VB 中向组合框中增加数据项所采用的方法为(　　)。
13. 要在程序中显示通用对话框，必须对控件的(　　)属性赋于正确的值，另一个调用通用对话框的方法是使用说明性的 Show 方法来代替数字值。
14. 在菜单中，建立热键的方法是在菜单标题的某个字符前加上一个(　　)符号，在菜单中这一字符会自动加上下划线表示该字符是一个热键字符。
15. 如果在建立菜单时在标题文本框中输入一个(　　)，那么菜单显示时形成一个分隔线。
16. 通用对话框用于获取文件名的操作有两种模式：打开文件和(　　)。
17. 如果把菜单项的(　　)属性设置为 True，则该菜单项成为一个选项。
18. “打印”对话框是当 Action 为(　　)时的通用对话框。
19. 不管是在窗口顶部菜单条上显示的菜单，还是隐藏的菜单，都可以用(　　)方法把它们作为弹出菜单在程序运行期间显示出来。
20. 假定有一个通用对话框控件 CommonDialog1，除了用 CommonDialog1.Action=3 显示颜色对话框之外，还可以用(　　)方法显示。
21. 在显示字体对话框之前必须设置(　　)属性，否则将显示出错提示。
22. 为了改变计时器控件的时间间隔，应该修改该控件的(　　)属性。
23. 在 VB 中，除了可以指定某个窗体作为启动对象之外，还可以指定(　　)作为启动对象。

24. 在用 Unload 方法把窗体从内存中卸载的过程中,依次将发生(　　)、Unload 和 Terminate 事件。
25. 每当一个窗体成为活动窗口时触发 Activate 事件,当另一个窗体或应用程序被激活时在原活动窗体上产生(　　)事件。
26. 如果窗体不在内存中,则(　　)方法自动把窗体装入内存,此时引发 Load 事件。
27. MDI 子窗体是一个(　　)为 True 的普通窗体。在该窗体上可以有不同的控件,也可以有菜单栏。
28. 菜单分为下拉式菜单和弹出式菜单,菜单总与(　　)相关联。设计菜单需要在菜单编辑器中设计。
29. 若已在窗体中加入一个通用对话框,要求在运行时,通过 ShowOpen 打开对话框时只显示扩展名为.doc 的文件,则对通用对话框的 Filter 属性正确的设置是(　　)。
30. 菜单编辑器可以分为 3 部分,即数据区,编辑区和(　　)。
31. 设计弹出式菜单时,先通过菜单编辑器建立菜单,然后将顶层菜单的(　　)属性设置为 False,最后在代码中通过窗体对象的 PopMenu 方法显示弹出式菜单。
32. VB 通用对话框有:(　　)、保存文件、颜色设置、字体设置、打印设置、帮助文件六种对话框。
33. VB 中通过调用通用对话框控件的(　　)、ShowSave、ShowColor、ShowFont、ShowPrint、ShowHelp 方法来使用它们。
34. 一个应用程序最多可以有(　　)个 MDI 父窗体。
35. 在运行时,MDI 父窗体中的子窗体最小化时,其图标将显示在(　　)中。
36. 不可以给(　　)级菜单设置快捷键。
37. 菜单控件只包含一个(　　)事件。
38. 每次单击菜单编辑器中"→"按钮可以使选定的菜单项(　　)。
39. 鼠标的光标在不同的窗口内,其形状是不一样的,光标的形状通过(　　)属性来设置。
40. 把“Visual Basic 程序设计”添加到列表框 1stBooks 的语句为(　　)。

4.2　选择题

1. 在图 4.28 运行窗体中没有采用的控件是(　　)。

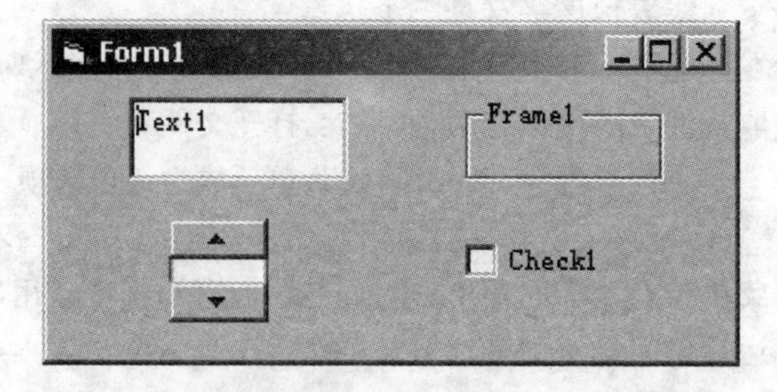

图 4.28　运行窗体

(A) 文本框　　(B) 水平滚动条　　(C) 框架　　(D) 选项按钮

2. 假定窗体上有一个标签,名为 Label1,为了使该标签透明并且没有边框,则正确的属性设置为(　)。

(A) Label1. BackStyle=0
Label1. BorderStyle=0
(B) Label1. BackStyle=1
Label1. BorderStyle=1
(C) Label1. BackStyle=True
Label1. BorderStyle=True
(D) Label1. BackStyle=False
Label1. BorderStyle=False

3. 窗体中有 3 个按钮 Command1、Command2 和 Command3,该程序的功能是当单击按钮 Command1 时,按钮 2 可用,按钮 3 不可见,正确的程序是(　　)。

(A)
```
Private Sub Command1_Click()
    Command2. Visible=True
    Command3. Visible=False
End Sub
```
(B)
```
Private Sub Command1_Click()
    Command2. Enabled=True
    Command3. Enabled=False
End Sub
```
(C)
```
Private Sub Command1_Click()
    Command2. Enable=True
    Command3. Visible=False
End Sub
```
(D)
```
Private Sub Command1_Click()
    Command2. Enabled=False
    Command3. Visible=False
End Sub
```

4. 为了把窗体上某个控件变成活动控件,应执行的操作是(　　)。
(A) 单击窗体　(B) 单击控件　(C) 双击控件　(D) 双击窗体

5. 若要求在文本框中输入密码时在文本框中显示#号,则应在此文本框的属性窗口中设置(　　)。
(A) Text 属性值为　(B) Caption 属性值为
(C) PasswordChar 属性值为　(D) PasswordChar 属性值为真

6. 确定一个窗体或控件大小属性是(　　)。
(A) Width 或 Height　(B) Width 和 Height　(C) Top 或 Left　(D) Top 和 Left

7. 假定窗体的名称(Name 属性)为 form1,则把窗体的标题设置为"VBTEST"的语句正确的是(　　)。
(A) form1="VBTEST"　(B) Caption="VBTEST"
(C) form1. test="VBTEST"　(D) form1. name="VBTEST"

8. 使文本框获得焦点的方法(　　)。
(A) Change　(B) GotFocus　(C) SetFocus　(D) LostFocus

9. 为了使标签中的内容居中显示,应把 Alignment 属性设置为(　　)。
(A) 0　(B) 1　(C) 2　(D) 3

10. 假定窗体上有一个 Text1 文本框,为使它的文本内容位于中间并且没有边框,则正确的属性设置为(　　)。
(A) Text1. Alignment=1
Text1. BorderStyle=0
(B) Text1. Alignment=2
Text1. BorderStyle=1
(C) Text1. Alignment=1
Text1. BorderStyle=1
(D) Text1. Alignment=2
Text1. BorderStyle=0

11. VB 窗体设计器的主要功能是(　　)。
(A) 建立用户界面　(B) 编写源程序代码　(C) 添加图　(D) 显示文字

12. 下列不能打开工具箱窗口的操作是(　　)。

(A) 单击“视图”菜单中的“工具箱”命令
(B) 按 Alt+F8 键
(C) 单击工具栏上的“工具箱”按钮
(D) 按 Alt+V,然后按 Alt+X 键

13. 同时改变一个活动控件的高度和宽度,正确的操作是(　　)。
(A) 拖拉控件 4 个角上的某个小方块
(B) 只能拖拉位于控件右下角的小方块
(C) 只能拖拉位于控件左下角的小方块
(D) 不能同时改变控件的高度和宽度

14. 假定窗体上有一个文本框,名为 Txt1,为了使该文本框的内容能够换行,并且具有水平和垂直滚动条,正确的属性设置为(　　)。
(A) Txt1. MultiLine=True
Txt1. ScrollBars=0
(B) Txt1. MultiLine=True
Txt1. ScrollBars=3
(C) Txt1. MultiLine=False
Txt1. ScrollBars=0
(D) Txt1. MultiLine=False
Txt1. ScrollBars=3

15. 为了取消窗体的最大化功能,需要把它的一个属性设置为 False,这个属性是(　　)。
(A) ControlBox　(B) MinButton　(C) Enabled　(D) MaxButton

16. 为了使标签覆盖背景,应把 BackStyle 属性设置为(　　)。
(A) 0　(B) 1　(C) True　(D) False

17. 在文本框 Text1 和文本框 Text2 中分别输入 123 和 123,然后单击命令按钮,在标签中显示结果为 246。能实现上述功能的语句是(　　)。
(A) a=Text1. Text+Text2. Text
Label1. Caption=Str(a)
(B) a=Val(Text1. Text+Text2. Text)
Label1. Caption=Str(a)
(C) a=Val(Text1. Text)+Val(Text2. Text)
Label1. Caption=Str(a)
(D) val(a)=Text1. Text+Text2. Text
Label1. Caption=Str(a)

18. 如果要向工具箱中加入控件的部件,可以利用“工程”菜单中的(　　)命令。
(A) 引用　(B) 部件　(C) 工程属性　(D) 加窗体

19. 如果希望一个窗体在显示的时候没有边框,应该设置的属性是(　　)。
(A) 将窗体的标题 Caption 设成空字符
(B) 将窗体的 Enabled 属性置成 False
(C) 将窗体的 BorderStyle 属性置成 None
(D) 将窗体的 ContalBox 置成 False

20. 在设计阶段,当双击窗体上的某个控件时,所打开的窗口是(　　)。
(A) 工程资源管理器窗口　(B) 工具箱窗口
(C) 代码窗口　(D) 属性窗口

21. 以下叙述中正确的是(　　)。
(A) 窗体的 Name 属性指定窗体的名称,用来标识一个窗体
(B) 窗体的 Name 属性的值是显示在窗体标题栏中的文本
(C) 可以在运行期间改变对象的 Name 属性的值

(D) 对象的 Name 属性值可以为空

22. 刚建立一个新的标准 EXE 工程后，不在工具箱中出现的控件是（　　）。
    (A) 单选按钮　(B) 图片框　(C) 通用对话框　(D) 文本框
23. 设计动画通常使用时钟控件（　　）来控制动画速度。
    (A) Enabled　(B) Interval　(C) Timer　(D) Move
24. 组合框的三种不同风格：下拉组合框、简单组合框和下拉列表框由（　　）属性决定。
    (A) Style　(B) BoderStyle　(C) FillStyle　(D) DrawStyle
25. 不能通过（　　）来删除列表框中的选项。
    (A) List 属性　(B) RemoveItem 方法　(C) Clear 方法　(D) Test 属性
26. 以下能够触发文本框 Change 事件的操作是（　　）。
    (A) 文本框失去焦点　(B) 文本框获得焦点
    (C) 设置文本框的焦点　(D) 改变文本框的内容
27. 为了在按下 Esc 键时执行某个命令按钮的 Click 事件过程，需要把该命令按钮的一个属性设置为 True，这个属性是（　　）。
    (A) Value　(B) Default　(C) Cancel　(D) Enabled
28. 以下叙述中错误的是（　　）。
    (A) 一个工程中可以包含多个窗体文件
    (B) 在一个窗体文件中用 Private 定义的通用过程能被其他窗体调用
    (C) 在设计 VB 程序时，窗体、标准模块、类模块等需要分别保存为不同类型的磁盘文件
    (D) 全局变量必须在标准模块中定义
29. 要使一个文本框具有垂直滚动条，则应（　　）。
    (A) 将其 Multiline 设置为 True，同时将 Scrollbars 属性设置为 0
    (B) 将其 Multiline 设置为 True，同时将 Scrollbars 属性设置为 1
    (C) 将其 Multiline 设置为 True，同时将 Scrollbars 属性设置为 2
    (D) 将其 Multiline 设置为 True，同时将 Scrollbars 属性设置为 3
30. 为了能在列表框中利用 Ctrl 和 Shift 键进行多个列表项的选择，则应将列表框的 Multiselect 属性设置为（　　）。
    (A) 0　(B) 1　(C) 2　(D) 3
31. Option Explicit 语句不可以放在（　　）。
    (A) 窗体模块的声明段中　(B) 标准模块的声明段中
    (C) 类模块的声明段中　(D) 任何事件过程中
32. 要使一个命令按钮成为图形命令按钮，则应设置其哪一属性值（　　）。
    (A) Picture　(B) Style　(C) DownPicture　(D) DisabledPicture
33. 要使标签中显示的文本靠右显示，则应将其 Alignment 属性设置为（　　）。
    (A) 0　(B) 1　(C) 2　(D) 3
34. 要使组合框设置成只能从中选择而不能输入数据的组合框（下拉式列表框），则应将其 Style 属性设置为（　　）。
    (A) 0　(B) 1　(C) 2　(D) 3
35. 为了在按下回车键时执行某个命令按钮的事件过程，需要把该命令按钮的一个属性设置

为 True，这个属性是（　　）。

(A) Value　　(B) Cancel　　(C) Enabled　　(D) Default

36. 要把一个命令按钮设置成无效，应设置其哪一属性值（　　）。

(A) Visible　　(B) Enabled　　(C) Default　　(D) Cancel

37. 能够获得一个文本框中被选取文本的内容的属性是（　　）。

(A) Text　　(B) Length　　(C) SelText　　(D) SelStart

38. 要使标签能够显示所需要的文本，则在程序中应设置其哪一属性的值（　　）。

(A) Caption　　(B) Text　　(C) Name　　(D) AutoSize

39. 要想改变一个窗体的标题内容，则应设置以下哪个属性的值（　　）。

(A) Name　　(B) FontName　　(C) Caption　　(D) Text

40. 能够改变窗体边框线类型的属性是（　　）。

(A) FontStyle　　(B) BorderStyle　　(C) BackStyle　　(D) Border

41. 以下不具有 Picture 属性的对象是（　　）。

(A) 窗体　　(B) 图片框　　(C) 图像框　　(D) 文本框

42. 要使列表框中的列表项显示成复选框形式，则应将其 Style 属性设置为（　　）。

(A) 0　　(B) 1　　(C) True　　(D) False

43. 每当窗体失去焦点时会触发的事件是（　　）。

(A) Active　　(B) Load　　(C) LostFocus　　(D) GetFocus

44. 下列关于属性设置的叙述正确的是（　　）。

(A) 所有的对象都有同样的属性

(B) 控件的属性只能在设计时修改，运行时无法改变

(C) 控件的属性都有同样的默认值

(D)引用对象属性的格式为：对象名称．属性

45. 工程文件的扩展名是（　　）。

(A) . vbg　　(B) . vbp　　(C) . vbw　　(D) . vbl

46. 以下关于窗体描述正确的是（　　）。

(A) 只有用于启动的窗体可以有菜单

(B) 窗体事件和其中所有控件事件的代码都放在窗体文件中

(C) 窗体的名字和存盘的窗体文件名必须相同

(D)开始运行时窗体的位置只能是设计阶段时显示的位置

47. VB 中控件主要分为 3 类，下面哪一种不是 VB 中的控件类（　　）。

(A) 标准控件　　(B) ActiveX　　(C) 可插入控件　　(D) 外部控件

48. 在 Visual Basic 中最基本的对象是（　　），它是应用程序的基石，是其他控件的容器。

(A) 文本框　　(B) 命令按钮　　(C) 窗体　　(D) 标签

49. 有程序代码如下：Text1. Text＝"Visual Basic"，则 Text1、Text 和"Visual Basic"分别代表（　　）。

(A) 对象、值、属性　　(B) 对象、方法、属性

(C) 对象、属性、值　　(D) 属性、对象、值

50. 下列控件中，没有 Caption 属性的是（　　）。

(A) 框架　(B) 文本框　(C) 复选框　(D) 单选按钮

51. 用来设置粗体字的属性是(　　)。

(A) FontItalic　(B) FontName　(C) FontBold　(D) FontSize

52. 若要使命令按钮不可操作,要对(　　)属性设置。

(A) Enabled　(B) Visible　(C) BackColor　(D) Caption

53. 控件内的对齐方式由(　　)属性决定。

(A) Alignment　(B) WordWrap　(C) AtuoSize　(D) Style

54. (　　)属性决定了按 Tab 键时焦点在各个控件之间移动的顺序。

(A) Index　(B) TabStop　(C) TabIndex　(D) SetFocus

55. 改变控件在窗体中的上下位置应修改控件的(　　)属性。

(A) Top　(B) Left　(C) Wide　(D) Height

56. 以下不允许用户在程序运行时输入文字的控件是(　　)。

(A) 标签框　(B) 文本框　(C) 下拉式组合框　(D) 简单组合框

57. 为使文本框显示滚动条,必须首先设置的属性是(　　)。

(A) Mulitiline　(B) Autosize　(C) Alignment　(D) Scrollbars

58. 标签控件最重要的属性是(　　)。

(A) Caption　(B) Text　(C) Name　(D) Width

59. 在列表框中当前被选中的列表项的序号是由下列(　　)属性表示。

(A) List　(B) Index　(C) Listindex　(D) Tabindex

60. 要想返回文本框中输入的内容,则可利用(　　)属性进行编程。

(A) Caption　(B) Text　(C) Name　(D) Righttoleft

61. 要使得窗体一开始运行就充满整个屏幕,则须设置(　　)属性。

(A) Borderstyle　(B) Appearance　(C) Windowstate　(D) Drawmode

62. vb 程序设计中的窗体在 oop 中称为(　　)。

(A) 屏幕　(B) 事件　(C) 对象　(D) 控件

63. 将命令按钮 Command1 设置为不可见,应修改该命令按钮的(　　)属性。

(A) Visible　(B) Value　(C) Caption　(D) Enabled

64. 如果要设置窗体的标题栏,应选择以下(　　)属性。

(A) Name　(B) Caption　(C) Tips　(D) Text

65. 如果要给字体加删除线,可以选择下列(　　)属性。

(A) FontName　(B) FontSize　(C) FontStrikethru　(D) FontUnderLine

66. 要使窗体在出现之前就完成相关的程序设置,可在(　)事件中进行编程。

(A) Linkopen　(B) KeyPress　(C) Load　(D) Click

67. 为了在 CheckBox 后面显示文本,需要设置的属性是(　　)。

(A) Visible　(B) Caption　(C) Enabled　(D) Value

68. 要想清除文本框中的内容,则可利用(　　)进行。

(A) Caption　(B) Text　(C) Clear　(D) Cls

69. 在用菜单编辑器设计菜单时,必须输入的项有(　　)。

(A) 快捷键　(B) 标题　(C) 索引　(D) 名称

70. 下列不能打开菜单编辑器的操作是(　　)。
   (A) 按 Ctrl+E
   (B) 单击工具栏中的"菜单编辑器"按钮
   (C) 执行"工具"菜单中的"菜单编辑器"命令
   (D) 按 Shift+Alt+M
71. 假定有一个菜单项,名称为 MenuItem,为了在运行时使该菜单项失效(变灰),应使用的语句为(　　)。
   (A) MenuItem. Enabled=False
   (B) MenuItem. Enabled=True
   (C) MenuItem. Visible=True
   (D) MenuItem. Visible=False
72. 在下列关于菜单的说法中,错误的是(　　)。
   (A) 每个菜单项都是一个控件,与其他控件一样也有自己的属性和事件
   (B) 除了 Click 事件之外,菜单项还能响应其他如 DblClick 等事件
   (C) 菜单项的快捷键不能任意设置
   (D) 在程序执行时,如果菜单项的 Enabled 属性为 False,则该菜单项变成灰色,不能被用户选择
73. 滚动条控件的 Max 属性所设置的是(　　)。
   (A) 滚动框处于最右位置时,一个滚动条位置的 value 属性最大设置值
   (B) 单击滚动条和滚动箭头之间的区域时,滚动条中滚动块的最大移动量
   (C) 单击滚动条的箭头区域时,滚动条中滚动块的最大移动量
   (D) 滚动条控件无该属性
74. 在下列关于通用对话框的叙述中,错误的是(　　)。
   (A) CommonDialog1. ShowFont 显示字体对话框
   (B) 在打开或另存为对话框中,用户选择的文件名可以经 FileTitle 属性返回
   (C) 在文件打开或另存为对话框中,用户选择的文件名及其路径可以经 FileName 属性返回
   (D) 通用对话框可以用来制作和显示帮助对话框
75. 在运行菜单时,若要菜单项增加复选标志,则应在代码中设置菜单的(　　)属性为 True。
   (A) Enabled　　(B) Visible　　(C) Checked　　(D) Index
76. 以下正确的语句是(　　)。
   (A) CommonDialog1. Filter=All Files| * . * |Pictures(* . Bmp) | * . Bmp
   (B) CommonDialog1. Filter="All Files"| " * . * "| "Pictures(* . Bmp)"| " * . Bmp "
   (C) CommonDialog1. Filter="All Files| * . * |Pictures(* . Bmp) | * . Bmp"
   (D) CommonDialog1. Filter=|All Files| * . * |Pictures(* . Bmp) | * . Bmp|
77. 关于复选框和单选钮的比较中正确的是(　　)。
   (A) 复选框和单选钮都只能在多个选择项中选定一项
   (B) 复选框和单选钮的值 Value 都是 True/False
   (C) 单选钮和复选框都响应 DblClick 事件

(D) 要使复选框不可用,可设置 Enabled 属性(False)和 Value 属性(Grayed)

78. 在窗体从内存卸载的过程中会发生许多事件,这些事件发生的顺序是(　　)(其中 Terminate 事件在窗体及对象的所有引用都被从内存删除后发生)。

(A) Terminate,QueryUnload,

(B) QueryUnload,Unload,Terminate

(C) QueryUnload,Terminate,Unload

(D) Unload,QueryUnload,Terminate

79. 下列叙述中正确的是(　　)。

(A) 文本框控件可以设置滚动条

(B) InputBox 函数和 MsgBox 函数一样,返回的是字符串

(C) ListBox 控件和 ComboBox 控件一样,都只能选择一项

(D) VB 使用 Delete 来删除磁盘上的文件

80. 下面关于多重窗体的叙述中,正确的是(　　)。

(A) 作为启动对象的 Main 子过程只能放在窗体模块内

(B) 如果启动对象是 Main 子过程,则程序启动时不加载任何窗体,以后由该过程根据不同情况决定是否加载或加载哪一个窗体

(C) 没有启动窗体,程序不能执行

(D) 以上都不对

81. 如果 Form1 是启动窗体,并且 Form1 的 Load 事件过程中有 Form2. Show,则程序启动后(　　)。

(A) 发生一个运行时错误

(B) 发生一个编译错误

(C) 在所有的初始化代码运行后 Form1 是活动窗体

(D) 在所有的初始化代码运行后 Form2 是活动窗体

82. 当用户将焦点移到另一个应用程序时,当前应用程序的活动窗体将(　　)。

(A) 发生 DeActivate 事件

(B) 发生 LostFocus 事件

(C) 发生 DeActivate 和 LostFocus 事件

(D) DeActivate 和 LostFocus 事件都不发生

83. 以下关于向工程中添加子窗体的方法中,不正确的是(　　)。

(A) 单击工具栏中的"添加窗体"按钮

(B) 执行"工程"菜单中的"添加窗体"命令

(C) 在工程资源管理器中,单击鼠标右键,执行"添加"中的"添加窗体"命令

(D) 执行"工具"菜单中的"添加过程"命令

84. 一个窗体中带图片框控件(已装入图像)的 VB 应用程序从文件上看,至少应该包括的文件有(　　)。

(A) 窗体文件(. frm)、项目文件(. vbp/vbw)

(B) 窗体文件(. frm)、项目文件(. vbp/vbw)和代码文件(. bas)

(C) 窗体文件(. frm)、项目文件(. vbp/vbw)和模块文件(. bas)

(D) 窗体文件(.frm)、项目文件(.vbp/vbw)和窗体的二进制文件(.frx)

85. 建立一个图书资料管理输入界面,要求选择图书的借阅情况、语种(中文/英文/日文/其他)及分类(10类,存在重复分类,如一本图书属于1类,也同时属于2类)。应如何在窗体中利用单选钮和选择框实现(　　)。

(A) 用一组16个选择框来实现

(B) 将10种分类用一组10个选择框、借阅情况和语种用6个单选钮实现

(C) 将10种分类用一组10个单选钮、借阅情况和语种用6个选择框实现

(D) 将10种分类用一组10个选择框、借阅情况用2个单选钮、语种用4个单选钮实现

86. 在程序运行期间,如果拖动滚动条上的滚动块,则触发的滚动条事件是(　　)。

(A) Move　　(B) Change　　(C) Scroll　　(D) GetFocus

87. 为了暂时关闭计时器,应把该计时器某个属性设置为False,该属性是(　　)。

(A) Visible　　(B) Timer　　(C) Enabled　　(D) Interval

88. 在窗体上画一个名称为Listl的列表框,一个名称为Labell的标签。列表框中显示若干城市的名称。当单击列表框中的某个城市名时,在标签中显示选中城市的名称。下列能正确实现上述功能的程序是(　　)。

(A)
```
Private Sub Listl_Click()
    Label1. Caption=List1. ListIndex
End Sub
```

(B)
```
Private Sub Listl_Click()
    Label1. Name=Listl. ListIndex
End Sub
```

(C)
```
Private Sub Listl_Click()
    Label1. Name=Listl. Text
End Sub
```

(D)
```
Private Sub Listl_Click()
    Label1. Caption=Listl. Text
End Sub
```

89. 在窗体上画三个单选按钮,组成一个名chkOption的控件数组。用于标识各个控件数组元素的参数是(　　)。

(A) Tag　　(B) Index　　(C) ListIndex　　(D) Name

90. 滚动条控件的LargeChange属性所设置的是(　　)。

(A) 单击滚动条和滚动箭头之间的区域时,滚动条控件Value属性值的改变量

(B) 滚动条中滚动块的最大移动位置

(C) 滚动条中滚动块的最大移动范围

(D) 滚动条控件无该属性

91. 设置一个单选按钮OptionButton所代表选项的选中状态,应当在属性窗口中改变的属性是(　　)。

(A) Caption　　(B) Name　　(C) Text　　(D) Value

92. 比较图片框PictureBox和图像框Image的使用,正确的描述是(　　)。

(A) 两类控件都可以设置 AutoSize 属性,以保证装入的图形可以自动改变大小

(B) 两类控件都可以设置 Stretch 属性,使得图形根据物件的实际大小进行拉伸调整,保证显示图形的所有部分

(C) 当图片框 PictureBox 的 AutoSize 的属性为 False 时,只在装入图元文件(*.wmf)时,图形才能自动调整大小以适应图片框的尺寸

(D) 当图像框 Image 的 Stretch 属性为 False 时,图像框会自动改变大小以适应图形的大小,使图形充满图像框

93. 设置复选框或单选按钮标题对齐方式的属性是(　　)。

(A) Align　　(B) Alignment　　(C) Sorted　　(D) Value

94. 假定在图片框 Picture1 中装入一个图形,为了清除该图形(注意,清除图形,而不是删除图片框),应采用的正确的方法是(　　)。

(A) 选择图片框,然后按 Del 键

(B) 执行语句 Picture1=LoadPicture(" ")

(C) 执行语句 Picture1.parent=" "

(D) 选择图片框,在属性窗口中选择 Picture 属性,然后按回车键

95. 窗体上有一组合框 Combo1,并将下列项"Chardonnay"、"FunBlanc"、"Gewrzt"和"Zinfande"放置到组合框中,当窗体加载时的代码如下:

```
Private Sub Form_Load()
Combo1.AddItem "Chardonnay"
Combo1.AddItem "FunBlanc"
Combo1.AddItem "Gewrzt"
Combo1.AddItem "Zinfande"
End Sub
```

要在文本框 Text1 中显示列表中的第三个项目的正确语句是(　　)。

(A) Text1.Text=Combo1.List(0)　　(B) Text1.Text=Combo1.List(1)

(C) Text1.Text=Combo1.List(2)　　(D) Text1.Text=Combo1.List(3)

4.3 读程序写结果

1. 窗体中添加一个命令按钮,名称为 Command1,两个文本框名称分别为 Text1、Text2,然后编写如下程序:

```
Private Sub Command1_Click()
  a = Text1.text
  b = Text2.text
  c = Lcase(a)
  d = Ucase(b)
  Printc;d
End Sub
```

程序运行后,在文本框 Text1、Text2 中分别输入 AbC 和 Efg,结果是(　　)。

2. 在窗体中添加一个命令按钮、一个标签和一个文本框,并将文本框的 Text 属性置空,编写命令按钮 Command1 的 Click 事件代码:

```
Private Function fun(x As Long) As Boolean
  If x Mod 2 = 0 Then
    fun = True
  Else
    fun = False
  End If
End Function
Private Sub Command1_Click()
  Dim n As Long
  n = Val(text1.Text)
  p = IIf(fun(n),"偶数","奇数")
  Label1.Caption = n & "是一个" & p
End Sub
```

程序运行后,在文本框中输入 20,单击命令按钮后,标签中的内容为(　　)。

3. 窗体中添加一个文本框,然后编写如下代码:

```
Private Sub Text1_KeyPress(KeyAscii As Integer)
  Dim char As String
  char = Chr $ (KeyAscii)
  KeyAscii = Asc(UCase(char))
  Text1.Text = String(3,KeyAscii)
End Sub
```

程序运行后,如果在键盘上输入字母“a”,则文本框中显示的内容为(　　)。

4. 在窗体中添加两个文本框(其 Name 属性分别为 Text1 和 Text2)和一个命令按钮(其 Name 属性为 Command1),然后编写如下事件过程:

```
Private Sub Command1_Click()
  x = 0: n = 0
  Do While x < 10
    x = (x - 2) * (x + 3)
    n = n + 1
  Loop
 Text1.Text = Str(n)
 Text2.Text = Str(x)
End Sub
```

程序运行后,单击命令按钮,在两个文本框中显示的值分别为(　　)。

5. 在窗体中添加两个文本框和一个命令按钮,然后在命令按钮的代码窗口中编写如下代码:

```
Private Sub Command1_Click()
  Text1.Text = "VB"
  Text2.Text = Text1.Text
  Text1.Text = "ABC"
End Sub
```

程序运行后,单击命令按钮后,两个文本框中显示的内容分别为(　　)和(　　)。

6. 在窗体中添加名称为 Command1 和名称为 Command2 的命令按钮测验文本框 Text1，然后编写如下代码：

```
Private Sub Command1_Click()
  Text1.Text = "AB"
End Sub
Private Sub Command2_Click()
  Text1.Text = "CD"
End Sub
```

首先单击 Command2 按钮，然后再单击 Command1 按钮，在文本框中显示(　　)。

7. 在窗体(Name 属性为 Form1)中添加两个文本框(其 Name 属性分别为 Text1 和 Text2)和一个命令按钮(Name 属性为 Command1)，然后编写如下事件过程：

```
Private Sub Command1_Click()
  a = Text1.Text + Text2.Text
  Print a
End Sub
Private Sub Form_Load()
   Text1.Text = " "
   Text2.Text = " "
End Sub
```

程序运行后，在 Text1 和 Text2 中分别输入 12 和 34，然后单击命令按钮，则输出结果为(　　)。

8. 在窗体上画一个名称为 Commandl 的命令按钮，然后编写如下程序：

```
Private Sub Commandl - Click()
  Static X As Integer
  Static Y As Integer
  CLs
  Y = 1
  Y = Y + 5
  X = 5 + X
  Print X,Y
End Sub
```

程序运行时，三次单击命令按钮 Commandl 后，窗体上显示的结果为(　　)。

9. 在窗体上画两个名称分别为 Textl、Texte2 的文本框和一个名称为 Commandl 的命令按钮，然后编写如下事件过程：

```
Private Sub Commandl - Click()
  Dim x As Integer,n As Integer
  x = 1
  n = 0
  Do While x<20
    x = x * 3
    n = n + 1
```

```
  Loop
Text1.Text = Str(x)
Text2.Text = Str(n)
End Sub
```

程序运行后,单击命令按钮,在两个文本框中显示的值分别是(　　)。

10. 在窗体上画一个名称为 Textl 的文本框和一个名称为 Commandl 的命令按钮,然后编写如下事件过程:

```
Private Sub Commandl - Click()
Dim i As Integer,n As Integer
For i = 0 To 50
  i = i + 3
  n = n + 1
  if i>10 Then Exit For
Next
Text1.Text = Str(n)
End Sub
```

程序运行后,单击命令按钮,在文本框中显示的值是(　　)。

11. 在窗体上画一个名称为 Textl 的文本框和一个名称为 Commandl 的命令按钮,然后编写如下事件过程:

```
Private Sub Commandl - Click()
Dim arrayl(10,10)As Integer
Dim i,j As Integer
For i = 1 TO 3
  For j = 2 TO 4
    arrayl(i,j) = i + j
  Next j
Next i
Textl.Text = arrayl(2,3) + arrayl(3,4)
End Sub
```

程序运行后,单击命令按钮,在文本框中显示的值是(　　)。

12. 在窗体中添加两个文本框(其 Name 属性分别为 Text1 和 Text2)和一个命令按钮(Name 属性为 Command1),然后编写如下两个事件过程:

```
Private Sub Command1_Click()
  a = UCase $ (Text1.Text) + Left $ (Text2.Text,2)
  Print a
End Sub
Private Sub Form_Load()
  Text1.Text = "aB"
  Text2.Text = "123456"
End Sub
```

程序运行后,单击命令按钮,输出结果为(　　)。

13.
```
Private Static Sub Command1_Click()
Dim x As Integer
Static s As Integer
x = Val(InputBox("请输入一个正整数 = "))
If x < 5 Then
  s = s * x
Else
  s = s + x
End If
Text1.Text = "s = " + Str(s)
End sub
```

程序运行时连续三次单击 Command1，且设输入的数是 5、2 和 4 时，分别写出文本框 text1. text 的值。

4.4　填空

1. 窗体中有两个命令按钮："显示"(控件名为 cmdDisplay)和"测试"(控件名为 cmdTest)。当单击"测试"按钮时，执行的事件的功能是当在窗体中出现消息框并选中其中的"确定"按钮时，隐藏"显示"按钮；否则退出。请填入适当的内容，将程序补充完整。

```
Private Sub (  [1]  )_Click()
  Answer = (  [2]  )("隐藏按钮",1)
  If Answer = vbOK Then
    cmddisplay.Visible = (  [3]  )
  Else
    End
  End If
End Sub
```

2. 在窗体中添加一个命令按钮 Command1、一个文本框 Text1 和一个标签 Label1，在命令按钮中编写程序。程序的功能是在文本框中输入一篇短文，统计短文中的单词的个数，在标签中显示，假定每个单词中不包含英文字母以外的其他符号。请将下列程序补充完整。

```
Private Sub Command1_Click()
  x = (  [1]  )
  n = Len(x)
  m = 0
  For i = 1 To  n
    y = UCase((  [2]  ))
    If y >= "A" And y <= "Z" Then
      If p = 0 Then  m = m + 1: p = 1
    Else
      p = 0
    End If
  Next i
  Label1.Caption = (  [3]  )
End Sub
```

3. 在窗体中添加一个名称为 Label1 的标签，两个名称为 Text1 和 Text2 的文本框以及名称为 Command1 的按钮。程序运行后，在两文本框中输入整数，当单击按钮时，标签 Label1 中显示运算结果。程序的功能是计算 1！＋2！＋…＋m！与 1！＋2！＋…＋n！之差。请将下列程序补充完整。

```
Private Sub Command1_Click()
    Dim a,b,c,d As Double
    Dim i,n,m As Integer
    n = Val(Text1.Text)：m = Val( [1] )
    a = 0：b = 1：c = 0：d = 1
    For i = 1 To m
      b = ( [2] )
      a = a + b
    Next i
    For i = 1 To n
      d = d * i
      c = c + d
    Next i
    Label1.( [3] ) = a - c
End Sub
```

4. 在窗体中添加一个名称为 Text1 的文本框，两个名称分别为 Command1 和 Command2 的命令按钮。要求程序运行后，用户向文本框中输入字母，单击 Command1 按钮则文本框中字母全部转换为大写；然后单击 Command2 按钮则文本框中字母全部转换为小写。请将下列程序补充完整。

```
Private Sub Text1_KeyUp(KeyCode As Integer,Shift As Integer)( [1] ) = Text1.Text
End Sub
Private Sub Command1_Click()
  Text1.Text = ( [2] )
End Sub
Private Sub Command2_( [3] )
   Text1.Text = LCase(Text1.Tag)
End Sub
```

5. 在窗体上画一个标签(名称为 Label1)和一个计时器(名称为 Timer1)，然后编写如下几个事件过程：

```
Private Sub Form_Load()
    Timer1.Enabled = False
    Timer1.Interval = ( [1] )
End Sub
Private Sub Form_Click()
    Timer1.Enabled = ( [2] )
End Sub
Private Sub Timer1_Timer()
    Label1.Caption = ( [3] )
```

```
End Sub
```

程序运行后,单击窗体,将在标签中显示当前时间,每隔 1 s 变换一次。将程序补充完整。

6. 本程序将利用文本框 txtInput 输入一行字符串,对其中的所有字母加密,加密结果在文本 txtCode 中显示。加密方法如下：将每个字母的序号移动 5 个位置,即“A”→“F”,“a”→“f”,“B”→“G”…"Y"→"D","Z"→"E"。程序段如下：

```
Dim strInput As String * 70          '输入字符串
Dim Code As String * 70              '加密结果
Dim strTemp As String * 1            '当前处理的字符
Dim i As Integer
Dim Length As Integer                '字符串长度
Dim iAsc As Integer                  '第 i 个字 Ascii 码
 (  [1]    )                         '取字符串
i = 1
Code = ""
Length = Len(RTrim(strInput))        '去掉字符串右边的空格,求真正的长度
Do While (i <= Length)
 (  [2]  )                           '取第 i 个字符
  If (strTemp >= "A" And strTemp <= "Z") Then
    iAsc = Asc(strTemp) + 5
    If iAsc > Asc("Z") Then iAsc = iAsc - 26
    Code = Left $ (Code,i - 1) + Chr $ (iAsc)
  ElseIf (strTemp >= "a" And strTemp <= "z") Then
    iAsc = Asc(strTemp) + 5
    If iAsc > Asc("z") Then iAsc = iAsc - 26
    Code = Left $ (Code,i - 1) + Chr $ (iAsc)
  Else
    Code = Left $ (Code,i - 1) + strTemp
  End If
  i = i + 1
Loop
 (  [3]  )                           '显示加密结果
End Sub
```

4.5　回答问题

1. 窗体中添加一个标签 Lb1Result 和一个命令按钮 Command1。程序如下：

```
Private Sub Command1_Click()
  Dim I,R As Integer
  For I = 1 To 5
    R = R + I
  Next
  Lb1Result.Caption = Str $ (R)
End Sub
```

问题 1：该程序的功能是什么?

问题 2：不加声明语句 Dim I,R As Integer 是否可以？

2. 窗体中添加一个文本框(其中 Name 属性为 Text1)，然后编写如下代码：

```
Private Sub Form_Load()
   Text1.Text = " "
       sum = 0
   Text1.SetFocus
   For i = 1 To 10
      Sum = Sum + I
        Next i
   Text1.Text = Sum
End Sub
```

问题 1：单击窗体，该程序能否运行，为什么？问题 2：如何改正，改正后输出结果是多少？

3. 在窗体中添加一个文本框和一命令按钮，然后编写如下代码：

```
Private Static Sub Command1_Click()
   Dim Searchstr As String
   If Text1.Text <> " " Then
      Searchstr = InputBox("Please input the string seach")
      Text1.Text = StringClear(Text1.Text, Searchstr)
   End If
End Sub
Function StringClear(sSource As String, sSearch As String) As String
   Dim j As Integer, res As String
   res = sSource
   Do While InStr(res, sSearch)
      j = InStr(res, sSearch)
      res = Left(res, j - 1) & Mid(res, j + 2)
   Loop
      StringClear = res
End Function
```

问题 1：该程序的功能是什么？

问题 2：函数中语句 StringClear=res 的功能是什么？

第 5 章

多媒体的应用

本章学习目的与基本要求

1. 正确理解多媒体控件的基本属性、事件、方法。
2. 学会利用多媒体控件制作一些简单的多媒体应用程序。

5.1　多媒体控件

Animation 控件用来播放无声的 AVI 视频及动画文件。该控件位于 Microsoft Windows Common Control－2 6.0 部件中。

5.1.1　属　性

Center——决定动画是否在控件的中央播放。
AutoPlay——决定在用 Open 方法打开文件时是否自动播放。

5.1.2　方　法

Open——打开文件。
Play—— 播放动画。
该方法的使用格式如下：
对象. Play [重复次数,起始帧,结束帧]
说明：
重复次数：省略,默认为－1,可连续重复播放；
起始帧：默认为 0,省略,从第一帧开始播放；
结束帧：默认为－1,省略,播放到最后一帧。
Stop——停止播放。
Close——关闭文件。

5.2　多媒体程序应用

5.2.1　制作一个多媒体播放程序

1. 添加 ActiveMovie 控件

首先,在工具箱上添加一个新控件 ActiveMovie,这是个能播放多媒体动画的控件。右击

工具箱,会弹出一个快捷菜单,如图 5.1(a)所示;单击部件,在屏幕正中会出现一个部件对话框,这里陈列着许多未在工具箱中列出的控件。需要添加一个 ActiveMovie 控件。单击滚动条,找到 Microsoft ActiveMovie Control,单击复选框选定,如图 5.1(b)所示。

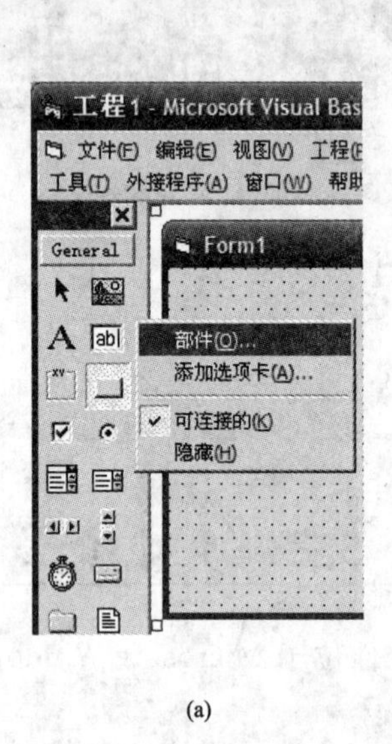

(a)

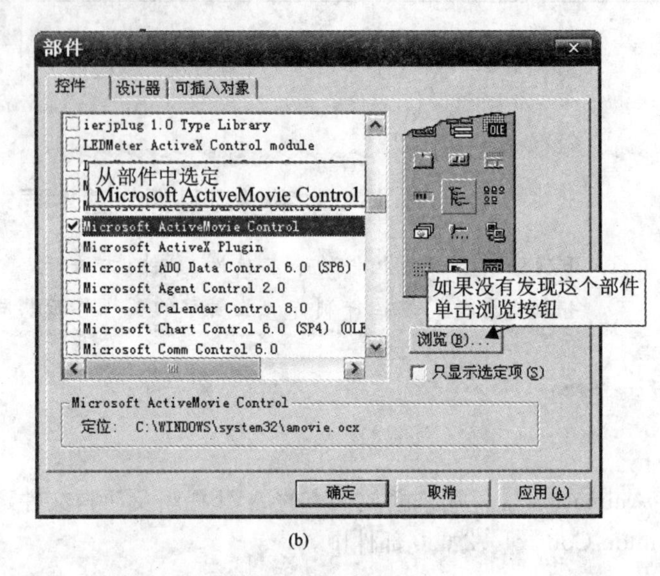

(b)

图 5.1　工具箱上添加新控件 ActiveMovie 示例

如果没有发现这个控件,那么单击浏览。选取 Amovie.ocx,单击“打开”(如图 5.2 所示),会出现部件对话框,找到 Microsoft ActiveMovie Control,单击“确定”,如图 5.1(b)所示。

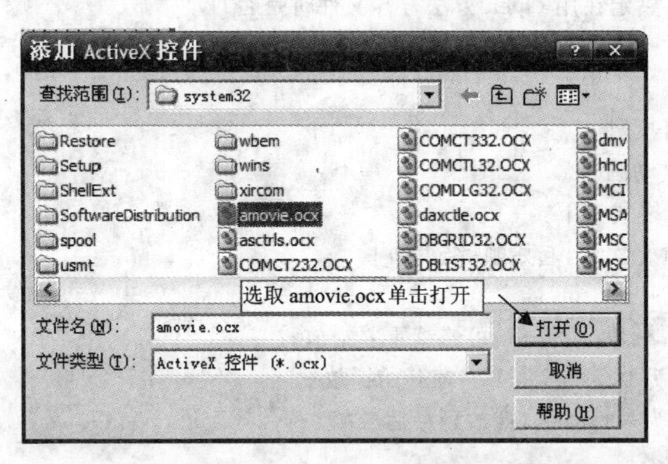

图 5.2　选取 Amovie.ocx

工具箱上会新增一个小图标,这代表着 ActiveMovie 控件已经添加,如图 5.3 所示。

2. 设置控件的属性

双击工具箱中的 ActiveMovie 控件图标,将 ActiveMovie 控件放到正中的 Forml 窗体(窗体编辑器)中,如图 5.4 所示。

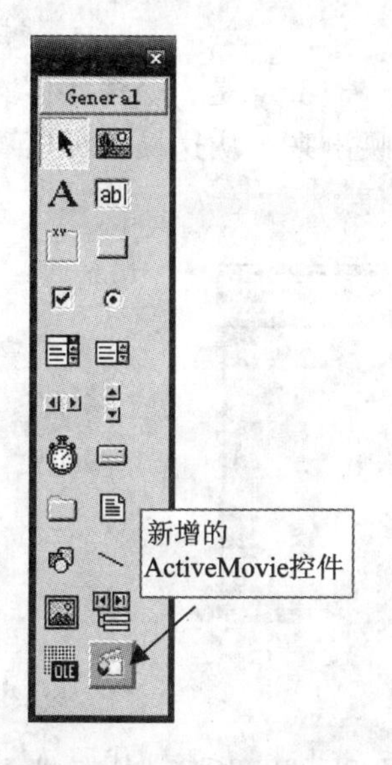

图 5.3　添加 ActiveMovie 控件后工具箱

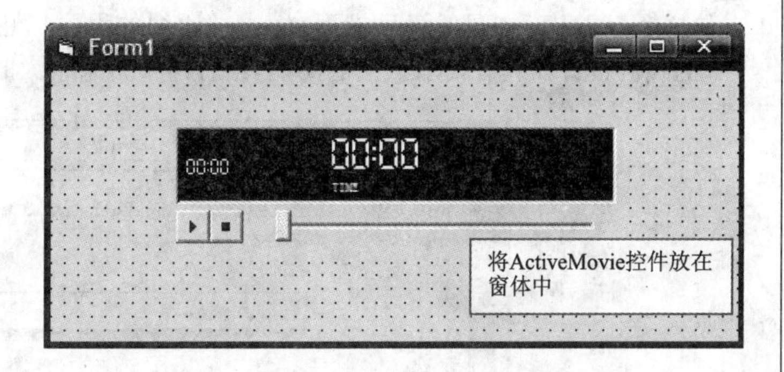

图 5.4　ActiveMovie 控件添加了窗体

在属性窗口里设置下列属性值：

- AutoStart 设置为 True；
- ShowControls 设置为 False；
- ShowDisplay 设置为 False；
- ShowTracker 设置为 False。

单击属性窗口上的下拉菜单，选取 Form，设置窗体 Forml 的属性。

- BorderStyle 设置为 0；
- BackColor 设置为黑色；
- ClipControls 设置为 False。

用鼠标将窗体上的 ActiveMovie 控件调整到与窗体同等大小（如图 5.5 所示），在窗体布局区用鼠标将 Forml 窗体调整至正中，如图 5.6 所示。

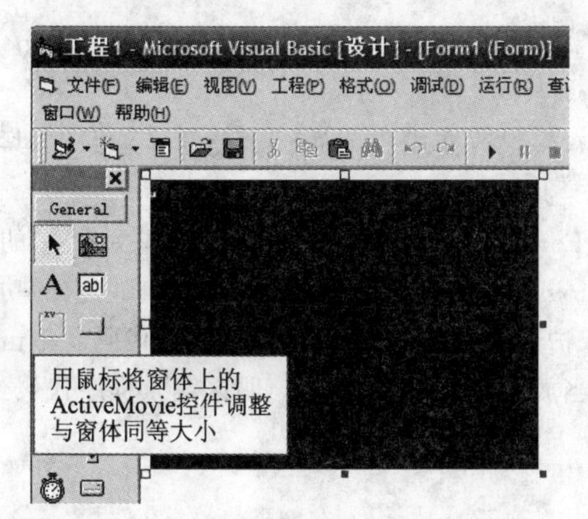

图 5.5　ActiveMovie 控件与窗体同等大小

图 5.6　Forml 窗体调整

3. 编写程序代码

打开代码编辑器,键入代码“ & "\3.mpg"”,如图 5.7 所示。3.mpg 是一个多媒体文件。它与这个 VB 程序在同一级目录下,将通过所编的程序把它放映出来。从这操作可以看出,VB 的代码设计器具有提示语法的功能,给程序员带来很大的方便。

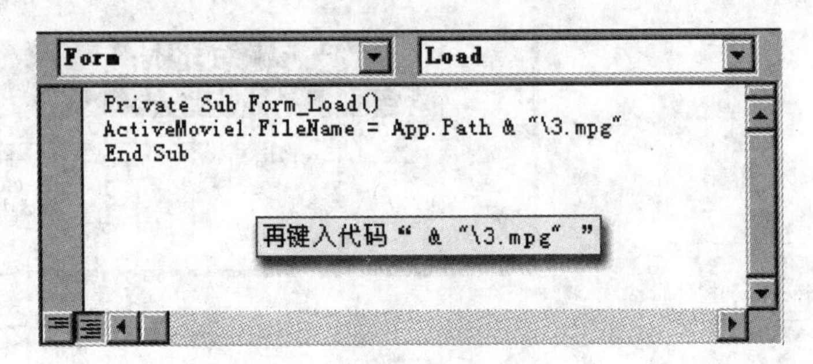

图 5.7 键入代码打开多媒体文件

在对象选择框选取 ActiveMovie1,在事件选择框选取 PositionChange,添加代码 MsgBox("谢谢观赏!"),如图 5.8 所示。至此程序编写完毕。

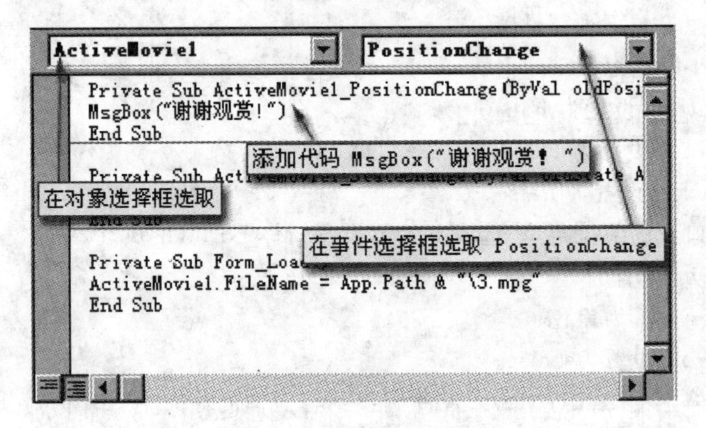

图 5.8 键入代码

5.2.2 制作一个屏保程序

上例中的多媒体程序还可以进一步开发,例如,将它改变成一个你所喜爱的屏幕保护,其制作的过程也非常简单。

首先要使这个屏保程序的窗体是全屏的。将 Form1 的 WindowState 属性设置为 2,它的功能是在程序运行时,使窗体为全屏。将 ActiveMovie1 的 AutoSize 属性设置为 True,它的功能是在程序运行时,使窗体为最大。为使在屏幕保护运行中鼠标不可见,需要改动代码。单击查看代码按钮。关闭工具箱并将代码设计窗口适当放大,以便在通用_声明区输入程序代码,如图 5.9 所示。

(1) 在通用_声明区键入以下代码:

```
Private Declare Function SetCursorPos Lib "user32" (ByVal X As Long,ByVal Y As Long) As Long
Option Explicit
```

(通用)　(声明)

```
Private Declare Function SetCursorPos Lib "user32" (ByVal X As Long, ByVal Y As Long) As Long
Option Explicit
```

在通用＿声明区键入以下代码

图 5.9　在通用_声明区键入代码

(2) 在 Form_Load 中键入代码(如图 5.10 所示)：

```
Dim ret
On Error Resume Next
ActiveMovie1.FileName = App.Path & "\3.mpg"
ret = SetCursorPos(2000,2000)
If App.PrevInstance = True Then
    Unload Me
    Exit Sub
End If
ActiveMovie1.Left = Screen.Width / 2 - ActiveMovie1.Width / 2
ActiveMovie1.Top = Screen.Height / 2 - ActiveMovie1.Height / 2
```

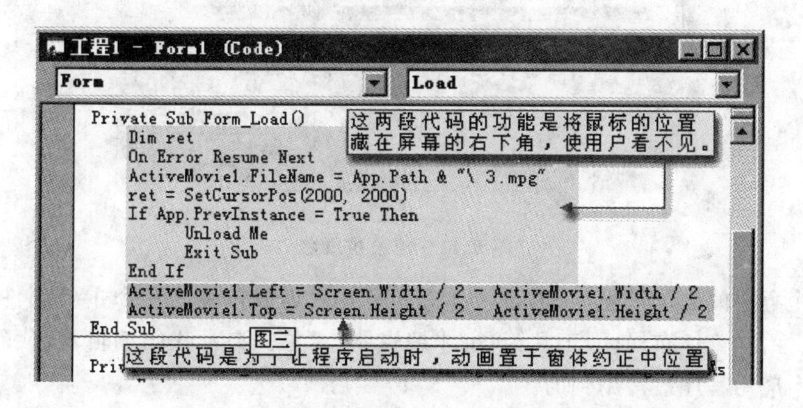

图 5.10　键入隐藏鼠标代码

(3) 防止屏幕保护程序重复执行，首先将 Form1 的 KeyPreview 属性设为 True，然后通过按任意键、单击鼠标或移动鼠标等方法退出屏幕保护程序。

按任意键后程序退出，在 Form_KeyDown 中添加 end 代码。

单击鼠标后程序退出，在 Form_MouseDown 中添加 end 代码。

移动鼠标后程序退出，在 Form_MouseMove 中添加如下代码：

```
Static s_xx,s_yy As Single
Dim m_ax,m_ay As Single
m_ax = X
m_ay = Y
If s_xx = 0 And s_yy = 0 Then
    s_xx = m_ax
    s_yy = m_ay
    Exit Sub
```

```
  End If
If Abs(m_ax - s_xx)>1 Or Abs(m_ay - s_yy)>5 Then
    End
End If
```

为使这段动画能够循环播放，在 ActiveMovie1_PositionChange 中改变一下代码，将下面两行用“'”注释掉，即

```
'MsgBox ("谢谢观赏!")
'End ActiveMovie1.FileName = App.Path & "\3.mpg"
```

下面将这段代码进行编译。注意，为使编译出的文件成为屏幕保护程序，要在“工程 1”后加上扩展名“.scr”，如图 5.11 所示。

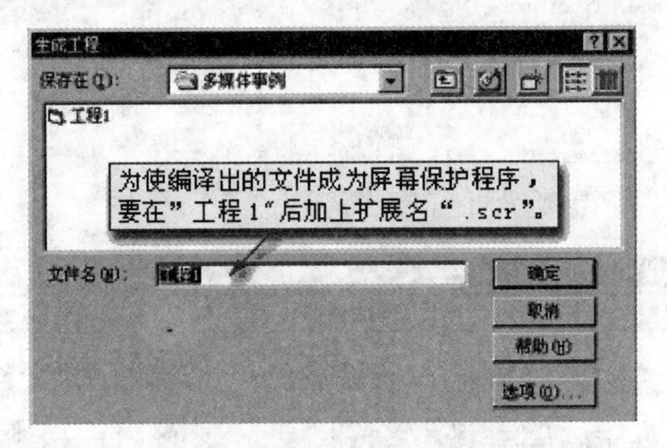

图 5.11　修改扩展名

通过两个程序的制作过程，要求必须熟悉 VB 开发集成环境的六个主要部件——工程资源管理器、属性框、窗体布局区、工具箱、窗体编辑器(对象窗口)、代码编辑器(代码窗口)。它们是开发一个应用程序最常用到的。

回顾一下编程序的过程：

首先，程序的外观是在窗体编辑器中设计的；而程序中所用到的各种控件，一般都是通过其左面的工具箱来设计的。对于控件和窗体，可以在界面设计时从右方的属性框中修改它们的样式。对于程序的位置，可以通过窗体布局区来进行方便预览及设置。

另外，如果一个程序中含有多个窗体或模块，则可以通过右上角的“工程资源管理器”来对它们进行切换。编程序必定编写代码，所以要清楚，VB 程序代码都是在代码编辑窗口中来完成的。可以说，这六个部件相互联系，贯穿于整个 VB 程序的开发设计。对于初学者，心中一定要对此有明确的概念。

此外，还要补充一点：如果某个部件被关闭，可以通过视图菜单来将它打开。

5.3　多媒体程序回顾

下面用以前做过的多媒体程序来作为例子，谈一谈窗口属性的用法，如图 5.12 所示。它没有最大化、最小化、还原、关闭按钮和工具栏，这时 BorderStyle 属性应为 0。

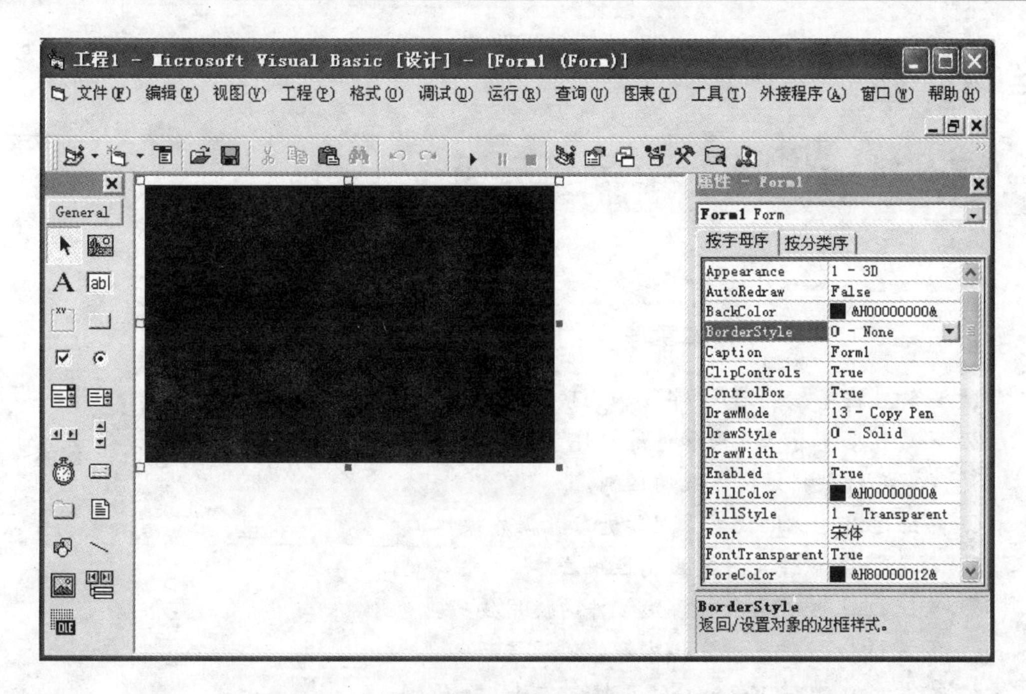

图 5.12　多媒体程序

再来看一下窗体的颜色，它的背景为黑色。可以在 BackColor 属性中进行设置。如果在设置 BackColor 时，调色板中没有所期望的颜色，则可以通过“视图|调色板”进行选择。由于这个程序在运行时为原形状态，它的 WindowState 属性当然应为 0 - Normal，不过这是默认值，无须改动。但如果要将此程序设为屏保，则窗体的 WindowState 就要做改动了。就是说，做屏保时，它的值为 2 - MaxMized 了，因为屏保都是全屏的。

由于程序启动，窗体的默认位置一般为屏幕的左上角，而一般希望程序的窗体出现在屏幕的正中位置，所以还应讨论一下此程序的 Left 和 Top 属性。

Top 和 Left 属性可以改变程序运行时窗体在屏幕中的位置，既可以设置相应的数值，也可以通过窗体布局区来改变窗体的位置。

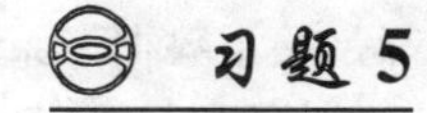

习题 5

1. 如何在工具箱上添加播放多媒体动画的控件 ActiveMovie?
2. 如何用 ActiveMovie 创建媒体文件浏览器?
3. 如何利用 ActiveMovie 控件本身获取所选定文件的播放时间或总的帧数?

第 6 章 数据库技术

本章学习的目的与基本要求

1. 理解数据库、表、记录、字段和关系等基本概念。
2. 区别数据库存储管理和通过文件来存储管理的不同。
3. 了解几种数据访问方式的区别。
4. 熟练运用可视化数据管理器进行数据库操作。
5. 掌握 Data 控件几种常用属性用法。
6. 掌握 Data 控件与数据绑定控件的使用技巧。
7. 掌握 Data 控件几种常用方法的使用技巧。
8. 掌握 Data 控件 RecordSet 属性和方法。
9. 掌握 Data 控件几种常用事件的用法。
10. 理解 ADO 控件使用和 Data 控件使用区别。
11. 加深报表制作的操作技巧。

6.1 正确理解与数据库相关的基本概念

数据库 DataBase 是以一定的组织方式，将相关的数据组织在一起，存放在计算机的存储器中，能为多个用户共享，并与应用程序彼此独立的一组相关数据的集合。按数据的组织方式不同，数据库可以分三种类型，即网状数据库、层次数据库和关系数据库。无论是 Access、FoxPro 和 dBase 数据库，还是开放数据库互联（ODBC）产品，虽然它们各有其特点，但是它们都是关系数据库系统。

数据库技术是计算机应用技术中的一个重要组成部分。当需要处理的数据量较大时，数据共享和数据安全的要求越来越高时，使用数据库来存储管理将比通过文件来存储管理效率更高。数据库数据组织方式有其固定的逻辑结构，不像文件的组织由生成文件的程序决定，其他人要使用该文件必须知道它的格式、数据的类型、合法的值的范围等。

下面给出关系数据库的基本结构以及一些数据库的基本术语。

1）表　表用于存储数据，以行/列方式组织。表是关系数据库的基本元素，是数据库中最重要最基本的概念。

数据库由表组成，一个数据库中可以有一到多个表。在很多数据库系统中，一个表就是一个数据库文件；而有些数据库系统中一个数据库就是存储在一个文件中的多个表。因此，在使用数据库进行存取数据时，一定要区分数据库名和表名。下面是一个学生学籍表，如表 6.1 所列。

表 6.1　学生学籍表

学　号	姓　名	性　别	出生日期	专　业	入学成绩
2002410202	李春泽	男	1988-08-07	计算机应用	585
2002410002	刘金香	女	1981-03-22	计算机应用	534
2003411019	李玉山	男	1983-10-04	电子信息	501

从表 6.1 可以看出，表是一个二维结构，行和列的顺序并不影响表的内容，任何行和列的交叉点都有唯一的值。

2）记录　记录指表中的一行。在表 6.1 中，每个学生所占据的一行是一条记录，描述了一个学生的情况。在一个表中一般不允许有重复的记录，即每个记录都是唯一的。

3）字段　字段是表中的一列。字段和列所指的内容是相同的。表中的每个字段都有一定的数据类型和变化范围，具体情况要视具体的数据库管理系统而定。每个表所能容纳的字段的数量，在不同的数据库管理系统中也是不同的。

4）数据项　数据项是某行记录中某列字段的一个值，即行和列的交叉点处的值。

5）关系　关系是建立在两个表之间的链接。有三种关系，即一对一关系、一对多关系和多对多关系。以表的形式表现其间的链接使数据的处理和表达有更大的灵活性。

6）索引　索引是建立在表上的单独的物理数据库结构，基于索引的查询将使数据的获取更为快捷。

索引关键字是表中的一个或多个字段，索引可以是唯一的，也可以是不唯一的，主要是看这些字段是否允许重复。主索引是表中的一列或多列的组合，作为表中记录的唯一标识。外部索引是相关联的表的一列或多列的组合，通过这种方式来建立多个表之间的联系。

7）视图　视图是一个与真实表相同的虚拟表，用于限制用户可以看到和修改的数据量，从而简化数据的表达。

6.2　几种数据访问方式的区别

Visual Basic 的数据库访问包括本地数据库（Microsoft Access 类型）、外部数据库（包括 Btricve、dBaseⅢ、dBaseⅣ、Microsoft FoxPro 和 Paradox 等格式的数据库以及 Lotus 1-2-3 或 Microsoft Excel 电子表格等文本文件数据库）和符合 ODBC 标准的客户/服务器数据库（如 SQL Server 和 Oracle 等数据库管理系统）。

Visual Basic 可以用多种方法来打开数据库并对其进行相关的操作。具体来说，主要提供了以下几种数据访问的方式：

1）数据控件 Data Control 和数据绑定　数据控件可以简单方便地打开数据库，建立与数据库的连接，而且还可以对记录进行访问。数据绑定则是提供了显示、编辑和更新记录的支持。使用数据控件和数据绑定控件可以不用代码轻而易举的编制数据库应用程序，同时可使用代码进行控制，具有简单和灵活的特点，是 Visual Basic 数据库编程的一个重要方法。

2）数据访问对象（DAO）　DAO 对象，完整的地表示了关系数据库的模型，在其内部封装了许多对象，使得用户可以使用编程语言对本地或远程数据库进行打开、修改、查询、删除及其他一些操作。对不同格式的数据库，可以用相同的对象和代码进行操作。DAO 支持两种工作空间,即 Microsoft Jet 空间和 ODBC Direct 空间。

3) 远程数据对象(RDO)　RDO 是处理远程数据库的一些专门需要的对象集合。使用 RDO 可以不用本地的查询处理机就能访问 ODBC 数据源。这就使得应用程序的性能大大提高。

4) ActiveX 数据对象(ADO)　ADO 是 Visual Basic6.0 中新增加的对象,是一个更简单的对象模型。它更好的集成了其他数据访问技术,而且对本地和远程数据库均有共同的界面,可以取代 DAO 和 RDO。ADO 更易于使用,并且可以访问关系数据库和非关系数据库。

6.3　可视化数据管理器的使用

可视化数据管理器能够实现数据库文件的建立和打开,数据表的生成、数据录入、修改等编辑操作。利用可视化数据管理器可以透视一个数据库,从而彻底了解这个数据库到底包括多少表,多少字段和多少索引,而且能够进行安全性管理和执行 SQL 语句。

6.3.1　运用可视化数据管理器建立数据库

1. 启动可视化数据管理器

单击“外接程序”|“可视化数据管理器”命令,打开“可视化数据管理器”窗口,如图 6.1 所示。

图 6.1　可视化数据管理器

2. 利用可视化数据管理器建立数据库及数据表

(1) 建立数据库

在“可视化数据管理器”窗口中,单击“文件”|“新建”|Micorosoft Access|Version 7.0 MDB(7)命令,弹出标准的“保存文件”对话框,输入数据库文件名称 Student,单击“保存”命令按钮保存 Student.mdb 文件,如图 6.2 所示。

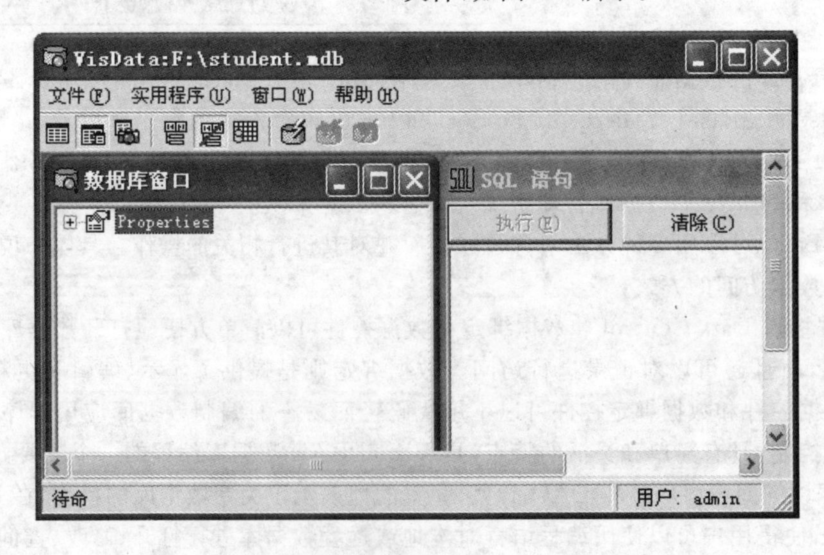

图 6.2　新建数据库 Student.mdb 窗口

(2) 建立数据表

在“数据库窗口”中右击，弹出快捷菜单中选择“新建表”命令，打开“表结构”对话框。在对话框中按提示进行表名的建立、添加字段和字段属性的设置(包括对字段各项的长度要求，字段的数据类型、字段的验证文本和验证规则等)、添加索引等，如图 6.3 所示。最后单击“生成表”命令按钮，完成数据表的建立。

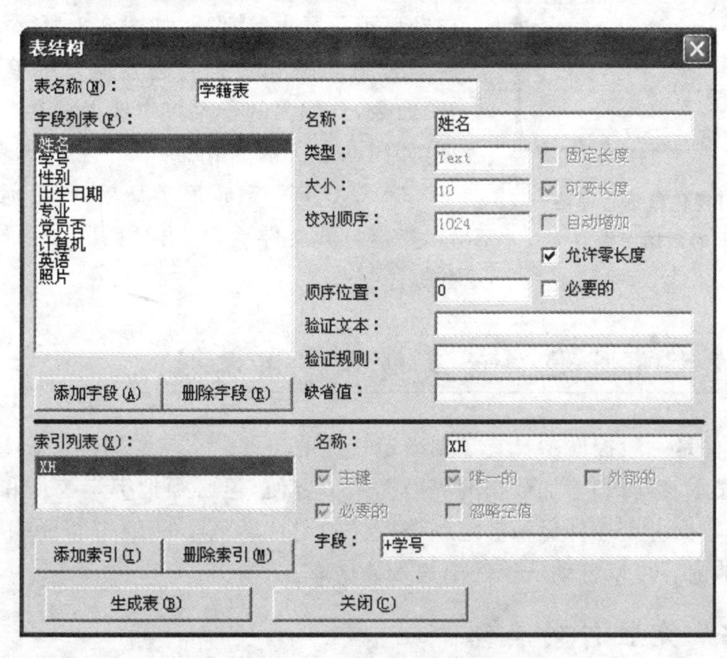

图 6.3　“表结构”对话框

(3) 数据表的编辑

在“数据库窗口”中，双击数据表，或者右击数据表，在弹出快捷菜单中选择“打开”命令，打开“数据表编辑”窗口，单击“添加”命令按钮，按字段提示输入对应的值；然后单击“更新”命令按钮，完成一条记录的录入，如图 6.4 所示。

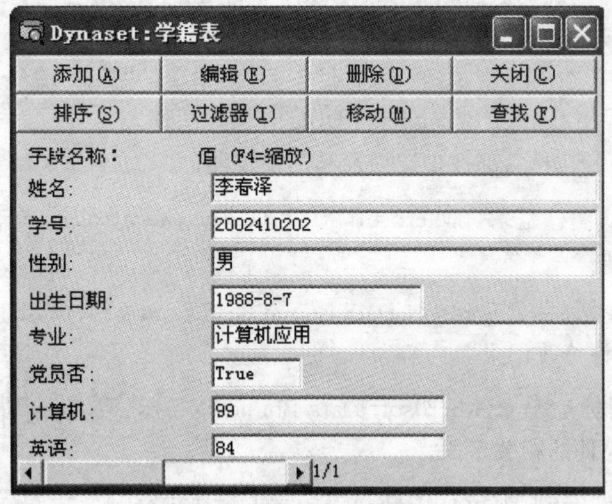

图 6.4　“数据表编辑”窗口

6.3.2 运用可视化数据管理器打开数据库

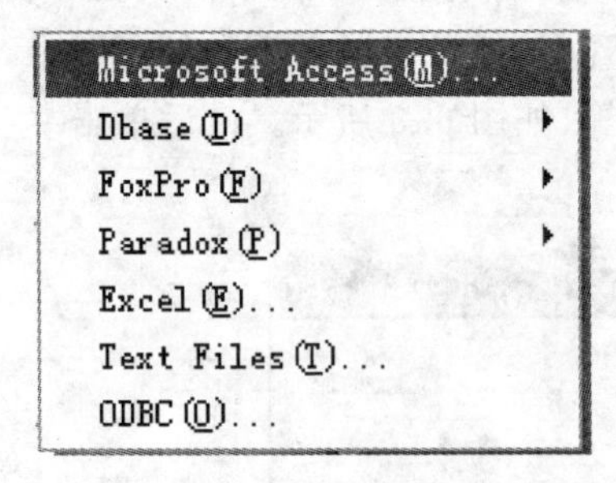

图 6.5 可视化数据管理器能够打开的数据库类型

如果要使用可视化数据管理器透视一个数据库，首先必须打开数据库。打开数据库的步骤如下：

1）单击“外接程序”|“可视化数据管理器”命令，启动可视化数据管理器，如图 6.1 所示。

2）在可视化数据管理器窗口中单击“文件”|“打开”命令，从弹出的子菜单中选择将要打开的数据库类型，如图 6.5 所示。

3）确定打开数据库类型后，弹出标准打开文件窗口，指定打开文件后，单击“打开”命令按钮，完成打开数据库操作。

6.4 数据绑定控件的类型和常用属性

数据绑定控件是一般控件中具有数据绑定特性的控件。它与数据控件、ADO 控件等相结合，为创建用于显示、编辑和增加数据的界面提供了方便，但必须把绑定控件和数据控件等放在同一窗体上。数据绑定控件显示绑定到该控件的记录集字段的值，并接受编辑和添加，当记录移动时，改变的内容可以自动从控件中写入数据库。

6.4.1 数据绑定控件的类型

Visual Basic 提供了众多的数据绑定控件，在 Visual Basic6.0 中又新增了许多针对 OLE DB数据源的数据绑定控件。可以简单地将其分为以下三类：

1. 内部绑定控件

这类控件指的是工具箱中具有绑定特性的控件，一共有 7 个，它们分别是：PictureBox、CheckBox、LableBox、TextBox、ComboBox、ListBox 和 ImageBox。

2. 原有的外部绑定控件

这类控件缺省并不在工具箱中，需要通过“工程”菜单下的“部件”命令来添加，如图 6.6 所示的在工具箱中添加 DBGrid、DBCombo 和 DBList 控件图标。

以下列出各控件名、图标、部件中选项及其简要说明。

- RichTextBox，图标是 (Microsoft Rich Textbox Control 6.0(SP4))，用于格式文本的输入和处理。
- DBGrid，图标是 (Microsoft Data Bound Grid Control 5.0(SP3))，显示记录集中多行记录，且允许修改记录。
- DBCombo，图标是 (Microsoft Data Bound Control 6.0)，自动显示数据库数据，并可更新其他控件的相关字段。
- DBList，图标是 (Microsoft Data Bound Control 6.0)，自动显示数据，并可更新其他控件的相关字段。

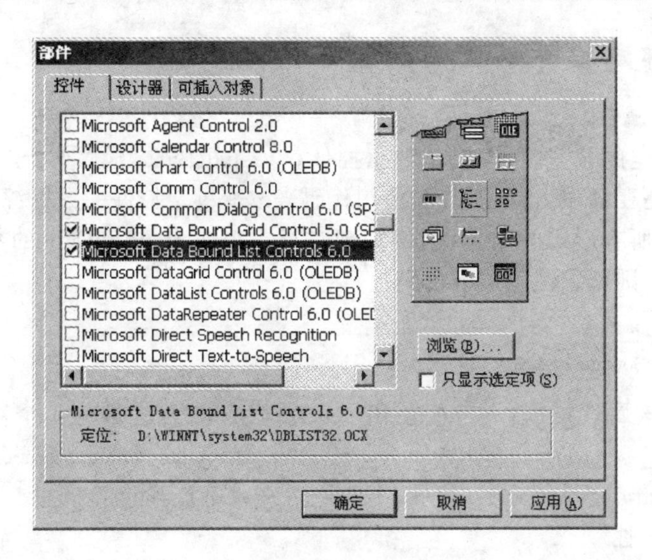

图 6.6　添加控件图标部件对话框

- MSChar,图标是 (Microsoft Chart Control 6.0(OLEDB)),图形显示数据。
- MSFlexGrid,图标是 (Microsoft FlexGrid Control 6.0),显示记录集中的多行记录,不允许修改。
- MaskEdBox,图标是 ##|(Microsoft Masked Edit Control 6.0),提供受限制的数据输入和格式化输出。

这类控件中 DBGrid、DBCombo、DBList 和 MSFlexGrid 控件是为原有数据控件设计的,其他的控件必须使用 ADO 数据控件进行绑定。

3. 新增的外部绑定控件

Visual Basic 6.0 增添了绑定 OLE DB 数据源的控件。它们也是外部控件,需要通过“工程”菜单下的“部件”命令来添加到工具箱中。主要控件的控件名、图标、部件中选项和简单说明如下:

- DataCombo,图标是 (Microsoft Datalist Control 6.0 (OLEDB)),从给定数据源获取数据并显示,可有选择地更新另一数据源相关表的字段。
- Datalist,图标是 (Microsoft Datalist Control 6.0 (OLEDB)),功能与 DBList 相同。
- DataGrid,图标是 (Microsoft DataGrid Control 6.0 (OLEDB)),显示数据集中的数据,并允许修改。
- DataRepeater,图标是 (Microsoft DataRepeater Control 6.0 (OLEDB)),允许同时显示几个数据绑定用户控件的数据。
- MSHFlexGrid,图标是 (Microsoft Hierarchical FlexGrid Control 6.0(SP4)(OLEDB)),显示表格式数据,可以进行排序、合并等操作,但不能修改。

这类控件适用于 OLE DB 数据源,用于 ADO 数据控件进行绑定。对原有的数据控件和 RDO 控件,则不能与这些数据绑定控件绑定。

6.4.2 数据绑定控件的常用属性

1. DataSource 属性

该属性指明绑定的数据源，一般是数据控件。Visual Basic 6.0 支持对控件的动态绑定。所谓动态绑定，就是在程序运行的期间，使用代码来改变绑定控件的数据源。动态绑定允许在运行期间绑定几乎所有形式的数据源，例如现在有一个名为 ADODC1 的数据控件，对 Textl 控件进行动态绑定，则可以使用如下代码：

```
Textl.DataField = "Name"
Set  Textl.DataSource = ADODC1
```

必须注意，对该属性赋值，一定要使用 set 关键字，因为这是将一个对象的引用赋给该属性。

对于原有的 Data 控件和 RDO 控件，不能使用这种动态绑定的方法。

2. DataField 属性

该属性指明绑定控件显示的字段。

3. DataFormat 属性

设置该属性后，当绑定控件从数据库获得数据后，会自动使用该属性设置的 Format 对象对数据进行格式化。该属性对于数据的存储不产生影响，但却可以自定义显示格式，使显示更具有灵活性。

4. DataMember 属性

该属性是允许指定数据源中的特定记录集。原有的 Data 控件、RDO 控件以及 ADO 数据控件，均只能有一个记录集，因此若控件与这些数据源绑定，则该属性是不可用的。但对于新增的 Data Enviroment，它可以包含若干个 Command 对象。Command 对象可以返回一个 DataMember，因此，对于绑定 Data Enviroment 数据源的控件，则可以使用该属性选择不同的记录集。

5. DataChange 属性

该属性值表明该绑定控件的内容是否发生变化。如果值为 True，则绑定控件中的数据已发生改变。当记录发生变化时，可以使用该属性来确定发生变化的控件。

如果是使用 ADO 数据控件，在 WillChangeField 事件中检查 Fields 参数，也可以达到相同的目的。

6.5 Data 控件和 ADO 控件的区别

数据控件 Data 和 ADO 控件都可以建立与数据库的连接，打开数据库中特定的表；也可使用 SQL 查询或存储过程和视图产生记录集，对记录进行访问等操作。与数据绑定控件结合使用则能够提供显示、编辑和更新记录等支持。对于一般的应用，可以使用 ADO 数据控件或原有的数据控件；但是，对于 OLE DB 数据库，则应当使用 ADO 数据控件。

6.5.1 引用和图标的区别

1) Data 控件缺省在工具箱中，图标是 ，当置于窗体中时，其图形

是 [|◀ ◀ Data1 ▶ ▶|]。

2) ADO 数据控件是外部控件,缺省时不在工具箱中。要添加此部件,选择“工程”菜单下的“部件”命令,在弹出的“部件”对话框中,选择 Microsoft ADO Data Control 6.0(OLEDB) 项,单击“确定”按钮,则 ADO 数据控件出现在工具箱中。

ADO 数据控件的图标是 ，当置于窗体中时,其图形是 [|◀ ◀ Adodc1 ▶ ▶|]。

6.5.2 几种常用属性的区别

Data 控件和 ADO 数据控件的几个重要属性(如表 6.2 所列)有的是只读的,有的是可读/可写的;某些属性必须在设计时就在窗口中指定,而某些属性则可以在程序运行中动态的设置。

表 6.2　Data 控件和 ADO 数据控件的重要属性

Data 数据控件的几个重要属性		ADO 数据控件的几个重要属性	
属　性	描　述	属　性	描　述
Connect	设定数据库类型和链接字符串	ConnectionString	建立与数据库的链接
DatabaseName	设定打开的数据库名,包含要打开的数据库路径		
RecordSource	指定数据源,来自指定数据库中的有效表或有效的查询	RecordSource	指定数据源,来自数据库中一个指定的表;也可以是一个 SQL 查询、存储过程或视图
Excusive	设定是单用户(独占)方式还是多用户方式数据库。缺省为 False(表示多用户方式)	UserName 和 Password	用于对有密码保护的数据库的访问
ReadOnly	设定是否以只读方式打开数据库,缺省为 False(表示读/写方式)	CursorLocation	用于指定游标的位置
Options	限制对 RecordSet 记录集进行的操作,达到对建立的记录集进行控制的作用,可以设置为一个或多个常数值	CursorType	指明记录集的游标类型。动态型、静态型、仅向前型和键型等
RecordsetType	确定 Data 控件存放记录的类型		
EditMode	返回当前记录的编辑状态		
BOFAction	返回或设置指在记录集头时 Data 控件的动作		
EOFAction	返回或设置指在记录集尾时 Data 控件的动作		

说明:

1) Connect 属性缺省是 Microsoft Jet 数据库,因此对于 Access 数据库的 MDB 文件不需要设置该属性。

2) DatabaseName 属性中可以指定本地数据库名(F:\student.mdb),也可以指定远程网

络服务器共享数据库名(\\jszx\ljy\ student.mdb)，也可以把网络的共享目录映射为本机的一个虚拟逻辑盘，然后像访问本地数据库一样设置 DatabaseName 属性。

3) RecordSource 属性值可以是数据库中的单个表名，或是一个存储查询，也可以是使用 SQL 查询语言的一个查询字符串。例如，指定 student.mdb 数据库中的学籍表，则 RecordSource="学籍表"。

4) RecordsetType 属性缺省状态下的值为 Dynaset。

动态集类型 Dynaset、快照型 SnapShot 或表型 Table 记录集区别如下：

Dynaset 动态集类型的记录集，可以从一个表或多个表中提取符合条件的记录。该类型的记录集允许对记录进行修改和删除，并且编辑操作的结果会影响数据库的内容。动态集类型的记录集在三种类型中的访问速度是比较慢的，但是其功能最强，使用最灵活。

Table 表类型的记录集，可以将其中的内容直接链接到数据库的记录，任何访问数据都是直接进行的。如果 Data 控件的 RecordSource 属性是一个 SQL 查询的话，不能将记录集类型设置为表类型。该类型处理速度快，但是内存开销较大。

SnapShot 快照型记录集就是在特定时刻对记录集中的即时拷贝。快照型记录集同动态集类型很相似，最大的不同是快照型记录集是不允许修改的。快照型的记录集的记录移动的速度是比较快的，内存开销较少，因此利用它将提高查询工作的效率。

具体采用哪种记录集，取决于需要完成的任务。例如，如果只是需要浏览数据库的内容，完全不必使用表或动态集类型，快照集类型是最好的选择，既防止对记录的更改，又可以提高访问的速度；如果想将多个表中的若干字段形成一个新记录集，并且想做修改，则动态集类型是理想的选择。

5) Exclusive 属性设置独占方式打开数据库时，数据库的存取要快一些。通过 ODBC 访问数据库时，该属性将被忽略。

6) ReadOnly 属性设置为 True(只读)方式访问数据库时速度会快一些。ReadOnly 属性不同于 Options 中的只读设置，前者作用于整个数据库，而后者只是作用于由 DataSource 产生的记录集。

7) EditMode 属性定义了三种编辑状态，分别有对应的常数。

- dbEditNone——表示该当前记录没有编辑操作。
- dbEditInProgress——表示正在使用编辑操作，当前记录在拷贝缓冲区中。
- dbEditAdd——表示使用了添加新记录的方法，拷贝缓冲区中的记录是一个新记录，且没有存储到数据库中。

8) ConnectionString 属性用于建立链接，可以使用数据链接文件 UDL、ODBC 数据库名或链接字符串方式。与 ConnectionString 属性相联系的是 Connection TimeOut 属性。该属性用来设置建立链接时的最大等待时间，如果超过这个时间链接仍然没有建立成功，则返回一个错误。

9) RecordSource 属性指明了数据源，可以是数据库中一个指定的表，也可以是一个 SQL 查询、存储过程或视图。该属性可以在设计时设定，也可以在程序运行时设置。在设计时设置，单击属性框中该属性，在单元格中输入表名或 SQL 查询语句；或单击省略按钮，在 RecordSource 属性设置对话框"命令类型"列表框中，可以选择使用表 adCmdTable、存储过程 adCmdStoredProc 或未知 adCmdUnknow 等方式。

10）UserName 和 Password 两个属性用于对有密码保护的数据库的访问。如果使用链接字符串,可以在链接字符串中指明这两个属性的值。如果既使用链接字符串又设置了这两个属性,则这两个属性将被链接字符串重写。

11）CursorLocation 和 CursorType 属性。CursorLocation 属性用于指定游标的位置。它有两个参数,adUseClient 和 adUseServer,前者指定游标在客户端,后者则表明在服务器端。

CursorType 属性指明记录集的游标类型。有动态型、静态型、仅向前型和键型等游标类型,对应的参数为 adOpenDymmic、adOpenStatic、adOpenForwardOnly 和 adOpenKeyset。动态型游标允许用户看到其他用户对记录的增加、修改和删除;静态型游标是记录集的拷贝,用户看不到其他用户对记录集的改变操作;仅向前型游标等同与静态型游标,只不过只能在记录集中向前移动;键型游标同动态型相似,只不过它防止用户看到其他用户添加的记录,也不允许对其他用户删除的记录进行访问。

6.5.3　几种常用方法的区别

Data 控件本身具有 Refresh、UpdateControls 和 UpdateRecord 等常用的方法,可以在代码中用数据控件的方法访问数据控件的属性。在 ADO 数据控件的方法中不再支持 UpdateRecord和 UpdateControls 方法。

Data 控件和 ADO 数据控件的 RecordSet(记录集对象)属性拥有更为丰富的方法,对使用代码对记录进行操作提供了强有力的支持,对控件编程是必不可少的。下面列举 Data 控件的常用方法,如表 6.3 所列。

表 6.3　数据控件(Data 控件)的常用方法

方　法	描　述
Refresh	把数据控件及其绑定控件共同进行的数据更新以及数据结构的更新
UpdateControls	将 Data 控件记录集中的当前记录填充到某个数据绑定控件
UpdateRecord	把当前的内容保存到数据库中,但不触发 Validate 事件
RecordSet. MoveFirst	指向记录集中首记录
RecordSet. MoveNext	指向记录集中当前记录的下一个记录
RecordSet. MovePrevious	指向记录集中当前记录的上一个记录
RecordSet. MoveLast	指向记录集中的尾记录
RecordSet. FindFirst	自首记录开始向下查询匹配的第一个记录
RecordSet. FindLast	自尾记录开始向上查询匹配的第一个记录
RecordSet. FindNext	自当前记录开始向下查询匹配的第一个记录
RecordSet. FindPrevious	自当前记录开始向上查询匹配的第一个记录
RecordSet. Seek	对表类型的记录集中的记录查找与指定索引规则相符的第一条记录,查找速度快
RecordSet. AddNew	拷贝缓冲区添加新的记录
RecordSet. Edit	拷贝缓冲区编辑修改记录
RecordSet. Delete	删除一个记录
RecordSet. Update	更新记录集记录
RecordSet. Refresh	重读数据库,刷新记录集

说明：

1. Refresh 方法

Refresh 方法的作用是当数据控件的属性发生变化时，通过调用 Refresh 方法可以把此数据控件及其绑定控件共同进行的数据更新。在 Data 控件打开或重新打开数据库的内容时，Refresh 方法可以更新 Data 控件的数据结构。

如果是在程序运行时设置 Data 控件的某些属性，如 Connect、RecordSource、Readonly 及 Exclusive 等属性，则必须在设置完属性后再使用 Refresh 方法才能使设置生效。

例如，希望在运行时设置 Data 控件的 DatabaseName 属性，则可以使用以下代码：

```
data1.DatabaseName = "c：\jszx\djks.mdb"
datal.Refresh
```

该代码中 Refresh 方法的作用即是打开数据库。

对于不同属性的设置，Refresh 方法的实际作用并不相同。如设置 Readonly 或 Exclusive 属性后使用 Refresh 方法，则将重新打开数据库；而设置 RecordSource 属性后的 Refresh 方法，则只是打开一个记录集。

2. UpdateControls 方法

UpdateControls 方法将 Data 控件记录集中的当前记录填充到某个数据绑定控件。如果用户在数据绑定控件中对记录进行了更改，使用此方法将使数据绑定控件的内容恢复为修改前的值，这对于防止用户的非法修改非常有用。

例如，一个数据绑定的文本框，该文本框所绑定的字段不允许改变，则可以在该文本框失去焦点时进行检查，代码段如下：

```
Private Sub Textl_ LostFocus()
 If   Textl.DataChanged Then
   ´Text1 中的数据是否与记录集中当前记录不同，即是否被修改
   MsgBox "This field can’t be changed"        ´弹出对话框说明该字段不可修改
   Datal.UpdateControls
   ´将文本框中的内容恢复为原始值
 EndIf
End Sub
```

3. UpdateRecord 方法

UpdateRecord 方法的作用是把当前的内容保存到数据库中，但不触发 Validate 事件。因此在 Validate 事件中使用 UpdateRecord 方法将不会引起循环调用。

值得注意的是，以下的任何一种情况都会使该方法无效，且产生一个可以捕获的错误：

- 数据库以只读方式打开；
- Options 属性是只读或多用户或禁止不一致更新；
- 包含记录的页已经被锁定。

4. RecordSet 对象的属性和方法

由 RecordSource 确定的具体可以访问的数据组成的记录集 RecordSet 对象，和其他对象一样具有属性和方法。

(1) AbsolutePosition 属性

AbsolutePosition 属性返回当前指针值,当指向第 1 条记录时,其值为 0。

(2) BOF 和 EOF 属性

BOF 属性判定记录集记录指针是否在首记录之前。若 BOF 为 True,则当前位置位于记录集的第 1 条记录之前。EOF 判定记录指针是否在末记录之后。

(3) NoMatch 属性

在记录集中进行查找时,如果找到相匹配的记录,则 RecordSet 的 NoMatch 属性为 False;否则为 True。

(4) Move 方法组

对应于 Data 控件的四个按钮,RecordSet 对象分别有其相应的方法。它们是用来对记录进行定位的。这四个方法及其功能分别是:

- MoveFirst——指向记录集中首记录,与⏮按钮功能相同;
- MoveNext——指向记录集中当前记录的下一个记录,与▶按钮功能相似;
- MovePrevious——指向记录集中当前记录的上一个记录,与◀按钮功能相似;
- MoveLast——指向记录集中的尾记录,与⏭按钮功能相同。

四个方法语法格式相同:

数据集合. Move 方法

例如,要对名为 Datal 的数据控件使用 RecordSet 对象的 MoveNext 方法,应当写作 Datal. RecordSet. MoveNext。

注意:MoveNext 和 MovePrevious 并不自动检查是否到了记录集的上下界,多次使用这些方法会使记录指针的指向超出了记录集的范围,出现错误。而在 Data 控件的应用程序中不断单击▶按钮,到达记录集的最末一条记录时将不再变化。

(5) Find 方法组

数据库应用程序中经常需要进行某些特定记录的查找,然而 Data 控件并不支持这种操作;但是记录集对象有 FindFirst、FindLast、FindNext 和 FindPrevious 四个方法可以用于查找操作。这几个方法的具体作用如下:

- FindFirst——自首记录开始向下查询匹配的第一个记录;
- FindLast——自尾记录开始向上查询匹配的第一个记录;
- FindNext——自当前记录开始向下查询匹配的第一个记录;
- FindPrevious——自当前记录开始向上查询匹配的第一个记录。

四种 Find 方法的语法格式相同:

数据集合. Find 方法　条件

查找条件是一个指定字段与常量关系的字符串表达式。在构造表达式时,除了用普通的关系运算符外,还可以用 Like 运算符(使用通用匹配符"＊"时)。

例如,查找名为"王丽丽"的同学情况,可以使用:

```
Data1.RecordSet.FindNext 姓名 = 王丽丽
```

对于与日期变量的比较,需要将比较的日期用＃括起来。

条件也可以是已赋值的字符形变量,写成如下格式:

```
studentname = "姓名 = ´王丽丽´"
Data1.RecordSet.FindNext  studentname
```

如果条件部分的常量来自变量,令 xm='王丽丽',则条件表达式必须按以下格式:

```
studentname = "姓名 = ´"& xm &"´"
```

其中,符号 & 表示字符串连接运算符,它两侧必须加空格。

如要查找姓名中有“国”的同学的姓名,可以使用"姓名 Like' * 国 * '"条件。

上面所述的四个查找方法只适用于动态集类型和快照集类型,对于表记录集则使用 Seek 方法进行查找操作。

(6) Seek 方法

该方法用于对表类型的记录集中的记录查找与指定索引规则相符的第一条记录,查找速度快。同时,使用该方法必须和一个活动的索引一起使用,并且活动索引指定的字段必须是已经设置为索引的才能使用。

Seek 方法的语法是:

数据表对象. Seek comparison ,Key1,Key2…

其中,Comparison 是比较字符串,可以是“>”、“>=”、“<”、“<=”、“=”和“<>”等。

例如,设数据库 Work 内基本情况表的索引字段为职工号,索引名为 number,则查找表中满足职工号大于 9831002 的第一条记录可以使用以下程序代码:

```
Data1.RecordsetType = 0              ´设置记录集类型为 Table
Data1.RecordSource = "基本情况"      ´打开基本情况表单
Data1.Refresh
Data1.Recordset.index = "number"
Data1.Recordset.seek  ">","989831002"
```

无论是 Find 方法组或者 Seek 方法,它们查找到符合条件的记录后都会将记录指针指向该记录。如果没有任何符合条件的记录,RecordSet 对象的 NoMatch 属性值为 True。

(7) 添加、修改、删除、更新记录

数据库记录的增加、删除、修改操作须使用 AddNew、Edit、Delete、Update 和 Refresh 方法。它们的语法格式为

数据控件. 记录集. 方法名

- AddNew 方法用于增加一个新记录。实际上该方法只是允许拷贝缓冲区输入新的记录,但并没有把新记录添加到记录集中。要想真正增加记录,应当再使用 Update 方法。
- Edit 方法将当前记录放入拷贝缓冲区,以改变信息,进行编辑记录的操作。如 AddNew 方法一样,如果不使用 Update 方法,所有的编辑结果将不会改变记录。

如果使用添加或编辑方法之后,没有立即使用 Update 方法;而是重新使用编辑、添加、移动或查找移动了记录指针,拷贝缓冲区将被清空,则原来输入的信息将会全部丢失,不会存入记录集中。

如果要放弃对数据的所有修改,可使用 UpdateControls 方法放弃对数据的修改;也可用

Refresh 方法，重读数据库，刷新记录集。

- Delete 方法用于删除一个记录。一旦使用了该方法，记录就永远消失不可恢复。

6.5.4　几种常用事件的区别

Data 控件有 Error、Reposition 和 Validate 三种主要的事件，它们的触发条件各不相同。

ADO 数据控件的事件中已经没有了原有数据控件的 Reposition 事件和 Validate 事件，然而 ADO 数据控件提供了更为丰富的事件以便于开发员有控制控件的更大的灵活性。下面列举 Data 控件和 ADO 数据控件的几个常用事件，如表 6.4 所列。

表 6.4　Data 控件和 ADO 数据控件的常用事件

Data 控件的几个常用事件		ADO 数据控件的几个常用事件	
事　件	触发条件	事　件	触发条件
Reposition	当记录指针改变位置时	WillMove	当前记录的位置即将发生变化时
		MoveComplete	当位置改变完成时
Validate	当记录指针改变位置之前及使用删除、更新、卸载或关闭操作之前	WillChangeRecord	当记录集中的一个或多个记录发生变化前
		RecordChangeComplete	当记录的改变已经完成后
Error	当 Data 控件产生执行错误时	WillChangeField	当记录集中当前记录的一个或多个字段发生变化时
		FieldChange Complete	当字段的值发生变化后

说明：

1. Error 事件

触发条件，当 Data 控件产生执行错误的时候。

当 Data 控件产生打开文件、保存文件或网络资源冲突等错误时，便会把程序的控制权交给 Error 事件程序处理，类似于 On Error GoTo 语句。

该事件的过程描述以名为 Data1 的 Data 控件为例，形式如下：

```
Private Sub Data1_Error(Dataerr As Integer ,Response As Integer)
```

其中，若该程序中有 Data 控件数组，则 index 返回产生错误的 Data 控件的索引；否则没有该参数。Dataerr 返回错误号，Response 则按设置的值来执行相应的动作。当它为 0 时，将继续执行；而为 1 时，则显示错误信息。

2. Reposition 事件

当记录指针改变位置时，触发 Reposition 事件。

本事件发生在某一笔记录成为当前记录后发生。例如，如果用户单击 Data 控件的某个按钮，进行数据记录的移动，则会触发 Reposition 事件；或者使用其他改变当前数据记录的属性或方法也会引发本事件。

3. Validate 事件

与 Reposition 事件的在当前记录改变后触发的条件不同的是，Validate 事件发生在记录改变之前，即使用删除、更新、卸载或关闭操作之前。

Validate 事件用于对数据进行合法化检查，对于不正确的操作予以取消。以名为 Data1 的 Data 控件为例，Validate 事件的过程定义为

```
Private Sub Data1_Validate(Action As Integer,Save As Integer)
```

本事件有两个参数 Action 和 Save，均是返回值。通过检查它们的值可以确定事件发生的具体原因。同时，这两个参数都可以设置，以此来决定随后将要进行的动作。

Save 参数是一个逻辑值，指出当前所有数据绑定控件中的显示数据是否与事件的数据库里的数据不同。可以通过对 Save 参数更改来决定是否要更新所有数据绑定控件的显示数据，此时它的功能与 UpdateRecord 和 UpdateControls 相似。当 Save 为 True，表示绑定控件的数据内容已改变；为 False 表示数据内容未改变。

Action 参数是一个整数，它的值代表了当前正在进行的操作，借助这个参数可以依据不同操作编写相对应的代码。Action 的各个值的含义说明如表 6.5 所列。

表 6.5　Action 设置含义

常　数	值	含　义
VbDataActionCancel	0	取消操作
VbDataActionMoveFirst	1	使用 MoveFirst 方法
VbDataActionMovePrevious	2	使用 MovePrevious 方法
VbDataActionMoveNext	3	使用 MoveNext 方法
VbDataActionMoveLast	4	使用 MoveLast 方法
VbDataActionAddNew	5	使用 AddNew 方法
VbDataActionUpdate	6	使用 Update 方法
VbDataActionDelete	7	使用 Delete 方法
VbDataActionFind	8	使用 Find 方法
VbDataActionBookmark	9	使用 Bookmark 方法
VbDataActionClose	10	使用 Close 方法
VbDataActionUnload	11	使用 Unload 方法

4. WillMove 和 MoveComplete 事件

WillMove 事件在当前记录的位置即将发生变化的时候发生，如使用 ADO 数据控件上的按钮移动记录位置的时候；而 MoveComplete 事件则是当位置改变完成时产生。

WillMove 事件其效果相当于 VB 原有的数据控件的 Reposition 事件。如果希望在当前记录改变位置之前，作一些计算和检查，则 WillMove 事件提供了一个合适的时机。例如，如果希望对单位所有职工记录显示中添加“年龄”一项，则只须在 WillMove 事件中添加计算年龄的代码即可。

5. WillChangeField 和 FieldChangeComplete 事件

WillChangeField 事件是当记录集中当前记录的一个或多个字段发生变化时产生，而 FieldChangeComplete 事件是当字段的值发生变化后触发。利用这两个事件可以在字段变化前做针对字段的处理。例如，检查是否合法及该字段是否允计更新等与字段有关的操作。

6. WillChangeRecord 和 RecordChangeComplete 事件

WillChangeRecord 事件是当记录集中的一个或多个记录发生变化前产生的，而 RecordChangeComplete 事件则当记录的改变已经完成后产生。这两个事件对于行的处理是很好的，其效果相当于 VB 原有的数据控件的 Validate 事件。

6.5.5　使用步骤的区别

Data 控件和 ADO 数据控件需要和数据绑定控件结合使用，并且必须把绑定控件和数据控件放在同一窗体上。

1. Data 控件的使用

在窗体上先放置 Data 控件，然后指定 Data1 的 Connect、DatabaseName 和 RecordSource 属性。在放置好绑定控件后，首先设置其 DataSource 属性，将它绑定到数据控件中去；然后需要设置 DataField 属性。如果在设计时数据库已经可以使用，就可以在指定 DataField 属性时得到一个有效字段的下拉列表；若数据库在设计时不可用，则必须在程序运行时，数据库内容传到控件之前，提供一个有效的字段名。对于具有多个 DataMember 的数据源，必须设置 DataMember 属性。如果必要，设置 DataFormat 属性。

使用数据绑定控件，不必局限于设计阶段。绑定控件的四个属性的任何一个或全部均可在运行时设定，而且可以为一个字段绑定多个控件。此外，不必对每个字段都提供绑定控件。

2. ADO 数据控件的使用

ADO 数据控件的编程的方法可以用以下几个步骤来说明。

1）通过“工程”菜单下的“部件”命令将 ADO 控件添加到工具箱中。

2）在窗口中放置 ADO 控件，设置其 ConnectionString 属性和 RecordSource 属性。

3）在窗口中添加数据绑定控件，并设置其 DataSource 属性和 DataField 属性；如果必要也可以对 DataFormat 属性进行设置。所有这些设置均可在程序运行期间动态设置。

4）对 ADO 控件的部分事件添加代码。

5）使用 ADO 控件的 RecordSet 属性，用代码对记录集中的记录进行全面的控制，其使用方法和原有数据控件的方法相似。

6.6　报表制作

在 Visual Basic 中，Microsoft 在系统中集成了数据报表设计器（data report designer），从而使报表的制作变得很方便。数据报表设计器属于 ActiveX Designer 组中的一个成员，在使用前需要执行“工程”菜单中的“添加 Data Report”命令，将报表设计器加入到当前工程中，产生一个 DataReport1 对象，并在工具箱内产生一个“数据报表”标签。数据报表设计器专用的控件和报表设计器窗口如图 6.7 所示。

图中：“标签”控件在报表上放置静态文本；“文本”控件在报表上连接并显示字段的数据；“图形”控件可在报表上添加图片；“线条”控件在报表上绘制直线；“形状”控件在报表上绘制各种各样的图形外形；“函数”控件在报表上建立公式。

报表设计器窗口由若干区域组成。报表表头区包含整个报表最开头的信息，一个报表只有一个表格头，可使用“标签”控件建立报表名；报表注脚区包含整个报表尾部的信息，一个报表也只有一个注脚区；页标头区设置报表每一页顶部的标题信息；页注脚区包含每一页底部的信息；细节区包含报表的具体数据，细节区的高度将决定报表的行高。

使用报表设计器处理的数据需要利用数据环境设计器创建与数据库的连接，然后产生Command对象连接数据库内的表。

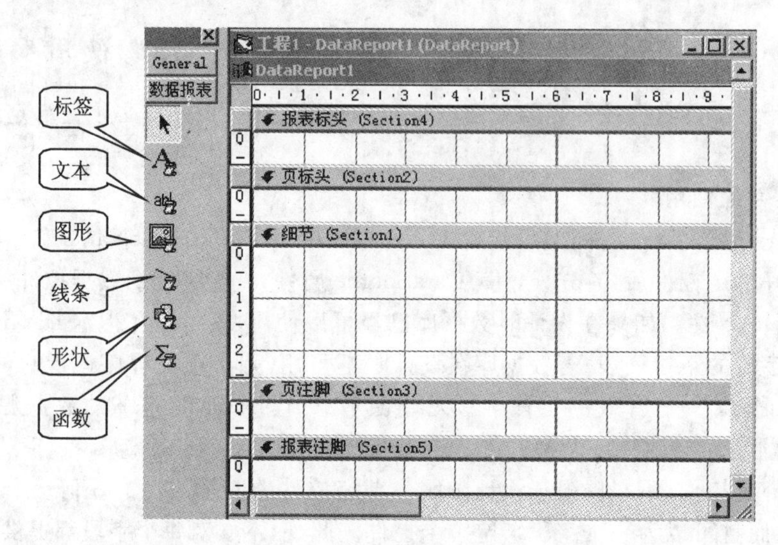

图 6.7　报表设计器与专用的控件

例如，利用 student 数据库中“学生基本情况表”为数据源，建立“学生基本情况表”报表。设计界面如图 6.8 所示。

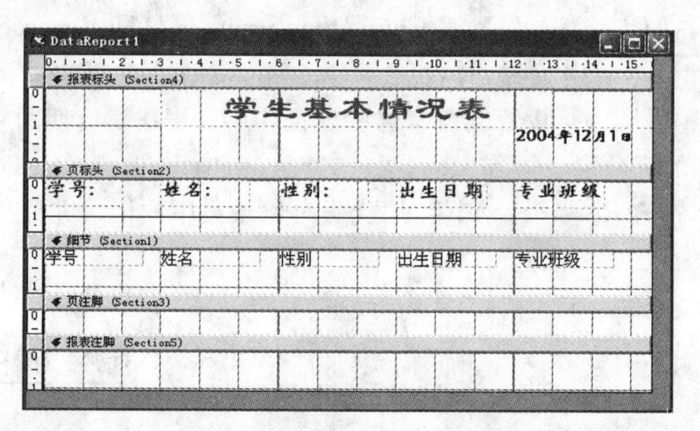

图 6.8　学生基本情况表报表

操作步骤：

1）单击“工程”|“添加 Data Environment”，双击（击左键两次）“工程资源管理器窗口”里的“设计器”中的 Data Environment1，打开数据环境窗体，右击 Data Environment1 下的 Connection1 选择“属性”项，在“数据链接属性”对话框的“提供程序”选项卡中选择 Microsoft Jet 3.51 OLE DB Provider；单击“下一步”按钮，在“连接”选项卡中选择 student 数据库，并单击“测试连接”按钮，若测试连接成功，单击“确定”按钮。再次右击 Connection1 选择“添加命令”项（Connection1 下面出现 Command1）；右击 Command1 选择“属性”项，打开 Command1 属性对话框，在“通用”选项卡的“数据源”区域中设置数据库对象为“表”，对象名称为“学生基本情

况表”，单击“应用”完成数据源的设置，如图 6.9 所示。

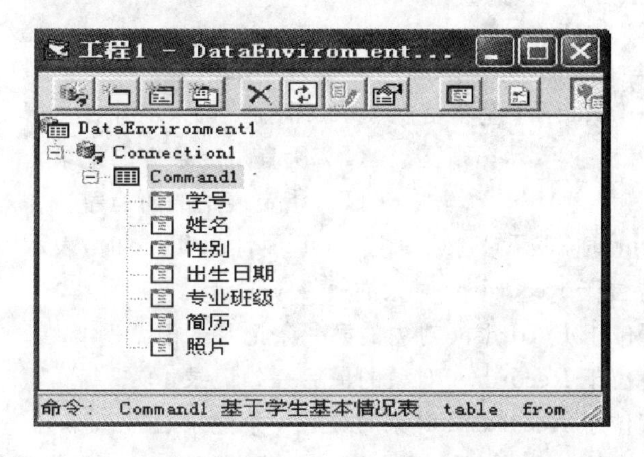

图 6.9　Data Environment1 窗口

2) 单击“工程”|“添加 Data Report”，双击“工程资源管理器窗口”里的“设计器”中的 Data Report1，此时将 Data Environment1 和 Data Report1 都打开；然后将 Command1 中的“学号”、“姓名”等字段拖拽到 Data Report1 的“细节区”，修改字段布局。

3) 将 Data Report1 的 DataSource 属性设置为 Data Environment1，DataMember 为 Command1。报表设计完毕。

注意：若“工程”菜单中没有“添加 Data Report”和“添加 Data Environment1”两项，可以单击“工程”|“部件”项；然后在“部件”对话框中选择“设计器”选项卡，将所需的 Data Report 和 Data Environment 选中后即可应用。

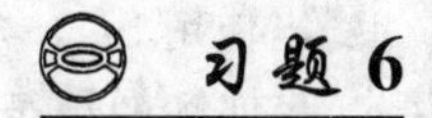

习题 6

6.1　选择题

1. 以下说法错误的是(　　)。
   (A) 一个表可以构成一个数据库
   (B) 多个表可以构成一个数据库
   (C) 表中的每一条记录中的各数据项具有相同的类型
   (D) 同一个字段的数据具有相同的类型
2. 以下关于索引的说法，错误的是(　　)。
   (A) 一个表可以建立一个到多个索引　　(B) 每个表至少要建立一个索引
   (C) 索引字段可以是多个字段的组合　　(D) 利用索引可以加快查找速度
3. Microsoft　Access 数据库文件的扩展名是(　　)。
   (A) dbf　　(B) acc　　(C) mdb　　(D) db
4. 利用可视化数据管理器中的查询生成器不能完成的功能有(　　)(多选)。
   (A) 在指定的表中任意指定查询结果要显示的字段
   (B) 打开某个索引以加快查询速度
   (C) 按一定的关联条件同时查询多个表中的数据
   (D) 同时查询多个数据库中的数据

5. SQL 语句“Select 编号,姓名,部门 from 职工 where 部门='计算机系'”所查询的表名称是( )。
   (A) 部门　(B) 职工　(C) 计算机系　(D) 编号,姓名,部门
6. SQL 语句“Select * from 学生基本信息 where 性别='男'”中的"*"号表示( )。
   (A) 所有表　(B) 所有指定条件的记录
   (C) 所有记录　(D) 指定表中的所有字段
7. 当 BOF 属性为 True 时,表示( )。当 EOF 属性为 True 时,表示( )。
   (A) 当前记录位置位于 Recordset 对象的第一条记录
   (B) 当前记录位置位于 Recordset 对象的第一条记录之前
   (C) 当前记录位置位于 Recordset 对象的最后一条记录
   (D) 当前记录位置位于 Recordset 对象的最后一条记录之后
8. FindFirst、FindLast、FindNext、FindPrevious 方法用于在( )类型的记录集中查找满足条件的记录(多选)。
   (A) 动态集　(B) 快照　(C) 表　(D) 任意
9. Seek 方法用于在( )类型的记录集中查找满足条件的记录。
   (A) 动态集　(B) 快照　(C) 表　(D) 任意
10. 以下说法正确的有( )。
    (A) 使用 Seek 方法之前必须先打开索引,要查找的内容为索引字段的内容
    (B) 使用 Find 方法之前必须先打开索引,要查找的内容为索引字段的内容
    (C) Seek 方法总是查找当前记录中满足条件的第一条记录
    (D) Find 方法总是查找当前记录集中满足条件的第一条记录
11. 当使用 Seek 方法或 Find 方法进行查找时,可以根据记录集的( )属性判断是否找到了匹配的记录。
    (A) Match　(B) NoMatch　(C) Found　(D) Nofound
12. 以下说法正确的有( )。
    (A) 使用 Data 控件可以直接显示数据库中的数据
    (B) 使用数据绑定控件可以直接访问数据库中的数据
    (C) 使用 Data 控件可以对数据库中的数据进行操作,却不能显示数据
    (D) Data 控件只有通过数据绑定控件才可以访问数据库中的数据
13. 通过设置 Adodc 控件的( )属性可以建立该控件到数据源的连接的信息。
    (A) RecordSouce　(B) Recordset　(C) ConnectionString　(D) DataBase
14. 通过设置 Adodc 控件的( )属性可以确定具体可以访问的数据,这些数据构成了记录集对象 Recordset。
    (A) RecordSouce　(B) Recordset　(C) ConnectionString　(D) DataBase
15. 在 ADO 对象模型中,使用 Field 对象的( )属性可以返回字段名。
    (A) FieldName　(B) Name　(C) Caption　(D) Text

6.2 填空题

1. DB 是( )的简称,DBMS 是( )的简称。
2. 按数据的组织方式不同,数据库可以分三种类型,即( )数据库、( )数据库和

(　　)数据库。

3. 一个数据库可以有(　　)个表,表中的(　　)称为记录,表中的(　　)称为字段。

4. Visual Basic 允许对三种类型的记录集进行访问,即(　　)、(　　)和(　　)。以(　　)方式打开的表或由查询返回的数据是只读的。

5. 要设置 Data 控件所连接的数据库的名称及位置,须设置其(　　)属性。

6. 要设置 Data 控件所连接的数据库类型,须设置其(　　)属性。

7. 要设置记录集的当前记录的序号位置,须通过(　　)属性。例如,要定位在由 Data1 控件所确定的记录集的第 5 条记录,应使用语句(　　)。

8. 记录集的(　　)属性用于指示 Recordset 对象中记录的总数。

9. 在由数据控件 Data1 所确定的记录集中,要将当前记录的"姓名"字段值改为"张景",应使用的语句(　　)。

10. 在由数据控件 Data1 所确定的记录集中,要将名称为"XH"的索引设置为记录集的当前索引,应使用语句(　　)。

11. 在由数据控件 Data1 所确定的记录集中,要将当前记录从第 10 条移到第 6 条,应使用语句(　　)。

12. 在由数据控件 Data1 所确定的记录集中,查找"姓名"字段值为"李丽"的第一条记录,应使用语句(　　)。

13. 要使数据绑定控件能够显示数据库记录集中的数据,必须首先在设计时或在运行时设置这些控件的两个属性,即使用(　　)属性设置数据源,使用(　　)属性设置要连接的数据源字段的名称。

14. 要在程序中通过代码使用 ADO 对象,必须先为当前工程引用(　　)。

15. 使用 Adodc 控件之前,首先在"部件"对话框中选择(　　)选项,把它添加到工具箱。

6.3　综合填空题

1. 设计学生成绩表维护系统。

设已经建立一个数据库"学生成绩表. mdb",保存位置为"F:\mydb"。该数据库中包括三个表,表名称分别为"一班"、"二班"和"三班",分别用于保存三个班组的学生成绩。各表结构相同,如表 6.6 所列。

表 6.6　各班成绩表结构

字段名	类　型	长　度	主索引
学号	Text	3	√
姓名	Text	8	
数学	Integer	4	
英语	Integer	4	
计算机	Integer	4	

在窗体上添加一个 Data 控件 Data1,使 Data1 与"学生成绩表. mdb"相关联,应设置 Data 控件的 DatabaseName 属性为(1)。

要使 Data1 在运行时不可见,应设置 Data1 的 Visible 属性为(2)。

在窗体上添加一个 MSFlexFrid 控件 MSFlexGrid1,应使用(3) 菜单下的"部件"命令,在打开的“部件”对话框中选择“Microsoft FlexGrid Control 6.0”。

设置 MSFlexGrid1 的 DataSource 属性为(4)，使其与 Data1 相关联。将 MSFlexGrid1 的 FixedCols 设置为 0，使其不显示左侧的固定列。

在窗体上添加其他控件并设置有关属性，如图 6.10 所示。

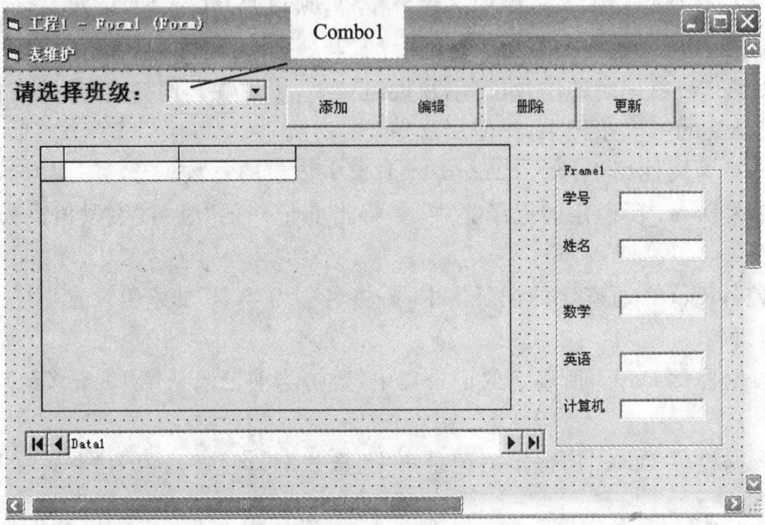

图 6.10　学生成绩表维护界面

其中，组合框 Combo1 用于选择要维护的表，要使其列表内容包括“一班”、“二班”、“三班”，应设置其(5)属性。框架 Frame1 中的文本框用于显示或编辑记录。应记录 Text1～Text5 的 DataSource 属性为(6)，以便使用 Data1 所确定的记录集。开始运行时，框架中的所有文本框不能编辑，可以设置框架的(7)属性为 False。

运行时，当从 Combo1 中选择某班级(一班、二班或三班)后，在 MSFlexGrid1 中显示相应的表内容，同时，在各文本框中显示当前记录各字段的内容。

补齐以下代码，实现该功能。

```
Privata Sub Combo1_Click()
  Data1.RecordSource = Combol.( 8 )
  Data1.Refresh
  Text1.DataField = Data1.Recordset.Fields(0) .Name
  Text2.DataField = ( 9 )
  Text3.DataField = ( 10 )
  Text4.DataField = ( 11 )
  Text5.DataField = Data1.Recordset.Fields(4) .Name
End Sub
```


单击表格中的某一行，该行即成为当前记录，相应的内容即显示在右侧框架中。补齐以下代码，实现该功能。

```
Private  Sub MSFlexGrid1 - Click()
    Data1.Recordet.AbsolutePosition = MSFlexGrid1.Row -( 12)
End Sub
```

单击“编辑”按钮,允许在文本框中修改当前记录。代码如下:

```
Private  Sub Command1_Click()
    Frame1.Enabled = ( 13 )
    Frame1.Caption = "请修改记录"
    Data1.Recordset.Edit
    Text1.SetFocus
End Sub
```

单击“添加”按钮,允许在文本框输入一条新记录。代码如下:

```
Private  Sub Command2_Click()
  Frame1.Enabled = True
  Frame1.Caption = "请输入新记录"
  Data1.Recordset.(14 )
  Text1.SetFocus
End Sub
```

单击“更新”按钮,确认在文本框中编辑或更新的记录,同时使框架中的所有内容处于只读状态。代码如下:

```
Private Sub Command4_Click()
    Frame1.Caption = "  "
    Frame1.Enabled = ( 15 )
    Data1.Recordset.( 16 )
    Data1.Refresh
End Sub
```

单击“删除”按钮,删除当前记录。代码如下:

```
Private Sub Command3_Click()
    A = MsgBox("确定要删除了吗?",VbOKCancel,"注意")
    If  a = 1  Then
      Data1.Recordset.( 17 )
      Data1.Refresh
    End if
End Sub
```

2. 浏览学生基本住处,查询某学生各个学期的考试成绩。

设已经建立了一个数据库“学生管理.MDB”,保存位置为“F:\mydb”。该数据库中包括两个表,表名称分别为“学生信息”和“学生成绩”,它们分别保存学生的基本住处和学生各个学期的考试成绩。两个表的定义见表6.7和表6.8所列。

为了能够使用ADO对象,应使用“工程”菜单下的(1) 命令,在打开的“引用”对话框中选择Microsoft ActiveX Data Objects 2.X Library。

为了在窗体上添加ADO控件和DataGrid控件,应该使用“工程”菜单下的“部件”命令,在打开的“部件”对话框中分别选择(2)、(3),再将ADO控件和DataGrid控件画到窗体上。

表 6.7 “学生信息”表的结构

字段名	类　型	长　度
学号	Text	10
姓名	Text	10
性别	Text	2
专业	Text	20

表 6.8 “学生成绩”表的结构

字段名	类　型	长　度
数学	Integer	2
英语	Integer	2
学期	Text	3

在窗体上添加如图 6.11 所示的各控件,并设置有关属性。

为了建立 ADO 控件与数据源(“F:\mydb\学生管理.MDB”) 的连接,应设置 ADO 控件的 ConnectionString 属性为 Provider=Microsoft Jet OLEDB 4.0; Data source=F:\mydb\(4)。

设置 Adodc1 和 Adodc2 的(5) 属性分别为“select * from 学生信息”和“select * form 学生成绩”。

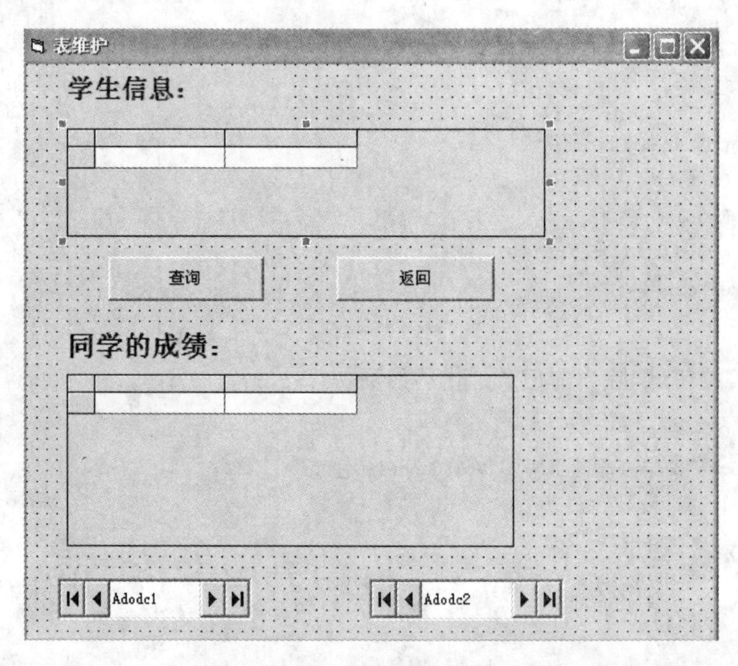

图 6.11 “查询学生信息”设计界面

为了使 Datagrid1 和 Datagrid2 控件分别与 Adodc1 控件和 Adodc2 控件相关联,应分别设置它们的(6) 属性为 Adodc1 和(7)。

运行时,初始界面只在 DataGrid1 中显示学生的基本住处,且“查询”按钮无效。补齐以下代码,完成该功能。


```
Dim  strTmp  As String
Private Sub  Form_Load()
   DataGrid2.Visible = (8 )
   Label2.Visible = False
   Command1.Enabled = (9 )
```

```
End Sub
```

当用鼠标单击 DataGrid1 上的单元格,使当前单元格改变为一个不同的单元格时,将触发 DataGrid 控件的 RowColChange 事件,此时应判断鼠标单击了控件上的哪个列。当用鼠标单击"姓名"(Col 属性为 1) 以外的各列时,"查询"按钮将被封锁(无效)。补齐以下代码,完成该功能。

```
Private Sub DataGrid1_RowColChange(LastRow As Variant,ByVal LastCol As Integer)
  If  DataGrid1.Col = (10 )   Then
    Command1.Enabled = True
  Else
    Command1.Enabled = False
  End if
End Sub
```

按"查询"按钮,将根据从 DataGrid1 中获得的学生的学号更改 Adodc2 控件的 RecordSource 属性,并在 DataGrid2 中显示学生的各学期成绩。补齐以下代码,完成该功能。

```
Private Sub Command1_Click()
    DataGrid2.Visible = True
    Label2.Visible = True
    Label2.caption = DataGrid1.Columns(DataGrid1.Col) .CellText(DataGrid1.
    Bookmark) &Label2.Caption
    StTmp = DataGrid1.Columns(DataGrid1.Col - 1) .CellText(DataGrid1.Bookmark)
    Adodc2.(11 ) = "select  学期,数学,英语 from 学生成绩  where  =´"& strTmp  &"´"
    Adodc2.(12 )
    Command1.Enabled = False
End Sub
Private Sub Command2_Click()
  Unload Me
End sub
```

第 7 章 利用 Visual Basic 开发应用程序

本章学习的目的与基本要求

1. 了解软件生存周期的概念和软件开发的一般步骤
2. 掌握 VB 面向对象可视化程序设计及结构化程序设计方法
3. 掌握数据库和文件两种方法设计开发管理系统

7.1 利用 Visual Basic 开发应用程序方法

Visual Basic 是基于 Basic 的可视化的程序设计语言，是一个面向对象的集成开发系统。在 Visual Basic 中，一方面继承了 Basic 的简单、易学、易用的结构化程序设计特点；另一方面在其编程系统中采用了面向对象的可视化、事件驱动的编程机制以及动态数据驱动等先进的软件开发技术，使 Basic 语言编程技术发展到了一个新的高度，为广大用户提供了一种所见即所得的可视化程序设计方法。由于 Visual Basic 不仅支持传统的面向过程的程序设计方法，还支持面向对象程序设计方法，那么要利用 Visual Basic 设计一个完整的数据库应用程序，设计者既要了解结构化程序设计方法，也要了解面向对象程序设计方法。无论何种设计方法产生的应用程序及相关规范化文档均称为软件。是软件就要有软件的生存周期。软件的生存周期是从提出设计软件产品开始，直到该软件产品被淘汰的全过程。软件生存周期分为三大阶段：定义阶段、开发阶段和维护阶段，如图 7.1 所示。

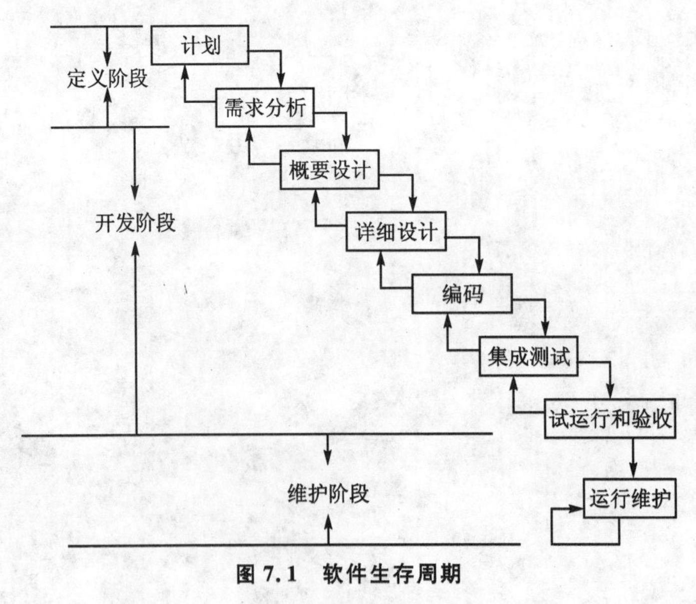

图 7.1 软件生存周期

7.1.1　软件生存周期的三个阶段

1. 定义阶段

定义阶段包括问题的计划和需求分析，明确要解决什么问题，分析该问题在时间和经济等方面是否可行；最后系统的设计者要调查用户的要求，收集所需信息，包括要完成的应用系统的性能、功能、费用及完成时间等。具体还要弄清数据流、数据之间的逻辑结构以及处理的最后结果的形式等。根据这些资料，经过分析，写出完整的报告、任务和规格说明书。

2. 开发阶段

开发阶段包括概要设计、详细设计、编码、集成测试及试运行和验收。在完整的报告和规格说明的基础上，建立应用软件的系统结构框图。根据结构框图，分工合作，多人共同完成程序编写。系统完成后，检查系统的功能是否符合设计要求，即是否符合原定的功能要求和性能要求（灵活性、可靠性和容错性），不符合的要加以修改。

集成测试方法：① 单个模块测试（设计初期）；② 总体测试（设计末期）。

3. 维护阶段

维护阶段包括运行和维护。软件设计好后，在实际应用中往往情况会很复杂，难免有系统设计者考虑不周的情况，需要经过一段时间的排错、修正、补充和完善。

7.1.2　应用程序主要的操作对象

通常开发出来的应用程序主要功能是对数据信息进行存储、查询、修改等操作，传统的 Basic 是利用文件来保存数据（又称为数据文件），使得数据既可以重复利用，又可实现多个程序对数据资源共享的功能，这是计算机操作系统管理数据的基本手段。文件的组织由生成文件的程序决定，其他人要使用该文件必须知道它的格式、数据的类型、合法的取值范围等。当数据量越来越大，数据共享和数据安全的要求越来越高时，文件系统的固有缺陷就表现得越来越明显。为了解决这个问题，数据库系统在 20 世纪 60 年代应运而生，出现了多种逻辑结构的数据库。其中关系型数据库简单易用，理论基础坚实，是当今数据库技术的主流。

由于一些读者对数据库的知识不太了解，所以本章在设计学生学籍管理系统时将分别用数据库和数据文件两种方法实现数据的存储。

7.2　利用 VB 数据库开发学生学籍管理系统

学生学籍管理系统用于学校各院系对学生基本情况、学生各科成绩的管理，以便于实现对学生信息存储、修改、查询和打印输出等操作。

7.2.1　系统任务的提出和具体功能

1. 系统任务的提出

学生信息管理是各大中小学校所必需的，针对不同的学校，学生学籍管理的内容及侧重点有所不同。如果人工直接管理统计学生信息，工作量将很大；利用计算机管理学生信息，可以使人们从繁重的劳动中解脱出来，仅仅通过简单的操作便可及时准确的获得需要的信息。本系统主要面对高等院校学生信息进行管理，包括信息浏览、信息更新、信息查询及打印输出等

功能。

2. 系统运行硬件环境和软件环境

1）硬件环境：pentium 4，主频 1.7GHz，硬盘 30GB，内存 256 MB。

2）软件环境：Windows98 以上中文操作系统，Visual Basic。

3. 系统主要功能

学生学籍管理系统主要是对学生基本信息（学号、姓名、性别等）、学生各科成绩（包含选修课成绩）以及学校课程设置等情况进行管理。该系统主要有学生信息浏览、学生信息更新、学生信息输出、系统维护和退出系统五大功能。

(1) 学生信息浏览

主要实现学生基本信息、学生成绩信息、学生选课信息及课程表信息的浏览和查询。

(2) 学生信息更新

主要实现学生基本信息、学生成绩信息、学生选修课信息及课程表的新增、删除、修改操作。

(3) 学生信息输出

主要实现学生基本信息、学生成绩信息、学生选修课信息及课程表的打印输出。

(4) 系统维护

用户信息修改：修改用户的密码、添加新用户和删除用户。

计算器：利用计算器实现计算功能。

日历：重新选择设置系统日期。

MP3 播放器：利用 MP3 播放歌曲。

(5) 退出系统

4. 系统结构框图

系统结构框图如图 7.2 所示。

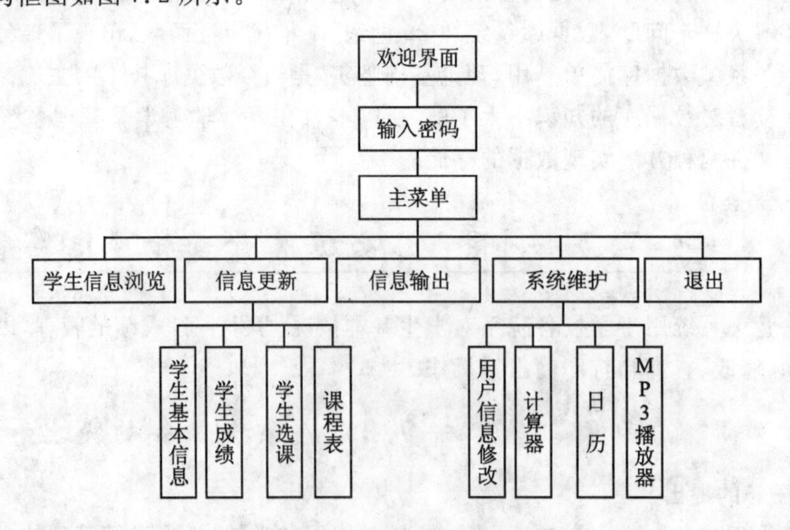

图 7.2 系统结构框图

7.2.2　具体使用方法、设计方法及程序代码

本系统工程文件名 xjgl. vbp，其中有若干个窗体（含 MDI 窗体及其子窗体）、菜单、报表、工具栏等。

1. 学生学籍管理系统使用方法

1）双击"学生学籍管理系统. exe"运行应用程序文件，在弹出如图 7.3 所示的"密码验证"窗口的用户名处输入用户名"李晓明"和密码 "lxm123"，权限处会显示用户级别"1"；单击"确定"按钮，用户名和密码正确会弹出"欢迎李晓明进入学生学籍管理系统！"的信息窗口。进入"学生学籍管理系统"的系统主界面，如图 7.4 所示。标题栏显示"学生学籍管理系统——操作员李晓明 1 级用户"代表当前操作人员和其使用权限。若是 1 级用户则所有菜单、工具栏上的按钮均可以使用。

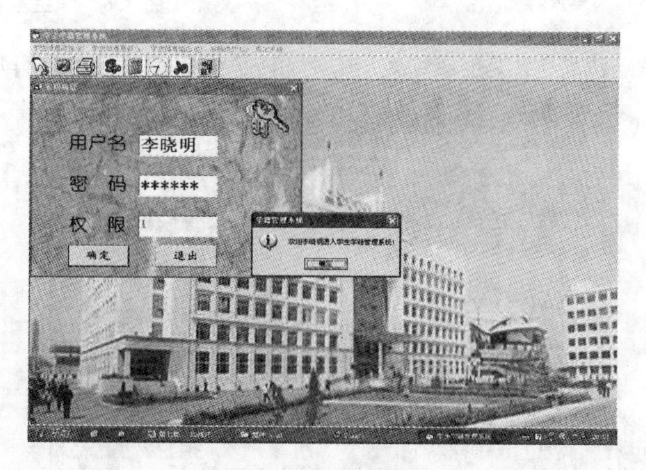

图 7.3　密码验证窗口

图 7.4　系统主界面

2）单击"学生信息浏览"|"学生基本信息"命令（如图 7.5 所示），弹出"学生基本情况"窗口（如图 7.6 所示）；单击数据控件的浏览按钮可浏览相关记录信息；单击"查询"按钮可输入学号进行查询；单击"返回"按钮可返回系统界面。

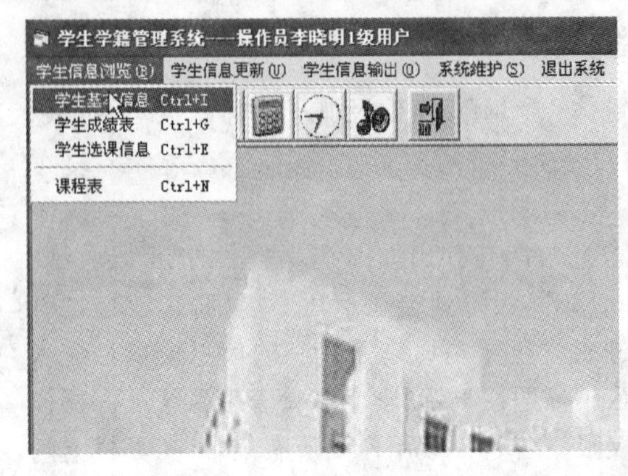

学生学籍管理系统---操作员李晓明1级用户
学生信息浏览(B)
学生信息更新(U)
学生信息输出(O)
系统维护(S)
退出系统
学生基本信息 Ctrl+I
学生成绩表 Ctrl+G
学生选课信息 Ctrl+E
课程表 Ctrl+N

图 7.5　菜单操作

学生基本情况
学生基本情况
学　号
2004030312
简　历
姓　名
林玉
性　别
男
照　片
出生日期
1984-10-12
专业班级
机械043
返回
学生基本情况
当前记录：1

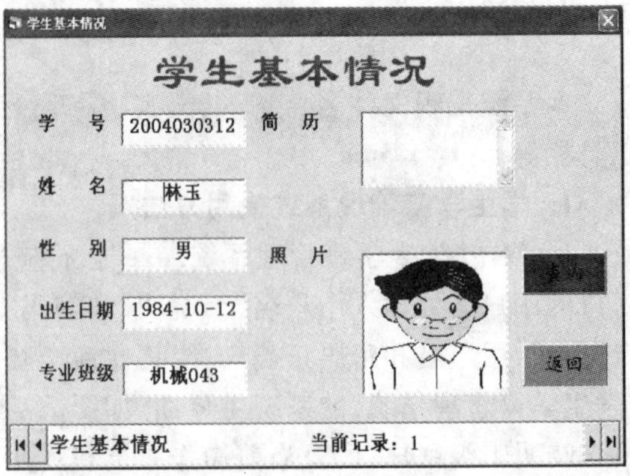

图 7.6　学生基本情况

3）单击"学生信息浏览"|"学生成绩表"项，弹出"学生成绩情况表"窗口，如图 7.7 所示。

学生成绩情况
学生成绩情况
学　号
2004010101
数　学
76
语　文
67
外　语
87
政　治
98
总　分
328
返回

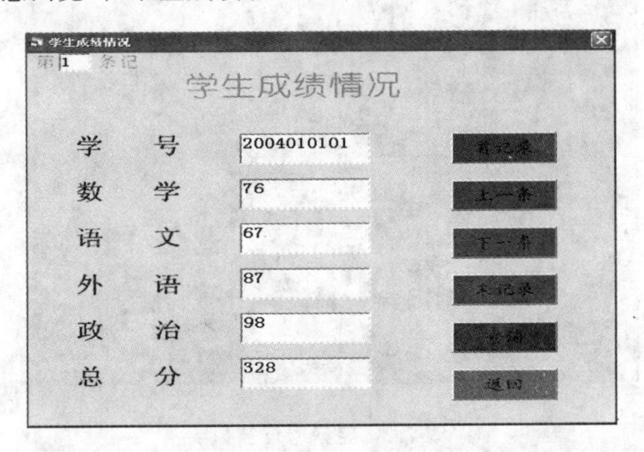

图 7.7　学生成绩表

4）单击"学生信息浏览"|"学生选课信息"项，弹出"学生选课情况"窗口，如图 7.8 所示。此窗口列出所有学生所选修的课程名及其成绩。

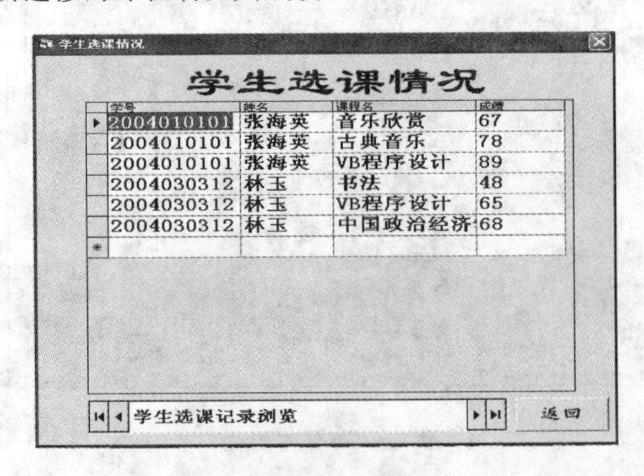

学生选课情况
学生选课情况
学号 姓名 课程名 成绩
2004010101 张海英 音乐欣赏 67
2004010101 张海英 古典音乐 78
2004010101 张海英 VB程序设计 89
2004030312 林玉 书法 48
2004030312 林玉 VB程序设计 65
2004030312 林玉 中国政治经济 68
学生选课记录浏览
返回

图 7.8　学生选课表

5）单击"学生信息更新"|"基本信息更新"项，弹出"学生基本情况更新"窗口（如图 7.9 所

示）；单击“新增”按钮。该按钮变为“确定”按钮，学号、姓名等项清空，用户输入新记录。若确定要新增该记录内容，单击“确定”按钮（该按钮又变回新增按钮）；否则，单击“放弃”按钮取消新增，单击“删除”按钮可删除该记录，单击“修改”按钮可以直接修改当前记录。

6）单击“学生信息输出”|“基本信息输出”项，弹出“学生基本情况”报表，如图 7.10 所示。

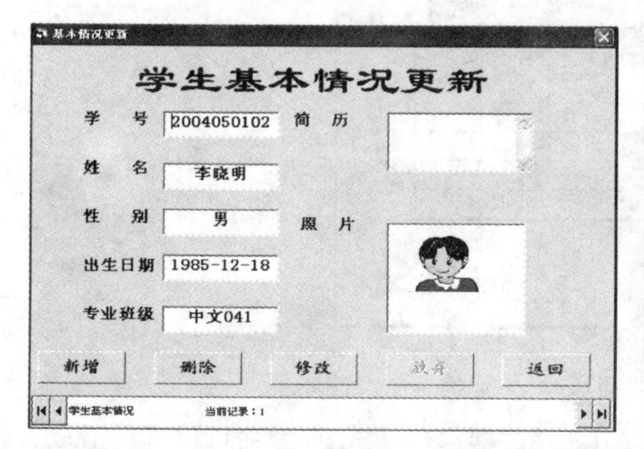

图 7.9　学生基本情况更新

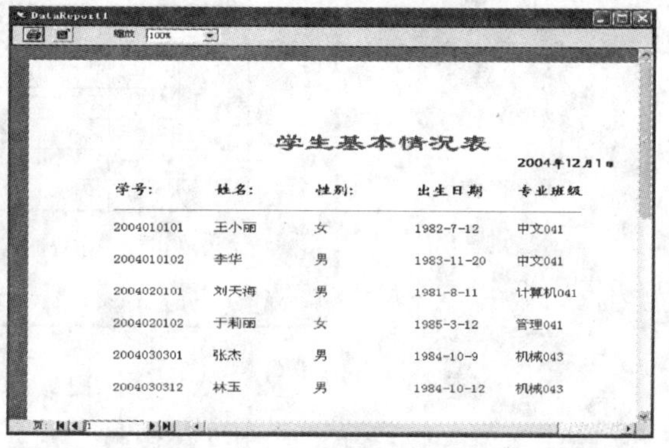

图 7.10　学生基本情况输出

7）单击“系统维护”|“用户信息修改”项，弹出“用户修改”窗口，单击相应选项卡可以修改、添加和删除用户，如图 7.11 所示。

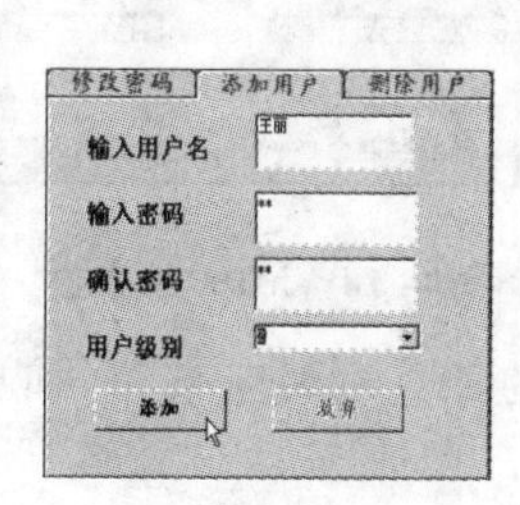

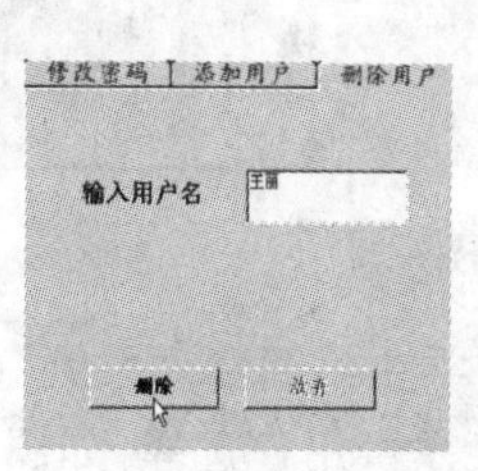

图 7.11　用户信息修改

8）单击“系统维护”|“计算器”，弹出“计算器”窗口，可利用计算器进行计算，如图 7.12 所示。

图 7.12　计算器

9）单击“系统维护”|“日历”，弹出“日历”窗口，可以显示当天日期和设置系统日期，如图 7.13 所示。

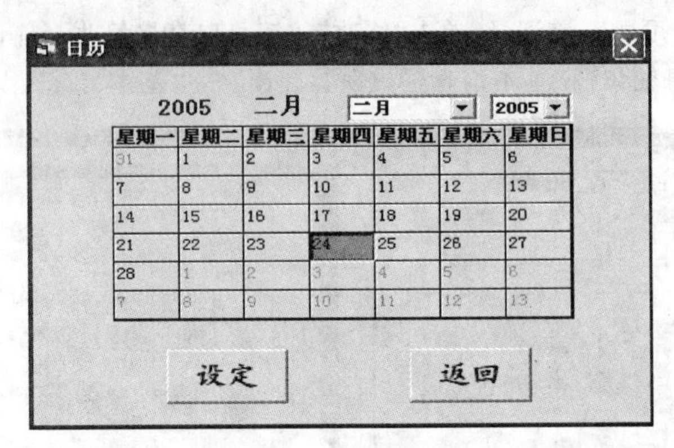

图 7.13　日历

10）单击“系统维护”|“MP3 播放器”，弹出“MP3 播放器”，选择 MP3 歌曲可以进行播放、暂停和停止操作，而且窗口同时显示本歌曲所需总播放时间和当前已播的时间，如图 7.14 所示。

图 7.14　MP3 播放器

11）单击“学生学籍管理系统”的工具栏相应按钮，如单击第一个按钮，会弹出“学生信息浏览”的快捷菜单供用户选择，如图 7.15 所示。

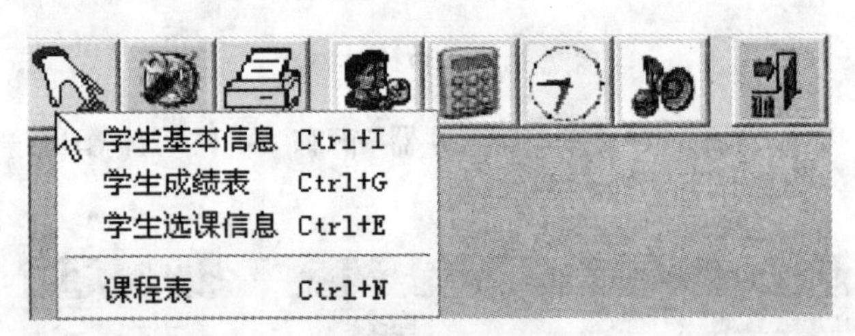

图 7.15　工具栏

12）若想退出“学生学籍管理系统”可单击“退出系统”菜单或　按钮。

2. 学生学籍管理系统设计方法及属性、事件代码

本章所有文件均保存在“d:\学生学籍管理系统”文件夹中。

(1) 建立 student.mdb 数据库，在其中建立相关表

单击“外接程序”|“可视化数据管理器”命令，在弹出的 VisData 对话框中，单击“文件”|“新建”|“Microsoft Access”|“Version 7.0”，保存数据库 D:\学籍管理系统\student.mdb，如图 7.16 所示。

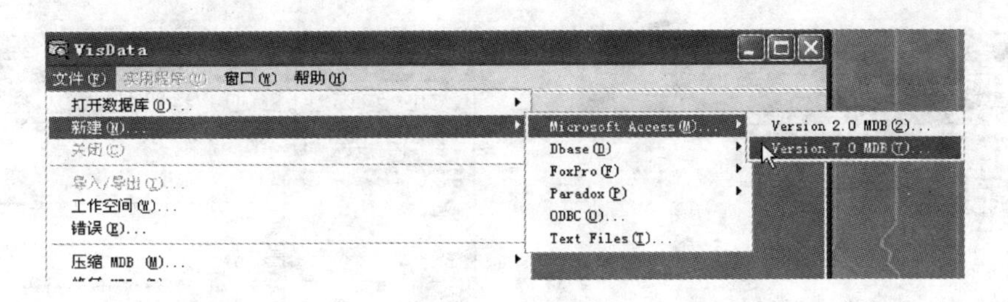

图 7.16　新建数据库

在数据库窗口中右击 Properties,在快捷菜单中选"新建表",在弹出的"表结构"窗口输入表名称,添加字段,设置字段属性等。student.mdb 数据库中表的字段结构,如图 7.17 所示。

字段名	字段类型	字段大小	索引
学号	文本	10	有
姓名	文本	10	无
性别	文本	2	无
出生日期	Date/Time	8	无
专业班级	文本	20	无
简历	Memo	0	无
照片	Binary	0	无

学生基本情况表结构

字段名	字段类型	字段大小	索引
学号	文本	10	有
数学	Single	4	无
语文	Single	4	无
外语	Single	4	无
政治	Single	4	无
计算机	Single	4	无

学生成绩表结构

字段名	字段类型	字段大小	索引
学号	文本	10	无
课程号	文本	10	无
成绩	Single	4	无

选课表结构

字段名	字段类型	字段大小	索引
课程号	文本	10	有
课程号	文本	20	无
课程类型	文本	8	无
学分	Single	4	无

选课表结构

字段名	字段类型	字段大小	索引
user	文本	20	无
password	文本	6	无
level	Integer	2	无

密码表结构

图 7.17　各表结构

表结构建立之后,在数据库窗口中双击某表,在弹出的 Table 中对记录进行添加、修改、编辑。注:其中的照片、简历两字段内容可暂不输入,相关操作可参考数据库章节,如图 7.18 所示。

(2) 建立 Module 模块

```
Option Explicit
Public level%,us As String          '全局变量 level 当前操作员级别,us 操作员姓名
```

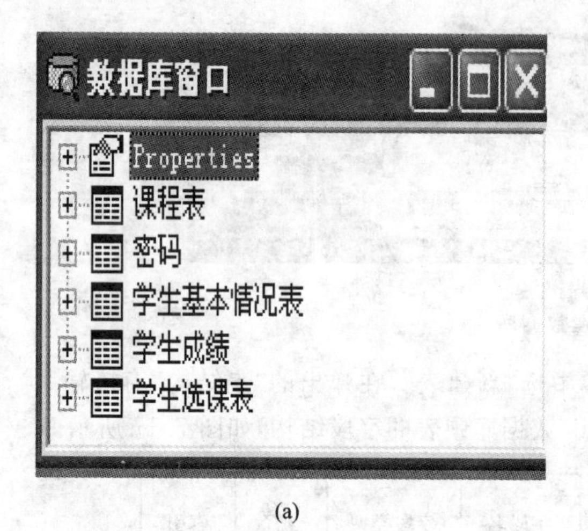

(a)

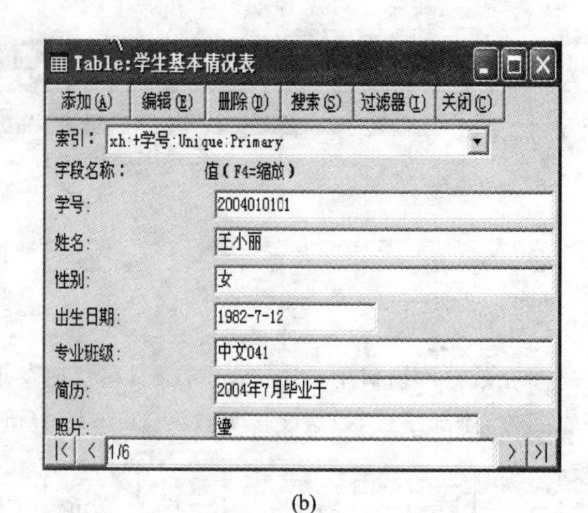

(b)

图 7.18 数据表及内容

(3) 建立 MDI 窗体

建立 MDI 窗体(主窗体. frm),先设置一部分属性,如表 7.1 所列。

表 7.1 主窗体属性

控件名称	主要属性	值
MDIform1	Caption	学生学籍管理系统
	StartUpPosition	屏幕中心
	WindowState	2
	Picture	D:\学生学籍管理系统\图片\西主. bmp
	Moveable	False

(4) 建立密码验证窗体

建立密码验证窗体(密码. frm),如图 7.19 所示。

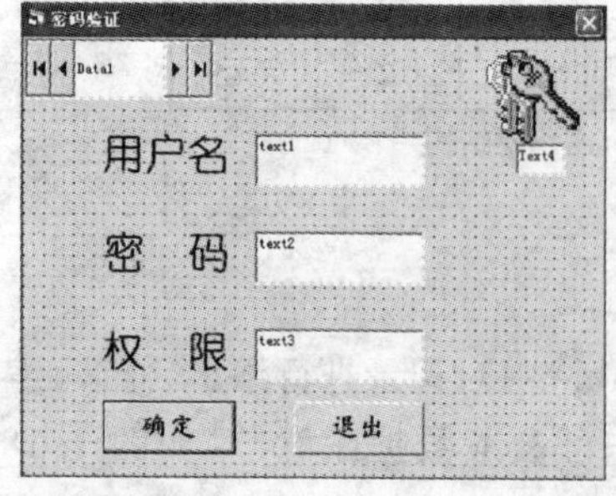

图 7.19 密码验证窗体

1) 设计思想

在窗体上添加所需控件,当密码窗体运行时,向 Text1 中输入用户名。利用 Text1 的 LostFocus 事件检测用户名在 Data1 控件所连"密码"表中是否存在。若存在则在权限对应的的文本框中显示用户的级别。用户可以输入密码,单击"确定"按钮,验证密码是否与 Text4 中数据相同;若相同则显示欢迎窗口及在主窗体中显示操作员及其使用的权限,进入系统。

2) 控件属性

控件属性如表 7.2 所列。

表 7.2　密码验证窗体属性

控件名称	主要属性	值
Fmrmm	Caption	密码验证
	Minbutton、Maxbutton	False
	MDIChild	True
Data1	DatabaseName	D:\学生学籍管理系统\student.mdb
	RecordsetType	2
	RecordSource	密码
	Visible	False
	Connect	Access
Label1～Lable3	Caption	略
	Font	幼圆体、小一、加粗
Text1～Text3	Font	宋体、小一、加粗
	Text	清空
Text3	Datasource	Data1
	Datafields	Level
Text4	Visible	False
	Datasource	Data1
	Datafields	Password
Image1	Picture	D:\学生学籍管理系统\图片\zhj40.ico
Command1～2	Font	楷体,三号,加粗(本系统所有命令按钮均相同)

3）控件代码

控件代码如下：

```
Option Explicit
Dim i%
Private Sub Command1_Click()                ´"确定"按钮
  Static m%
  If Text2.Text = Text4.Text Then           ´用户输入的密码与密码表中数据相同
    level = Text3.Text
    MsgBox "欢迎" & Text1.Text & "进入学生学籍管理系统!",64,"学籍管理系统"
    frmmm.leveltest                         ´调用窗体过程,根据用户级别分配操作权限
    Unload Me
  Else
    MsgBox "密码错误!"
    m = m + 1
    Text2 = ""
    Text2.SetFocus
    If m > 2 Then
    MsgBox "请您核对密码重新登录!"
```

```
        End If
    End If
End Sub

Private Sub Command2_Click()
        End
End Sub

Public Sub leveltest()                    '自定义过程
```

Rem 过程是通过用户级别来设置用户的权限，即 1 级用户系统所有菜单均可以使用；2 级用户只能浏览、更新和输出，不能进行系统维护；3 级用户只有浏览、输出权限。代码如下：

```
Select Case level
    Case 1
    MDIForm1.studbrow.Enabled = True   '"学生信息浏览"菜单可用
    MDIForm1.studupda.Enabled = True   '"学生信息更新"菜单可用
    MDIForm1.output.Enabled = True     '"学生信息输出"菜单可用
    MDIForm1.system.Enabled = True     '"系统维护"菜单可用
    MDIForm1.Toolbar1.Enabled = True   '用户自定义的工具栏各按钮可用
    Case 2
    MDIForm1.studbrow.Enabled = True
    MDIForm1.studupda.Enabled = True
    MDIForm1.output.Enabled = True
    MDIForm1.Toolbar1.Enabled = True
    MDIForm1.Toolbar1.Buttons(5).Enabled = False
      '"添加用户"按钮不可用
    Case 3
    MDIForm1.studbrow.Enabled = True
    MDIForm1.output.Enabled = True
    MDIForm1.Toolbar1.Enabled = True
    MDIForm1.Toolbar1.Buttons(2).Enabled = False '"学生信息更新"不可用
    MDIForm1.Toolbar1.Buttons(5).Enabled = False '"添加用户"按钮不可用
    MDIForm1.Toolbar1.Buttons(6).Enabled = False '"计算器"按钮不可用
    MDIForm1.Toolbar1.Buttons(7).Enabled = False '"日历设置"按钮不可用
    MDIForm1.Toolbar1.Buttons(8).Enabled = False '"MP3 播放器"按钮不可用
    End Select
    MDIForm1.Caption = "学生学籍管理系统 - - - 操作员" & Text1 & Text3 & "级用户"
    End Sub

Private Sub Text1_LostFocus()
    Static n%                          'n 为静态局部变量，用来计数 text1 失去焦点的次数
    us = Text1.Text
    If Text1 <> "" Then
      Data1.Recordset.FindFirst "user = '" & us & "'"'在密码表中查找与 text1 匹配的用户名
      If Data1.Recordset.NoMatch Then '若没有匹配的用户名
```

```
            MsgBox "用户名错误!"
            n = n + 1
            Text1.Text = ""
            Text1.SetFocus
            If n > 2 Then
                MsgBox "请您核对用户名重新登录!"
            End
          End If
        End If
        Else
          MsgBox "用户名不能为空"
        End If
End Sub
```

(5) 建立学生基本情况窗体

建立学生基本情况窗体(学生基本情况.frm),如图 7.20 所示。

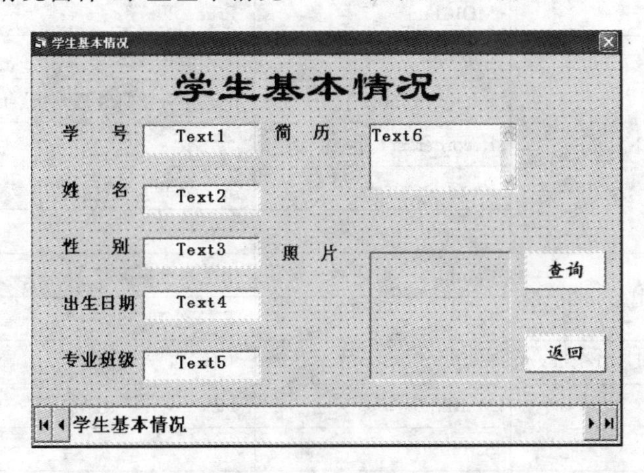

图 7.20 学生基本情况窗体

1) 设计思想

学生基本情况窗体上添加一个 Data1 控件与"学生基本情况"表连接,Text1~Text6 及 Image1 均与 Data1 中相应字段相连。通过单击 Data1 控件中按钮浏览表中数据,单击"查询"按钮可按学号进行查询,单击"返回"按钮返回到主窗口中。

2) 控件属性

控件属性如表 7.3 所列。

注:用户照片以图像文件存在,打开该图片,复制到剪切板上,然后双击 Image1 即可将该图片加到数据库中。该功能请详见"学生基本情况更新"窗体。

3) 控件代码

```
Private Sub Command1_Click()          '查询
    Dim num As String
    num = InputBox("请输入学号","查找窗口")
    Data1.Recordset.FindFirst "学号 = '" & num & "'"
    If Data1.Recordset.NoMatch Then MsgBox "无此学号!",64,"提示信息"
```

```
End Sub

Private Sub Command2_Click()          '返回
    Unload Me
    MDIForm1.exit.Enabled = True
End Sub

Private Sub Data1_Reposition()        '单击数据控件当前记录改变时发生
Data1.Caption = "学生基本情况当前记录：" & Data1.Recordset.AbsolutePosition + 1
End Sub
```

表 7.3　学生基本情况窗体控件属性

控件名称	主要属性	值
Frmbase	Caption	学生基本情况
	BorderStyle	3
	MDIChild	True
Data1	Caption	学生基本情况
	DatabaseName	D:\学生学籍管理系统\student.mdb
	RecordersetType	2
	RecordSource	学生基本情况表
	Connect	Access
Label1	Caption	学生基本情况
	Font	隶书、小初、粗体
Label2～Label8、Text1～Text6	Font	宋体、四号、粗体
Text6	Multiline	Ture
	ScrollBars	2
Image1	BorderStyle	1
Text1～Text6、Image1	Datasource、Datafield	为学生基本情况表相应字段
Command1～Command2	BackColor	任意颜色

(6) 建立学生成绩情况窗体

建立学生成绩情况窗体(学生成绩情况.frm)，如图 7.21 所示。

1) 设计思想

学生成绩情况窗体用来浏览学生各科成绩。该窗体同样用 Data1 控件，不同的是在窗体运行时隐藏该控件的显示，利用首记录、上一条、下一条及末记录等按钮来调整在文本框中显示对应数据记录。窗体左上角利用 Text7 显示当前为第几条记录，Text6 不绑定表中任何字段，只用来显示四科成绩的总分。

2) 控件属性

控件属性如表 7.4 所列。

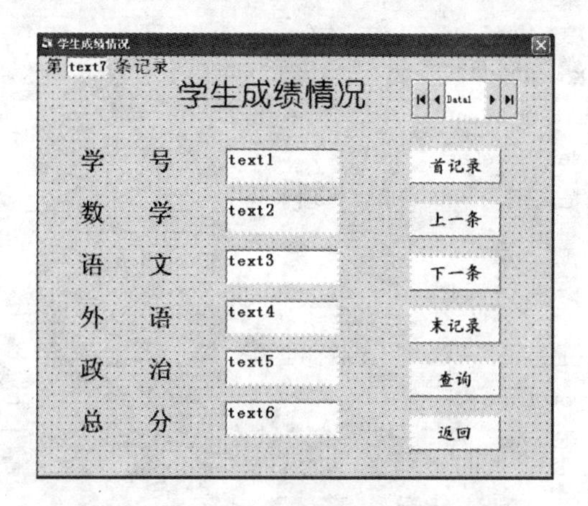

图 7.21　学生成绩情况窗体

表 7.4　学生成绩情况窗体属性

控件名称	主要属性	值
Frmgrade	Caption	学生成绩情况
	BorderStyle	3
	MDIChild	True
Data1	Caption	学生基本情况
	RecordSource	学生成绩情况表
	Visible	False
Label1	Caption	学生成绩情况
Label2～Label9、Text1～Text6	Font	宋体、四号、粗体
Text1～Text5	Datasource、Datafield	为学生基本情况表相应字段
	Locked	True
Command1～Command2	BackColor	任意颜色

3）主要事件代码

代码如下：

```
Private Sub Command1_Click()            '首记录
    Data1.Recordset.MoveFirst           '将记录指针指向数据控件的第一个记录
End Sub

Private Sub Command2_Click()            '上一条
    Data1.Recordset.MovePrevious        '将记录指针指向当前记录的前一个记录
    If Data1.Recordset.BOF Then         '如果是文件头则指向首记录
        Data1.Recordset.MoveFirst
        MsgBox "已经是首记录",64,"学籍管理系统"
    End If
End Sub
```

```
Private Sub Command3_Click()          ´下一条
    Data1.Recordset.MoveNext
    If Data1.Recordset.EOF Then
        Data1.Recordset.MoveLast
        MsgBox "已经是末记录",64,"学籍管理系统"
    End If
End Sub

Private Sub Command4_Click()          ´末记录
    Data1.Recordset.MoveLast
End Sub

Private Sub Command6_Click()          ´查询
    Dim num As String
    num = InputBox("请输入学号","查找窗口")
    Data1.Recordset.FindFirst "学号 = ´" & num & "´"      ´按学号进行查询,查到显示该记录
    If Data1.Recordset.NoMatch Then MsgBox "无此学号!",64,"提示信息"
End Sub

Private Sub Data1_Reposition()        ´记录指针发生移动
    Text7.Text = Data1.Recordset.AbsolutePosition + 1
    Text6.Text = Val(Text2) + Val(Text3) + Val(Text4) + Val(Text5)
End Sub

Private Sub Form_Initialize()         ´窗体初始化时即计算首记录的总成绩
    Text6.Text = Val(Text2) + Val(Text3) + Val(Text4) + Val(Text5)
End Sub
```

(7) 学生选课情况窗体

学生选课情况窗体(学生选课情况.frm),如图 7.22 所示。

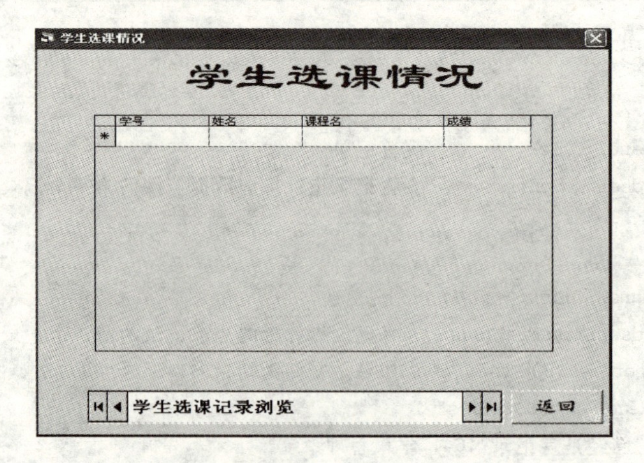

图 7.22　学生选课情况窗体

1) 设计思想

在学生选课情况窗体上添加“学生选课情况”标签、一个 DataGrid 控件、一个 ADO 数据控件、一个“返回”按钮。由于学生选课表中只有“学号”、“课程号”和“成绩”三个字段，要想显示“学号”、“姓名”、“课程名”和“成绩”可利用 SELECT(结构化查询语言)。

2) 主要控件属性

主要控件属性如表 7.5 所列。

表 7.5　学生选课情况窗体属性

控件名称	主要属性	值
Frmelect	Caption	学生选课情况
	BorderStyle	3
	MDIChild	True
Adodc1	Caption	学生选课记录，记录浏览
	RecordSource	select 学生基本情况表. 学号，学生基本情况表. 姓名，课程表. 课程名，学生选课表. 成绩 FROM 学生基本情况表，学生选课表，课程表 WHERE 学生基本情况表. 学号＝学生选课表. 学号 and 课程表. 课程号＝学生选课表. 课程号
	EOFAction	0 （当指针移到文件尾时指针指向末记录）
DataGrid1	DataSource	Adodc1

- Adodc1 控件的属性设置方法：在属性页“通用”选项卡中选择“使用连接字符串”项；单击“生成”按钮，在弹出“数据连接属性”对话框中选中 Microsoft Jet 3.51 OLE DB Provider；单击“下一步”按钮，在“连接”选项卡中选择数据库名为“d:\学生学籍管理系统\student.mdb”；单击“测试连接”，当连接成功后，应用即可。
- DataGrid1 控件的列设置方法：选中该控件，按右键在快捷菜单中选“编辑”；选中控件某一列，在快捷菜单中选中“追加”即可增加该控件列数。DataGrid1 控件的列标题及绑定数据字段在属性页的列选项卡中设置，如图 7.23 所示。

3) 主要事件代码

代码如下：

```
Private Sub Command1_Click()
    Unload Me
    MDIForm1.exit.Enabled = True
End Sub
```

(8) 学生基本情况更新窗体

学生基本情况更新窗体(学生情况更新.frm)，如图 7.24 所示。

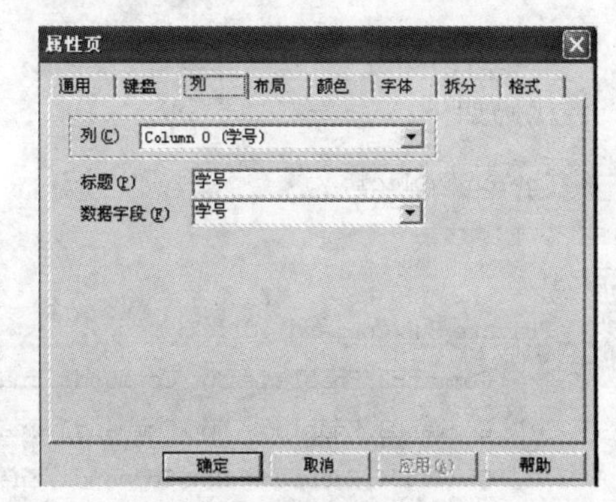

图 7.23　DataGrid1 属性页

1) 设计思想

以学生基本情况更新窗体实现对学生基本情况表进行“新增”、“删除”、“修改”功能，在窗体上添加

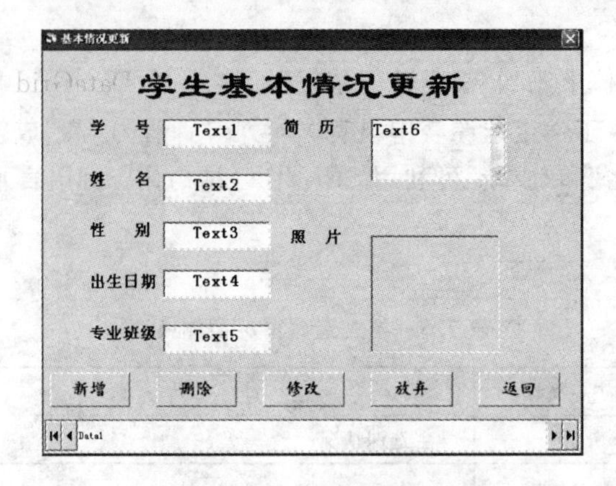

图 7.24 学生情况更新窗体

如图 7.24 所示控件。Text1～Text6 均与表中相应字段相连,Data1 与“学生基本情况表”连接。窗体运行后,当单击“新增”按钮时,“新增”按钮文字变为“确定”,同时文本框中内容清空,待用户输入新内容后,若想保存则单击“确定”按钮(该按钮文字变为“新增”);否则单击“放弃”按钮。为了避免操作过程的误操作,对命令按钮的 Enabled 属性进行设置,如 Command1. Enabled＝True 或 Command1. Enabled＝not Command1. Enabled。

2) 控件主要属性

控件主要属性如表 7.6 所列。

表 7.6 学生情况更新窗体属性

控件名称	主要属性	值
Frmstudup(form)	Caption	基本情况更新
	BorderStyle	3
	MDIChild	True
Data1	DatabaseName	D:\学生学籍管理系统\student. mdb
	RecordSource	学生基本情况表
	RecordsetType	1
Command1～Command5	Caption	见图

3) 事件代码

代码如下:

```
Option Explicit
Dim mark

Private Sub Command1_Click()                        '"添加"按钮
    Command2.Enabled = Not Command2.Enabled         '取反按钮的可用性
    Command3.Enabled = Not Command3.Enabled
    Command4.Enabled = Not Command4.Enabled
    Command5.Enabled = Not Command5.Enabled
    If Command1.Caption = "新增" Then               '当按钮文字为"新增"时
```

```
        Command1.Caption = "确定"                    '将按钮文字改为"确定"
        mark = Data1.Recordset.Bookmark              '将当前记录书签存入窗体级变量 mark 中
        Data1.Recordset.AddNew                       '实现添加记录操作
        Text1.SetFocus
    Else
        Command1.Caption = "新增"                    '若按钮显示文字为"确定"则保存添加记录
        Data1.Recordset.Update
        Data1.Recordset.MoveLast                     '记录指针移到末记录
    End If
End Sub

Private Sub Command2_Click()                          '删除当前记录
    On Error Resume Next
  If Command2.Caption = "删除" Then
        Command2.Caption = "确定"
        Command1.Enabled = False
        Command3.Enabled = False
        Command4.Enabled = True
        Command5.Enabled = False
    Else
        Data1.Recordset.Delete                       '实现删除操作
        Data1.Recordset.MoveNext                     '记录指针移向下一个记录
        If Data1.Recordset.EOF Then Data1.Recordset.MoveLast  '若当前为文件尾则指针指向末记录
        Command2.Caption = "删除"
        Command1.Enabled = True
        Command3.Enabled = True
        Command4.Enabled = False
        Command5.Enabled = True
    End If
End Sub

Private Sub Command3_Click()                          '"修改"按钮
    Command1.Enabled = Not Command1.Enabled
    Command2.Enabled = Not Command2.Enabled
    Command4.Enabled = Not Command4.Enabled
    Command5.Enabled = Not Command5.Enabled
    If Command3.Caption = "修改" Then
        Command3.Caption = "确定"
        mark = Data1.Recordset.Bookmark
        Data1.Recordset.Edit                         '编辑修改操作
        Text1.SetFocus
    Else
        Command3.Caption = "修改"
        Data1.Recordset.Update                       '确定修改
```

```
    End If
End Sub

Private Sub Command4_Click()                          '"放弃"按钮
    On Error Resume Next
    Command1.Caption = "新增"
    Command3.Caption = "修改"
    Command2.Caption = "删除"
    Command1.Enabled = True
    Command2.Enabled = True
    Command3.Enabled = True
    Command4.Enabled = False
    Command5.Enabled = True
    Data1.UpdateControls                              '取消操作
    Data1.Recordset.Bookmark = mark                   '恢复操作前记录书签标识值
End Sub

Private Sub Command5_Click()
    if command4.enabled = false  then
        Unload Me    '若有新增、修改或删除操作,则"放弃"按钮必为可用,所以不能返回主窗口
        MDIForm1.exit.Enabled = True
    else
        msgbox"有任条未完成",32,"提示信息"
    endif
End Sub

Private Sub Data1_Reposition()                        '当指针移动时控件显示文字
    Data1.Caption = "学生基本情况当前记录: " & Data1.Recordset.AbsolutePosition + 1
End Sub

Private Sub Form_Load()       '按钮"新增"、"删除"、"修改"和"返回"可用,"放弃"不可用
    Command1.Enabled = True
    Command2.Enabled = True
    Command3.Enabled = True
    Command4.Enabled = False
    Command5.Enabled = True
End Sub

Private Sub Image1_DblClick()
    Rem 双击图像框后将剪切板上图像加到 picture 属性中,由于 Image1 与表中照片字段相连,即可将
图像保存到照片字段中
    Image1.Picture = Clipboard.GetData
End Sub
```

(9) 用户修改窗体

用户修改窗体(用户修改.frm),如图 7.25 所示。

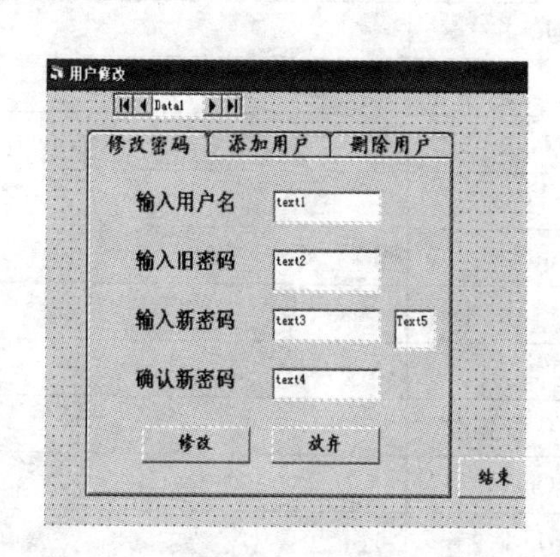

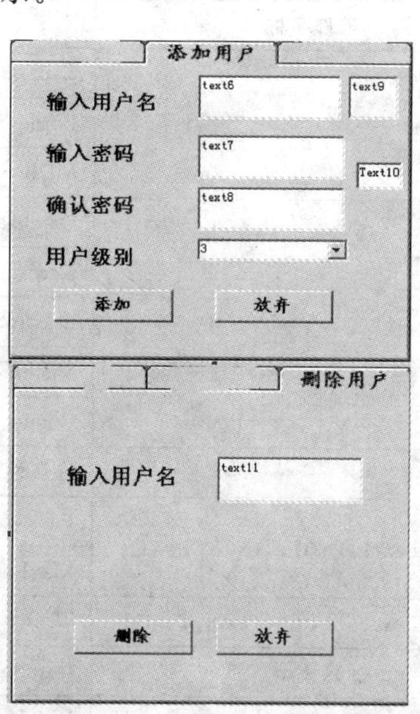

图 7.25　用户修改窗体

1) 设计思想

用户修改窗体主要实现用户的密码修改、添加及删除用户。只有当前用户是 1 级用户才可以操作此窗体(在 MDI 窗体中设置)。在该窗体上添加一个数据控件 Data、一个多选项卡控件 SSTab(Microsoft Tabbed Dialog Control 6.0 部件中),每个选项卡中有相应的标签、文本框及命令按钮,Text9、Text5、Text10 分别与 Data1 中的 user(用户名)、password(密码)、level(权限)相连,具体控件如图 7.25 所示。

- "修改密码"选项卡中 Text4、Text5 隐藏,用户向 Text1 和 Text2 输入用户名和密码。在 Text2 的 LostFocus 事件验证是否与 Data1 所连接的"密码"表中的用户名和密码相同,若相同则显示 Text4。分别在 Text3、Text4 中输入新的密码,单击"修改"按钮,此时该按钮文本变为"确定"。若确实想修改单击"确定",否则单击"放弃"。
- 在"添加用户"选项卡中向 Text6 输入新的用户名。当文本框失去焦点时检测是否与"密码"表中用户重名,未重名再输入密码、确认密码及用户的权限,然后单击"添加"按钮(该按钮文字变"确定")。若确实想添加该用户单击"确定"(检测两次输入密码是否一致),否则单击"放弃"。
- "删除用户"选项卡中直接向 Text11 输入要删除的用户名,单击"删除"按钮(该按钮变为"确定")。删除用户时,若该用户正是当前操作系统的用户则不能删除。

2) 控件主要属性

控件主要属性如表 7.7 所列。

表 7.7　用户修改窗体属性

控件名称	主要属性	值
Frmuserup	Caption	用户修改
	BorderStyle	3
	MDIChild	True
Data1	DatabaseName	D：\学生学籍管理系统\student. mdb
	RecordsetType	1
	RecordSource	密码
	Visible	False
	Connect	Access
SSTab1	在属性页中设置	
Text2～Text4、Text7、Text8	PasswordChar	*
	MaxLength	6
Text1～Text4、Text6～Text8、Text11	Text	空
Text5/Text9/Text10	DataSource	Data1
	DataField	Password/user/level
	Visible	False
Combol1	Text	3

3）事件代码

代码如下：

```
Private Sub Form_Load()
    Label4.Visible = False                 '确认新密码不可见
    Text4.Visible = False                  '输入确认新密码的文本框不可见
    Command1.Enabled = True                ' "修改"按钮
    Command2.Enabled = False               '修改密码中的"放弃"按钮
    Command3.Enabled = True                ' "添加"按钮
    Command4.Enabled = False               '添加用户中的"放弃"按钮
    Command5.Enabled = True                '"删除"按钮
    Command6.Enabled = False               '删除用户中的"放弃"按钮
    Command7.Enabled = True                '"返回"按钮
End Sub
Private Sub Text2_LostFocus()              '用户输入旧密码的文本框
    Dim n% ,na As String,pword As String,mark1% ,mark2%
    na = Text1.Text
    pword = Text2.Text
    Data1.Recordset.FindFirst "user = '" & na & "'"
    mark1 = Data1.Recordset.Bookmark
    If Data1.Recordset.NoMatch Then        '验证用户名是否在密码表中
        MsgBox "没有此用户!",48,"学籍管理系统"
        Text1.Text = ""
```

```
        Text1.SetFocus
        Text2.Text = ""
        Text3.Text = ""
    Else
        If Text2.Text = Text5.Text Then '验证与 Data1 中 password 字段绑定的 text5 和 text2
                                        '是否相同
        Data1.Recordset.Edit    '若相同则说明用户输入的旧密码正确
        Text4.Text = ""
        Text4.Visible = True
        Label4.Visible = True
    Else
        MsgBox "用户密码不对!",48,"学籍管理系统"
        Text1.Text = ""
        Text1.SetFocus
        Text2.Text = ""
        Text3.Text = ""
        Text4.Visible = False
        Label4.Visible = False
    End If
  End If
End Sub
Private Sub Command1_Click()
    If Command1.Caption = "确定" Then
        If Text3 = Text4Then '两次输入的新密码相同
        Data1.Recordset.Update
        MsgBox "修改成功!",64,"学籍管理系统"
        Text1.Text = ""
        Text1.SetFocus
        Text2.Text = ""
        Text3.Text = ""
        Text4.Visible = False
        Label4.Visible = False    '恢复"修改"选项卡中各控件的初始状态
        Command1.Caption = "修改"
        Command2.Enabled = False
        Command7.Enabled = True
    Else
        MsgBox "两次输入密码不一致",64,"学籍管理系统"
        Text3.Text = ""
        Text4.Text = ""
        Text3.SetFocus
    End If
ElseIf Command1.Caption = "修改" Then
    Command2.Enabled = True
    Command7.Enabled = False    '"返回"按钮不可操作
    Command1.Caption = "确定"
```

```
    End If
End Sub
Private Sub Command2_Click()
    Text4.Visible = False
    Label4.Visible = False
    Data1.UpdateControls    '数据控件放弃修改操作
    MsgBox "放弃修改",64,"学籍管理系统"
    Text1.Text = ""
    Text1.SetFocus
    Text2.Text = ""
    Text3.Text = ""
    Command2.Enabled = False
    Command7.Enabled = True
End Sub
Private Sub Command3_Click()
    Dim m%
    On Error Resume Next
    If Command3.Caption = "添加" Then
        Command3.Caption = "确定"
        Command4.Enabled = True
        Command7.Enabled = False
    Else
        If Text6<> "" And Text7<> "" Then
            Command3.Caption = "添加"
            Command4.Enabled = False
            Command7.Enabled = True
                    If Text7.Text = Text8.Text Then
                MsgBox "添加成功!",64,"学籍管理系统"
                Text9.Text = Text6.Text'text9 与 Data1 中的 user 字段相连
                Text5.Text = Text7.Text
                'Text5 与 Data1 中的 password 字段相连
                Text10.Text = Combo1.Text
                'Text10 与 Data1 中的 level 字段相连
                Data1.Recordset.Update
            Else
                Data1.UpdateControls
                MsgBox "两次输入密码不一致,请重试!",48,"学籍管理系统"
            End If
        Else
            MsgBox "用户名或密码为空!",48,"学籍管理系统"
    End If
    Text6.Text = ""             '"添加用户"选项卡中控件初始化
    Text7.Text = ""
    Text8.Text = ""
    Combo1.Text = "3"
```

```
    End If
End Sub
Private Sub Command4_Click()
    Command3.Caption = "添加"
    Data1.UpdateControls
    Text6.Text = ""
    Text7.Text = ""
    Text8.Text = ""
    Combo1.text = "3"
    Command4.Enabled = False
    Command7.Enabled = True
End Sub
Private Sub Text6_LostFocus()    ´检测新用户名在"密码"表中是否已存在
    Dim na As String
    na = Text6.Text
    Data1.Recordset.FindFirst "user = ´" & na & "´"
    If Data1.Recordset.NoMatch Then
        Data1.Recordset.AddNew
    Else
        Text6 = ""
        Text6.SetFocus
        MsgBox "该用户名已存在,请重新命名!"
    End If
End Sub
Private Sub Command5_Click()
    Dim na As String,n%
    If Command5.Caption = "删除" Then
        Command6.Enabled = True
        Command7.Enabled = False
        Command5.Caption = "确定"
        Text11.SetFocus
    Else
        na = Text11.Text
        If na = us Then
            MsgBox "不能删除当前操作用户!",48,"学籍管理系统"
        Else
            Data1.Recordset.FindFirst "user = ´" & na & "´"
            If Data1.Recordset.NoMatch Then
                MsgBox "没有此用户!",48,"学籍管理系统"
            Else
                On Error Resume Next
                Data1.Recordset.Delete
                MsgBox "删除成功!",64,"学籍管理系统"
            End If
        End If
        Text11.Text = ""
```

```
        Text11.SetFocus
        Command5.Caption = "删除"
        Command6.Enabled = False
        Command7.Enabled = True
    End If
End Sub
Private Sub Command6_Click()
    MsgBox "取消删除!",64,"学籍管理系统"
    Text11.Text = ""
    Command5.Caption = "删除"
    Command6.Enabled = False
    Command7.Enabled = True
End Sub
Private Sub Command7_Click()
    Unload Me
MDIForm1.exit.Enabled = True
    End Sub
```

(10) MP3 播放器窗体

MP3 播放器窗体(MP3 播放器.frm),如图 7.26 所示。

图 7.26 MP3 播放器窗体

1) 设计思想

利用 MCI 控件(Microsoft MultiMedia Controls6.0)做一个 MP3 播放器,在窗体上添加一个 MMControl1、一个通用对话框 CommonDialog1(Microsoft Common Dialog Control6.0)、一个 Slider1 控件(Microsoft Windows Common Control6.0)、"打开 MP3 文件"按钮、一个 Image1 控件、两个标签"总播放时间 00：00"和"当前播放时间 00：00"。

2) 控件主要属性

控件主要属性如表 7.8 所列。

表 7.8 MP3 播放器窗体属性

控件名称	主要属性	值
frmmp3.frm(form)	Caption	MP3 播放器
	BorderStyle	3
	MDIChild	True
Image1	Picture	D:\学生学籍管理系统\图片\f.GIF
MMControl1	暂停、播放、停止(属性页)	可见

续表 7.8

控件名称	主要属性	值
Label1	Caption	总播放时间 00：00
Label2	Caption	当前播放时间 00：00
Command1	Caption	打开 MP3 文件
Slider	SelectRange	True
	TickFrequency	60000

③ 事件代码

代码如下：

```
Private Sub Form_Unload(Cancel As Integer)
    MMControl1.Command = "close"                         ´释放窗体时关闭 MCI 设备
    MDIForm1.exit.Enabled = True
End Sub
Private Sub Command1_Click()
    Dim strfn As String
    CommonDialog1.Filter = "mp3 歌曲文件| *.MP3"
    CommonDialog1.DialogTitle = "指定要播放的 MP3 文件"
    CommonDialog1.ShowOpen                               ´显示打开对话框
    MMControl1.Command = "close"                         ´关闭以前打开过的文件
    MMControl1.DeviceType = "MpegVideo"                  ´MP3 使用的设备类型
    MMControl1.TimeFormat = mciFormatMilliseconds        ´时间为毫秒级
    MMControl1.FileName = CommonDialog1.FileName
    MMControl1.Command = "open"                          ´打开所选文件
    Slider1.Min = 0
    Slider1.Max = MMControl1.Length                      ´进度条的最小、最大值
    Slider1.LargeChange = Slider1.Max / 10
    Slider1.SmallChange = Slider1.Max / 100              ´设置滑块的最大、最小值
    Label1.Caption = "总播放时间" & stoms(MMControl1.Length)
    ´将毫秒转换成分：秒结构
    MMControl1.UpdateInterval = 100                      ´每(1/10) s 更新当前显示时间
    MMControl1.Command = "play"                          ´文件打开后自动播放
    strfn = MMControl1.FileName
    strfn = Right(strfn,Len(strfn)- InStrRev(strfn,"\"))
    Me.Caption = "MP3 播放器 - " & strfn                 ´将文件名显示在窗口标题上
End Sub
Private Sub MMControl1_StatusUpdate()
    Slider1.Value = MMControl1.Position
    ´当 MCI 状态改变时更新进度条和播放时间
    Label2.Caption = "当前时间" & stoms(MMControl1.Position)
End Sub
Private Sub Slider1_Scroll()                              ´调整滑块时重新定位播放位置
    MMControl1.To = Slider1.Value
```

```
    MMControl1.Command = "seek"
    MMControl1.Command = "play"
    End Sub
Function stoms(ms As Long) As String
    Dim minute As Integer,second As Integer
    second = ms / 1000                                  '计算总秒数
    minute = second \ 60                                '计算总共多少分钟
    second = second Mod 60                              '计算余下有多少秒
    stoms = Format(minute) & "：" & Format(second,"00")
End Function
```

(11) 系统日历窗体

系统日历窗体(日历.frm),如图 7.27 所示。

图 7.27 系统日历窗体

1) 设计思想

在窗体上添加 Calendar 部件(Microsoft Calendar Control9.0)、“设定”按钮和“返回”按钮。直接选定年、月、日,单击“设定”即可。

2) 控件主要属性

控件主要属性如表 7.9 所列。

表 7.9 系统日历窗体属性

控件名称	主要属性	值
Frmdate(Form)	Caption	日历
	BorderStyle	3
	MDIChild	True
Calendar1	FirstDay	星期一

3) 事件代码

代码如下:

```
Private Sub Form_Load()           '将系统的年、月、日分别赋值给日历控件的年、月和日
    Calendar1.Year = Year(Date)
    Calendar1.Month = Month(Date)
```

```
    Calendar1.Day = Day(Date)
End Sub
Private Sub Command1_Click()             ′"设定"按钮
    Date() = Calendar1.Value             ′将日历控件的年、月和日赋给系统日期函数
    MsgBox "系统日期设置完毕,当前日期为"  _      ′_为续行符
    & Year(Date) & "年" & Month(Date) & "月" & Day(Date) & "日",32,"信息提示"
End Sub
Private Sub Command2_Click()             ′ "返回"按钮
    Unload Me
    MDIForm1.exit.Enabled = True
End Sub
```

(12) 学生基本情况表

学生基本情况表(DataReport1),如图 7.28 所示。

"工程"菜单中添加 Data Report 部件,然后利用工具箱中"数据报表"提供的控件设置报表头(整个报表的标题内容)、页标头(报表每一个的标题)、细节(与各数据字段绑定)、页注脚和报表注脚五部分内容制作报表(具体设计详见第 6 章 6.6 节报表的制作)。

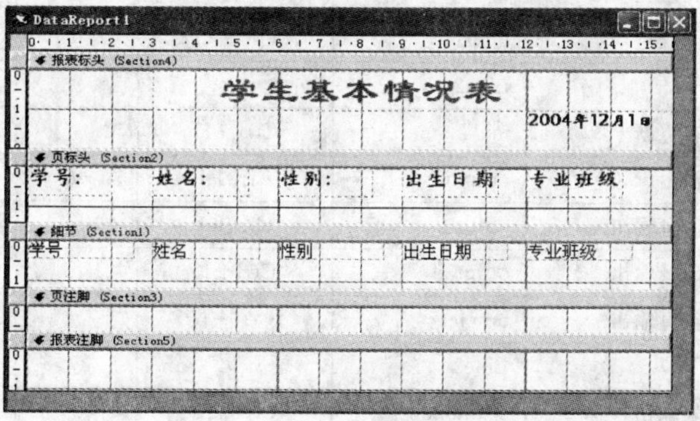

图 7.28　学生基本情况报表

(13) MDI 窗体的其他设置

MDI 窗体的其他设置(系统菜单、用户自定义的常用工具栏),如图 7.29 所示。

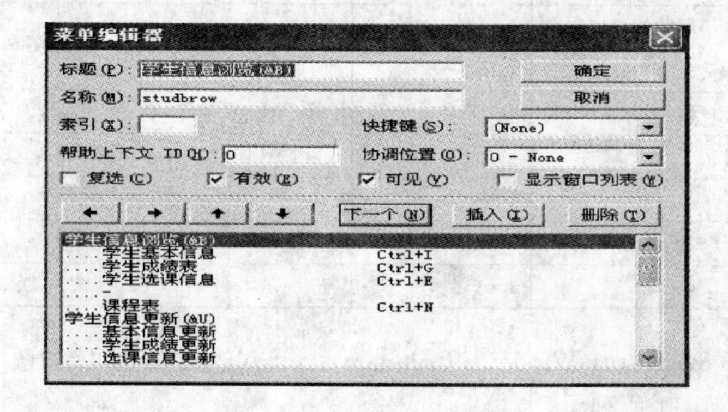

图 7.29　菜单编辑器

1）设计思想

单击“工具”菜单|“菜单编辑器”，打开 VB 菜单编辑器设置系统菜单，用来调用各功能窗体、报表等。

2）属性设置

属性设置如表 7.10 所列。

表 7.10　菜单属性

标题名	名　称	快捷键	有效性	可见性
学生信息浏览(&B)	studbrow		√	√
……学生基本信息	studinfo	Ctrl＋A	√	√
……学生成绩信息	studgrad	Ctrl＋B	√	√
……学生选课信息	studelec	Ctrl＋C	√	√
……—	Line1		√	√
……课程表	classname	Ctrl＋D	√	√
学生信息更新(&U)	studupda		√	√
……基本信息更新	updabase	Ctrl＋E	√	√
……学生成绩更新	updagrad	Ctrl＋F	√	√
……选课信息更新	updaelec	Ctrl＋G	√	√
……—	Line2		√	√
……课程表更新	updaname	Ctrl＋H	√	√
学生信息输出(&O)	output	Ctrl＋I	√	√
……基本信息输出	outbase	Ctrl＋J	√	√
……学生成绩输出	outgrad	Ctrl＋K	√	√
……选课信息输出	outelec	Ctrl＋L	√	√
……—	Line3		√	√
……课程表输出	outname	Ctrl＋M	√	√
系统维护(&S)	system		√	√
……用户信息修改	sysuser	Ctrl＋N	√	√
…………修改密码	userpassup	Ctrl＋O	√	√
…………新增用户	useradd	Ctrl＋P	√	√
…………删除用户	userdele	Ctrl＋Q	√	√
……—	Line4		√	√
……计算器	syscal	Ctrl＋R	√	√
……日历	sysdate	Ctrl＋S	√	√
……—	Line5		√	√
……MP3 播放器	Sysmp3	Ctrl＋T	√	√
退出系统(&Q)	Exit		√	√

在 ImageList1(Microsoft Windows Common Control6.0)属性页(如图 7.30 所示)，插入 8 个图片，属性如表 7.11 所列。

表 7.11　ImageList1 属性

索　引	关键字	图像位置
1	B1	D：\学生学籍管理系统\图片\tap. bmp
2	B2	……\xg. bmp
3	B3	……\sc. bmp
4	B4	……\user. bmp
5	B5	……\calcu. bmp
6	B6	……\date. bmp
7	B7	……\mps. bmp
8	B8	……\exit. bmp

图 7.30　ImageList1 属性页

在 Toolbar1（Microsoft Windows Common Control6.0）属性页设置，如图 7.31 所示和表 7.12所列。

表 7.12　Toolbar1 属性

索　引	样　式	图　像	注	索　引	样　式	图　像	注
1	0	B1		6	0	B5	
2	0	B2		7	0	B6	
3	0	B3		8	0	B7	
4	3	0	分隔线	9	3	0	分隔线
5	0	B4		10	0	B8	

3）事件代码

代码如下：

```
Private Sub exit_Click()
    Rem 单击系统菜单中的“退出系统”菜单项
    End
End Sub
Private Sub MDIForm_Activate()
    Rem  MDI 窗体激活时显示密码窗体
    frmmm. Show
End Sub
```

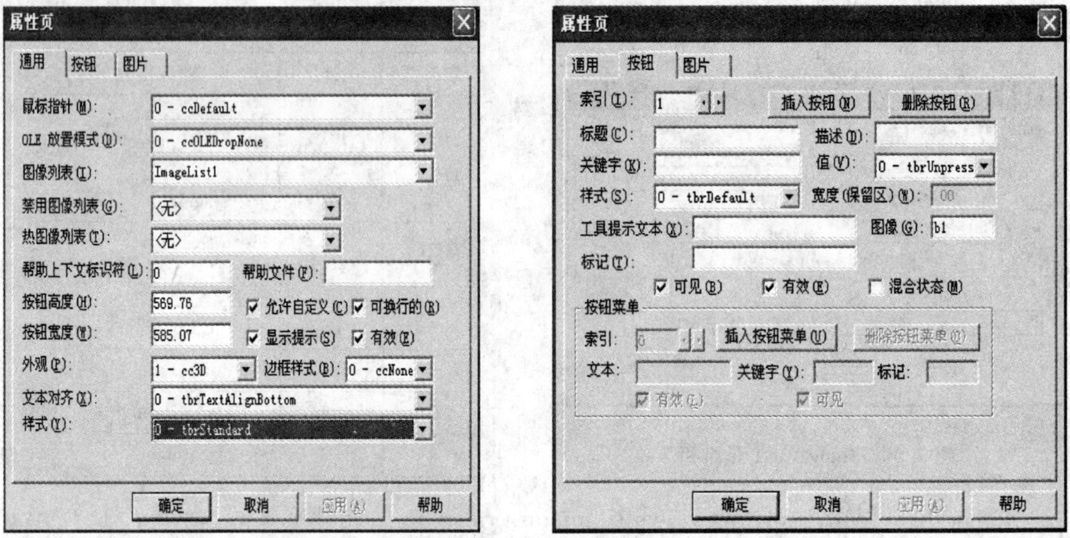

图 7.31 Toolbar1 属性页

```
Private Sub MDIForm_Load()
    MDIForm1.studbrow.Enabled = False
    ′主窗体启动时系统菜单中的菜单项及工具栏均不可用
    MDIForm1.studupda.Enabled = False
    MDIForm1.system.Enabled = False
    MDIForm1.output.Enabled = False
    MDIForm1.Toolbar1.Enabled = False
End Sub
Private Sub outbase_Click()
    Rem 单击"基本信息输出"菜单项,显示报表1
    DataReport1.Show
End Sub
Private Sub studelec_Click()
    Rem 单击"学生选课信息"菜单项,显示"学生选课情况.frm"
    frmelect.Show
    MDIForm1.exit.Enabled = False′   "退出系统"菜单项禁用
End Sub
Private Sub studgrad_Click()
    Rem 单击"学生成绩信息"菜单项,显示"学生成绩信息.frm"
    frmgrade.Show
    MDIForm1.exit.Enabled = False
End Sub
Private Sub studinfo_Click()
    Rem 单击"学生基本信息"菜单项,显示"学生基本信息.frm"
    frmbase.Show
    MDIForm1.exit.Enabled = False
End Sub
Private Sub syscal_Click()
```

```
    Rem  单击"计算器"调用计算应用程序
    Dim i%
    i = Shell(App.Path + "\calc.exe",2)
End Sub
Private Sub sysdate_Click()
    Rem  单击"系统日历"菜单项,显示"日历.frm"
    frmdate.Show
    MDIForm1.exit.Enabled = False
End Sub
Private Sub sysmp3_Click()
    Rem  单击"MP3 播放器",显示"MP3.frm"
    frmmp3.Show
    MDIForm1.exit.Enabled = False
End Sub
Private Sub Toolbar1_ButtonClick(ByVal Button As MSComctlLib.Button)
    Rem  单击工具栏中相应按钮时执行相应的操作
    Select Case Button.Index
        Case 1
    studinfo_Click          '学生基本情况
        Case 2
    studupda_Click          '学生基本情况更新
        Case 3
    outbase_Click           '学生基本情况输出
        Case 5
    useradd_Click           '添加用户
        Case 6
    syscal_Click            '调用计算器
        Case 7
    sysdate_Click           '设置日历
        Case 8
    sysmp3_Click            '打开 MP3 播放器
        Case 10
    End                     '结束
    End Select
End Sub
Private Sub updabase_Click()
    Rem  单击"基本信息更新"菜单项,显示"学生情况更新.frm"
    frmstudup.Show
    MDIForm1.exit.Enabled = False
End Sub
Private Sub useradd_Click()
    Rem  单击"用户信息修改"中的"添加用户"菜单项,显示"用户修改.frm",并且选中第一个选项卡
    frmuserup.SSTab1.Tab = 1
    MDIForm1.exit.Enabled = False
End Sub
```

```
Private Sub userdele_Click()
    Rem  单击"用户信息修改"中的"删除用户"菜单项,显示"用户修改.frm",并且选中第三个选项卡
    frmuserup.Show
    frmuserup.SSTab1.Tab = 2
    MDIForm1.exit.Enabled = False
End Sub
Private Sub userpassup_Click()
    Rem  单击"用户信息修改"中的"修改密码"菜单项,显示"用户修改.frm",并且选中第二个选项卡
    frmuserup.Show
    frmuserup.SSTab1.Tab = 0
    MDIForm1.exit.Enabled = False
End Sub
```

7.2.3 程序的调试与故障分析

1. 程序调试

创建了应用程序的各个组件之后,编译运行程序时,或多或少都会出现错误,可以用 VB 提供的调试工具进行调试。选择什么调试工具取决于系统当前环境和用户习惯。主要有如下方法:

1) 在立即窗口中直接输入测试命令。

2) 用本地窗口和监视窗口来动态的显示变量、表达式的值。

3) 添加代码测试,如用 print 等命令显示变量值。

2. 故障分析

开发此系统时遇到不少问题,需要设计者通过分析、调试来解决。

1) 在"密码.frm"中,利用数据库控件如 Data 来绑定密码表的数据字段。当用户输入用户名和密码后,使用 Data1.Recordset.FindFirst 语句进行查询,即只能查询到第一个满足条件的记录;对于用户名相同而密码不同的记录,后一个记录就查询不到。所以在用户密码表中要求用户名不能重名,避免了错误。

2) 在"基本情况更新.frm"中,没有对"添加"、"修改"、"删除"和"放弃"按钮以及 Data1 控件的 Enabled 属性进行设置,这样在操作过程中容易出现误操作。如选了"添加"按钮后又选了"修改",或选"删除"后又单击 data1 移动了记录,这样会出现混乱。所以设置后当单击"添加"按钮后该按钮变为"确定",同时"删除"、"修改"和"退出"按钮都不可选,用户只能选择"确定"和"放弃"按钮。

3) 在一些代码中加 On Error Resume Next 语句,忽略程序运行时所出的错误提示。

7.3 利用数据文件存储开发学生学籍管理系统

利用数据文件来存储管理系统中数据也是在程序开发过程中经常使用的,但由于文件所存数据的类型、数据量有所限制,一般不用其作为大型管理系统的开发。本节只举一个例子,用上节所用学生基本情况表中数据(即学号、姓名、性别、出生日期、专业班级、简历等信息),来实现数据的浏览、添加、修改及删除等功能。

下面介绍学生管理系统的设计及使用方法(利用文件存储数据)。

7.3.1 “学生基本情况”窗体浏览及更新操作方法

通过单击“首记录”、“上一条”、“下一条”或“末记录”命令按钮,可以对文件中的“学号”、“姓名”、“性别”、“出生日期”、“专业班级”、“简历”等内容进行浏览;单击“添加”按钮可向文件末尾添加一个记录,单击“修改”按钮可修改当前记录,单击“删除”按钮可删除当前记录;单击“保存”或“放弃”按钮来确定或取消所做的添加、修改或删除操作。

7.3.2 “学生基本情况”窗体的设计方法

“学生基本情况”窗体的设计方法如图 7.32 所示。

1) 设计思想

在窗体上添加所需标签、文本框及命令按钮和一个图像框,在工程中建立一标准模块 Module1. bas,设置 student 记录类型数据(具体数据类型见代码),存放数据的文件名为“d:\a. dat”。对于文件中数据操作方法有两种:

- 可以先建立 student 类型的数组变量;然后将文件中的数据依次取出按记录顺序存入数组中,添加、修改和删除都对数组中元素进行操作;最后将数组变量写入文件中。
- 设置一个 student 类型的简单变量,每次取出一个记录数据进行浏览及更新操作。若有添加、修改或删除操作,则重新写入文件中相应的位置;否则,不对文件进行重写。

这两种操作方法均可以完成预想操作,区别在于:第一种需要设置足够的数组变量,但实际应用中有多少个记录数据是不可知的,所以应尽量设置较多变量,即以占据内存做为代价;第二种方法虽然只使用一个 student 类型的变量,但通过对文件中记录读/写操作,足可以实现数据的浏览、添加、修改和删除等操作,只是会以频繁读/写文件操作为代价。

2) 控件主要属性

控件主要属性具体内容如图 7.32 所示。标签、文本框、命令按钮的字体等属性的设置略。

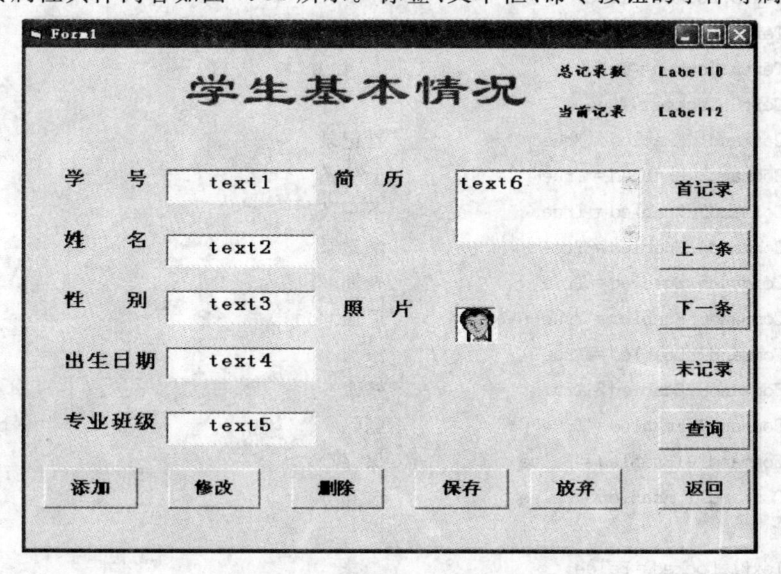

图 7.32　学生基本情况窗体

3）事件代码

代码如下：

```
Module1.bas 标准模块中代码
Option Explicit
Type student
    no As String * 4                 '学号
    name As String * 10              '姓名
      sex As String * 1              '性别
    birthday As String * 8           '出生日期
    zybj As String * 20              '专业班级
    jl As String * 20                '简历
End Type  '图像可以用二进制数据进行存储,但操作比较繁琐,所以不设照片
Public s As student                  's 为全局变量,用来存放当前记录内容
Public n As Integer                  'n 为全局变量,用来存放当前记录号
Option Explicit
Dim nmark As Integer                 'nmark 用来存放当前操作的记录位置
Dim a As Integer,m As Integer,w As Integer  '变量 a 用来记录添加(a=1)、修改(a=2)和删除(a=3)
'操作。变量 m 用来控制将记录变量赋值给文本框(m=1)、清空文本框(m=2)、将文本框内容赋值给记
'录变量(m=3)。变量 w 用来初始化窗体控件,当 w=1 时,文本框只能获得焦点、显示内容,但不能被修
'改,命令按钮除了"保存"和"放弃"两按钮外其余的均可操作;w=2 时文本框中内容可以被修改,同时
'命令按钮中只有"保存"和"放弃"两按钮可以被操作
Private Sub tandc(ByVal w As Integer)
    Rem  自定义过程用来初始化文本框、命令按钮的锁定性及可用性
    Select Case w
    Case 1
        Text1.Locked = True
        Text2.Locked = True
        Text3.Locked = True
        Text4.Locked = True
        Text5.Locked = True
        Text6.Locked = True
        Command1.Enabled = True              '首记录
        Command2.Enabled = True              '上一条
        Command3.Enabled = True              '下一条
        Command4.Enabled = True              '末记录
        Command5.Enabled = True              '查询
        Command6.Enabled = True              '返回
        Command7.Enabled = True              '添加
        Command8.Enabled = True              '修改
        Command9.Enabled = True              '删除
        Command10.Enabled = False            '保存
        Command11.Enabled = False            '放弃
    Case 2
        Text1.Locked = False
        Text2.Locked = False
```

```
        Text3.Locked = False
        Text4.Locked = False
        Text5.Locked = False
        Text6.Locked = False
        Command1.Enabled = False
        Command2.Enabled = False
        Command3.Enabled = False
        Command4.Enabled = False
        Command5.Enabled = False
        Command6.Enabled = False
        Command7.Enabled = False
        Command8.Enabled = False
        Command9.Enabled = False
        Command10.Enabled = True
        Command11.Enabled = True
    End Select
End Sub
Private Sub ssave(ByVal m As Integer)
    Rem  自定义过程,文本框与记录类型变量赋值
    Select Case m
    Case 1                                    'm = 1 时将变量各个域赋值给相应文本框
        Text1 = s.no
        Text2 = s.name
        Text3 = s.sex
        Text4 = s.birthday
        Text5 = s.zybj
        Text6 = s.jl
    Case 2                                    'm = 2 时清空文本框中内容
        Text1 = ""
        Text2 = ""
        Text3 = ""
        Text4 = ""
        Text5 = ""
        Text6 = ""
    Case 3                                    'm = 3 时将文本框中内容分别赋值给变量的不同域
        s.no = Text1
        s.name = Text2
        s.sex = Text3
        s.birthday = Text4
        s.zybj = Text5
        s.jl = Text6
    End Select
End Sub
Private Sub Form_Load()
    Rem  窗体初始化,打开随机文件 a.dat,若文件中有记录,则在文本框中显示首记录,若清空窗体
```

```
        中文本框,则在 label10 中显示文件总记录个数,在 label12 中显示当前记录号
    w = 1
    tandc w                                    '文本框、按钮初始化
    Open "d:\a.dat" For Random As #1 Len = Len(s)
    If LOF(1) / Len(s) >= 1 Then               '若文件中有一个以上记录
        n = 1: m = 1
        Get #1,n,s          '从文件中取出第一个记录,放入变量 s 中
        ssave m                                '调用 ssave 过程在相应文本框中显示第一个记录内容
    Else
        m = 2
        ssave m             '文本框清空,没记录
    End If
    Label10.Caption = LOF(1) / Len(s)
    Label12.Caption = n
End Sub
Private Sub Command1_Click()                   '首记录
    Rem 当用户单击"首记录"时文件指针指向第一个记录,将该记录内容放入记录变量 s 中,调用
        ssave 过程,使该变量内容在窗体相应控件中显示
    n = 1: m = 1
    Get #1,n,s
    ssave m
    Label12.Caption = n
End Sub
Private Sub Command2_Click()                   '上一条
    n = n - 1                                  '文件指针号减 1,即指向上一个记录
    If n < 1 Then                              '若满足条件说明,在指向上一个记录前已是首记录
        n = 1
        MsgBox "已是首记录"
    Else                                       '否则,显示上一条记录
        m = 1
        Get #1,n,s
        ssave m
    End If
    Label12.Caption = n
End Sub
Private Sub Command3_Click()                   '下一条
    n = n + 1                                  '文件指针指向下一个记录
    If n > LOF(1) / Len(s) Then          'n 大于文件的记录个数,说明移动指针前已是末记录
        n = LOF(1) / Len(s)
        MsgBox "已是末记录"
    Else
        m = 1
        Get #1,n,s
        ssave m
    End If
```

```
    Label12.Caption = n
End Sub
Private Sub Command4_Click()                    '末记录
    m = 1
    n = LOF(1) / Len(s)                         '文件的记录个数
    Get #1,n,s                                  '取出最后一个记录内容放入变量
    ssave  m
    Label12.Caption = n
End Sub
Private Sub Command5_Click()                    '查询
    Rem  该操作实现的是在弹出的对话框中输入要查询的学号,若找到则提示找到,并显示该学号对
         应的所有信息,否则提示未找到信息
    Dim num As String * 4
    Dim f As Boolean
    f = True          'f 用来标识是否找到满足条件的记录,若找到则将 f 赋值为 false
    Close #1
    Open "d:\a.dat" For Random As #1 Len = Len(s)  '关闭文件后重新打开,指针位于第一个记录
    n = 1: m = 1
    num = InputBox("请输入学号","提示信息")
    While Not EOF(1) And f                      '循环条件为指针没到文件尾,并且 f 是真值
        Get #1,n,s                              '取出当前记录号放入变量中
        If Trim(num) =  s.no Then
            f = False                           '若输入的学号与变量域中学号相同,f 值为假
        End If
        n = n + 1                               '记录号加 1
    Wend
    If f Then              '退出循环有两个条件,即指针到文件尾或找到相同记录
        n = 1              'f 为真说明是指针到了文件尾才退出,将文件指针指向首记录
        MsgBox "没找到满足条件记录!"
    Else
        MsgBox "已找到满足条件记录!"
        n = n - 1
    End If
    Get #1,n,s
    ssave  m
End Sub
Private Sub Command6_Click()                    '返回
    End                                         '由于该例只有一个窗体,可以直接以 END 结束
End Sub
Private Sub Command7_Click()                    '添加
    Rem  当用户单击"添加"按钮后,将文本框中显示的当前记录号记住(将 n 值赋给 nmark 变量),调
         用 ssave 过程清空窗体中文本框,以备用户输入新数据记录;调用 tandc 过程只有"保存"和
         "放弃"按钮和各文本框可操作,其他所有按钮均不可操作
    a = 1: m = 2: w = 2
    nmark = n
```

```
    n = LOF(1) / Len(s) + 1                    '添加一个记录文件中记录个数加 1
    ssave m                                    '将文本框清空,待用户添加新数据
    tandc w
End Sub
Private Sub Command8_Click()                   '修改
    a = 2: w = 2
    nmark = n
    tandc w
End Sub
Private Sub Command9_Click()                   '删除
    a = 3: w = 2
    nmark = n
    tandc w
End Sub
Private Sub Command10_Click()                  '保存
    Dim i As Integer
    Select Case a                              '窗体级变量 a,用来区别添加、修改和删除操作
    Case 1                                     'a = 1 时添加操作
        m = 3: w = 1
        ssave m                                '调用 ssave 过程将文本框中数据赋给变量
        Put #1,n,s                             '将变量写入文件的最后一个记录位置
        Label10.Caption = n                    '显示文件中总记录个数
        Label12.Caption = n                    '显示文件中当前记录号
        tandc w                                '调用 tandc 过程除了"保存"和"放弃"按钮外,其他控
                                               '件均可操作
    Case 2                                     'a = 2 时修改操作
        m = 3: w = 1
        ssave m                                '将修改后文本框中数据赋给变量
        Put #1,n,s                             '将变量写入文件中相应位置
        tandc w                                '使窗体中文本框和"保存"、"放弃"按钮不可操作
    Case 3      'a = 3 时删除操作。删除操作实现方法是当单击"保存"按钮,即确定要删除后,在 2 号工
'作区打开 D:\b.dat 随机文件,将 1 号工作区中的 a.dat 文件中第 1~n - 1 条记录写到 2 号文件中,再
'将 1 号文件中的第 n + 1~末记录也按顺序写到 2 号文件中。然后关闭两个文件,将 D:\a.dat 文件删
'除,再把 D:\b.dat 文件复制为 D:\a.dat;删除 b.dat 文件。最后在窗体控件中显示新文件中第 n 条
'记录
        w = 1
        Open "d:\b.dat" For Random As #2 Len = Len(s)      '打开 2 号随机文件 b.dat
        For i = 1 To n - 1
        '将要删除的第 n 个记录前 1~n - 1 个记录写入 b.dat 文件中
          Get #1,i,s
          Put #2,i,s
        Next i
        For i = n + 1 To LOF(1) / Len(s)
        '将要删除的第 n + 1 之后记录写入 b.dat 文件中
        Get #1,i,s
```

```
        Put #2,i-1,s
        Next i
        Close #1
        Close #2                                        '先后关闭两个文件
        Kill "d:\a.dat"                                 '删除原文件
        FileCopy "d:\b.dat","d:\a.dat"                  '将没有第n个记录的b.dat复制成a.dat
        Kill "d:\b.dat"                                 '删除b.dat
        Open "d:\a.dat" For Random As #1 Len=Len(s)     '打开a.dat
        If nmark > LOF(1) / Len(s) Then
            n=LOF(1) / Len(s)
        '原来操作的记录号大于新文件最大记录数说明删除的是最后一个记录
        Else
            n=nmark                                     '显示原来记录号后面的记录
        End If
        If n <> 0 Then                                  '删除后不是空记录文件
            m=1
            Get #1,n,s                                  '将当前记录存入变量S中
            ssave m                                     '显示到窗体的文本框中
        Else
            m=2                                         '否则清空文本框
            ssave m
        End If
        Label10.Caption=LOF(1) / Len(s)
        Label12.Caption=n
        tandc w
    End Select
End Sub
Private Sub Command11_Click()                           '放弃
    w=1: m=1
    n=nmark
    Get #1,n,s                                          '取出原来操作的记录号内容
    ssave m
    tandc w
End Sub
```

以上程序设计只是数据文件开发系统的一部分，读者若有兴趣可以继续扩展其他功能模块，本节不详叙。

7.4 利用 Visual Basic 开发其他管理系统

利用 Visual Basic 6.0 还可以开发其他管理系统，如：

① 学生学籍管理系统；

② 图书管理系统；

③ 学生宿舍管理系统；

④ 酒店客房管理系统；

⑤ 机场售票管理系统；

⑥ 仓库管理系统。

习题 7

7.1 填空题

1. Visual Basic 是基于 Basic 的可视化的程序设计语言，是一个(　　)的集成开发系统。
2. Visual Basic 在其编程系统中采用了面向对象的可视化、(　　)驱动的编程机制。
3. 软件生存周期分为三大阶段：(　　)阶段、(　　)阶段和(　　)阶段。
4. 软件生存周期的定义阶段包括问题的计划和(　　)。
5. 软件生存周期的开发阶段包括概要设计、(　　)、编码、集成测试及试运行和验收。

7.2 简答题

1. 利用 VB 开发管理系统时可以采用哪两种常用存储数据方式？它们各有什么特点？
2. 如何对 VB 工程进行编译？

第 8 章　实　验

实验 1　VB 集成开发环境

1. 预习内容

(1) VB 的启动与退出方法。

(2) VB 创建工程的基本步骤。

(3) VB 集成开发环境设置。

2. 实验目的

(1) 熟悉 VB 集成开发环境。

(2) 掌握 VB 的启动、退出方法。

(3) 掌握 VB 创建工程的基本步骤。

(4) 掌握 VB 集成开发环境设置。

3. 实验内容

(1) 编写程序

编写一个程序，要求设置窗体的标题是“这是我的第一个练习”，且在程序执行后，单击窗体显示如下文字：“我可以用 Visual Basic 编写程序了！”。单击“结束”按钮，结束程序的运行。运行界面如图 8.1 所示。

1) 在窗体上添加一个命令按钮(Command1)。

2) 设置窗体及命令按钮的属性，如表 8.1 所列。

表 8.1　控件属性

控件名称	属　性	值
Form1	Caption	这是我的第一个练习
Command1	Caption	结束

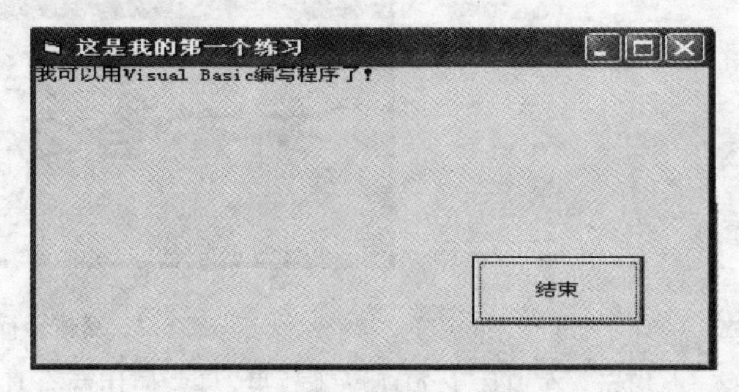

图 8.1　这是我的第一个练习

3) 控件事件代码

代码如下：

```
Private Sub Form_Click()
    Print "我可以用 Visual Basic 编写程序了！"      'Print 语句为打印方法
End Sub
```

```
Private Sub Command1_Click()
    End
End Sub
```

4）保存（保存在指定位置，文件名自定）、运行，最后退出 VB 环境。

（2）打开工程文件，重新设备

打开上题工程文件，对窗体、命令按钮的属性（颜色、字体等）、事件（单击，双击事件代码）进行重新设置，然后保存。要求在实验报告中详细书写各控件的属性、事件代码。

4. 问　题

（1）VB 中设置控件属性的方法，请指出程序中哪些是控件的属性、事件和方法？

（2）试述 VB 中进入代码窗口的方法。

（3）保存 VB 工程文件时保存几种文件，文件扩展名分别是什么？

（4）写出 VB 中工程中常用三种工作模式。

实验 2　基本控件（一）

1. 预习内容

常用控件的属性、事件和方法。

2. 实验目的

掌握常用控件的属性、事件和方法。

3. 实验内容

（1）在窗体装入时，显示“学生管理系统”；当用户单击窗体时，显示“欢迎使用本系统”；当用户双击窗体时，显示“再见！”。

（2）利用两个标签控件，显示具有浮雕效果的文字，如图 8.2 所示。

图 8.2　窗体运行界面

提示：在窗体上实现浮雕效果，只要使用两个具有相同文字的标签，使它们的位置有些位移即可。

（3）应用标签、文本框和命令按钮设计界面。界面如图 8.3 所示。

4. 问　题

（1）如何设置控件的相应属性？

（2）事件、方法的作用是什么？

（3）标签和文本框的区别是什么？

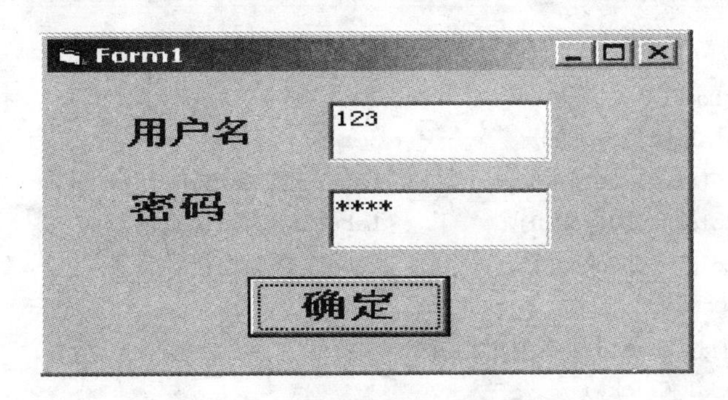

图 8.3 窗体运行界面

实验3 基本控件(二)

1. 预习内容

常用控件的属性、事件和方法。

2. 实验目的

综合运用常用控件的属性、事件和方法。

3. 实验内容

(1) 移动具有浮雕效果的文字和插入图片,如图 8.4 和图 8.5 所示。

图 8.4 窗体设计界面

图 8.5 窗体运行界面

要求:

1) 窗体中插入图片,窗体上以浮雕效果显示字符串"新年快乐";还有两个命令按钮,表示左指向和右指向(插入相应的图标)。

2) 当单击"左指向"按钮时,字符串"新年快乐"向左移动 50twip;单击"右指向"按钮时,向右移动 50twip。

提示:

1) 在窗体上实现浮雕效果,只要使用两个具有相同文字的标签,使它们的位置有些位移即可。

2) 文字移动,有两种方法:对标签进行 Move 方法;或对位置属性 Left、Top 进行改变。

事件代码：

```
Private Sub Form_Load()
    Label2.Top = Label1.Top + 50
    Label2.Left = Label1.Left + 50          ' Label 和 Label2 错位
    Label2.ForeColor = QBColor(0)           ' Label2 字为默认黑色
    Label1.ForeColor = QBColor(15)          ' Label1 字为白色
End Sub
    '控件移动可通过 Move 方法实现,见左移
Private Sub Command1_Click()
    Label1.Move Label1.Left - 50            '单击一次同时左移 50twip
    Label2.Move Label2.Left - 50
End Sub
'也可通过控件的位置属性改变移动,见右移
Private Sub Command2_Click()
      Label1.Left = Label1.Left + 50        '单击一次同时右移 50twip
      Label2.Left = Label2.Left + 50
End Sub
```

(2) 控件字体的设置和随机函数的使用,如图 8.6 所示。

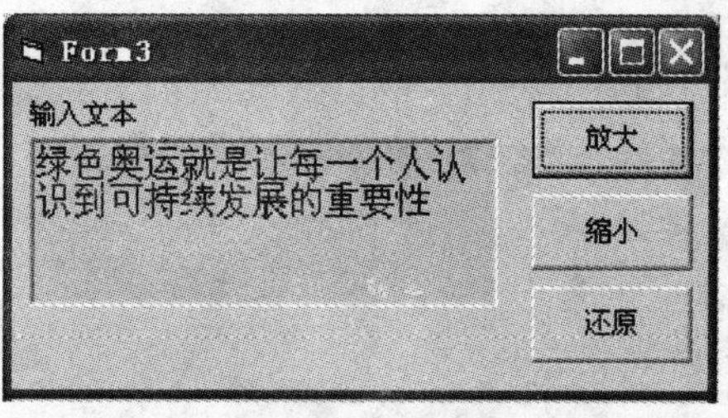

图 8.6　运行界面

要求：

1) 单击“放大”按钮,将文本框中的字符串放大。放大倍数由随机函数产生,范围在 1～3 倍,倍数表达式为 Int(Rnd * 3＋1)。为了使每次运行时产生不同的放大倍数,程序初始时执行 Randomize 语句。

2) 同样,单击“缩小”按钮,进行缩小。缩小的倍数也通过上述方法实现。

3) 在“放大”、“缩小”操作时,对已执行的操作、命令按钮应呈黯淡色。

4) 单击“还原”按钮,字体大小恢复初始状态。

4. 问　题

添加控件的方法有几种,区别是什么?

实验 4　顺序结构

1. 预习内容

(1) VB 赋值语句“＝”。

(2) 用户交互函数 InputBox。

(3) 输出对话框函数 MsgBox()、MsgBox 过程。

(4) Print 方法与 Print 方法有关的函数 Tab、Spc、Space＄。

2. 实验目的

(1) 掌握顺序结构程序设计方法。

(2) 掌握赋值语句"="的使用方法。

(3) 掌握用户交互函数 InputBox 与 MsgBox 的使用。

(4) 掌握 Print 方法与 Print 方法有关的函数(Tab、Spc、Space $)。

3. 实验内容

(1) 设计一个计算学生成绩的程序。程序功能为：用户在 3 个文本框中分别输入英语、计算机与数学成绩，单击命令按钮后，平均成绩输出到窗体上。程序运行界面如图 8.7 所示。

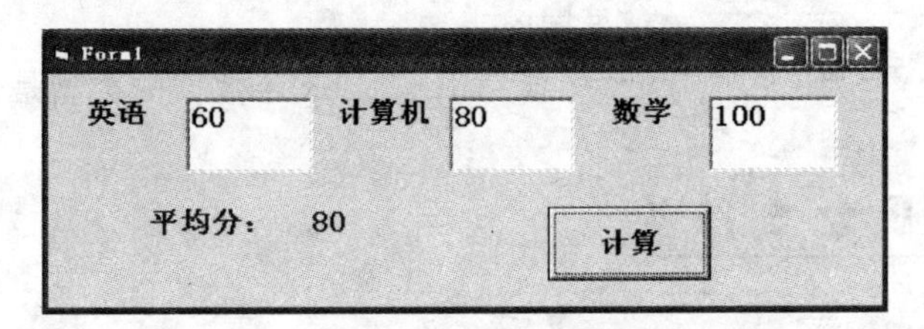

图 8.7　运行界面

(2) 编写一个华氏与摄氏温度之间转换的程序，使用的转换公式是：F=(9/5) * C+32 (这是程序中的表达式，正确的表达式应为$\frac{t_F}{℉}=\frac{9}{5}\frac{t}{℃}+32$)。其中 F 为华氏温度，C 为摄氏温度。程序运行界面如图 8.8 所示。

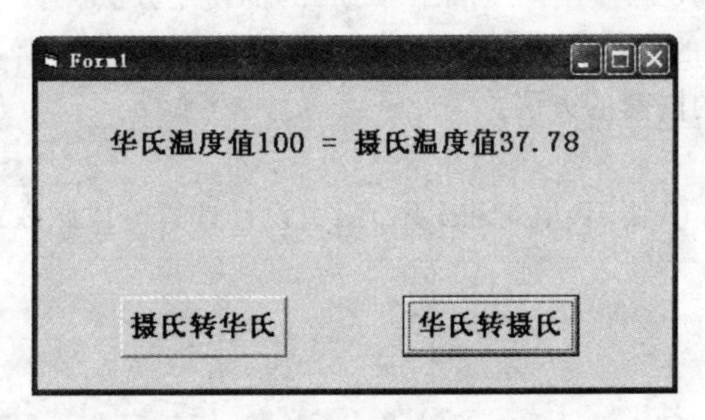

图 8.8　运行界面

事件代码：

```
Private Sub Command1_Click()
    c = Val(InputBox $ ("请输入摄氏温度值：","摄氏转华氏",0))
    f = 32 + 9 * c / 5
    Label1.Caption = "摄氏温度值" & c & " = 华氏温度值" & Format(f,"＃＃＃＃.＃＃")
End Sub
Private Sub Command2_Click()
    f = Val(InputBox $ ("请输入华氏温度值：","华氏转摄氏",0))
    c = 5 * (f - 32) / 9
    Label1.Caption = "华氏温度值" & f & " = 摄氏温度值" & Format(c,"＃＃＃＃.＃＃")
End Sub
```


(3) 已知圆半径为 r，求圆面积、球表面积和球体积。窗体运行状态如图 8.9 所示。

提示：圆面积=π * r^2，球表面积=4 * π * r^2，球体积=(4/3) * (π * r^3)。

(4) 使用 InputBox $ ()函数输入 a,b,c 三个正整数，要求分别对这 3 个数进行求和并进

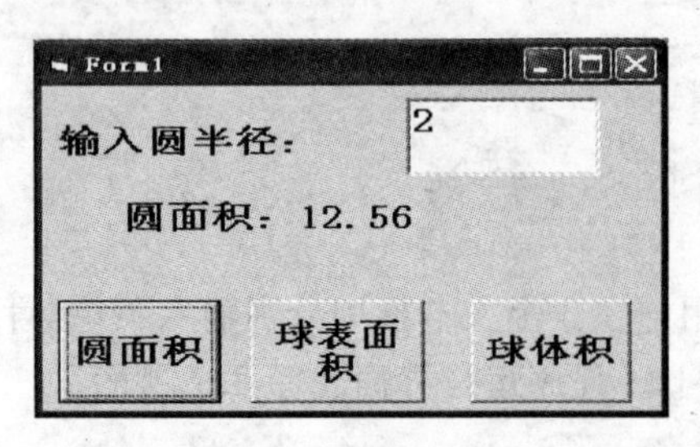

图 8.9　运行界面

行字符串连接的操作。例如：$a=1,b=2,c=3$ 时，则求和结果：$d=6$；连接结果：$c=123$。

4. 问　题

(1) 赋值语句"＝"与逻辑运算符"＝"的使用方法区别？

(2) 与 Print 语句有关的函数 Tab、Spc、Space$ 的异同？

(3) InputBox 函数值的类型是什么？

实验 5　IF 分支结构

1. 预习内容

分支结构中 IF 语句格式及使用方法。

2. 实验目的

(1) 掌握逻辑表达式的正确书写形式。

(2) 掌握分支语句(If…Then，If…Then…Else…Endif)的使用方法。

(3) 掌握多分支语句(If…Then…Elseif…Endif)的使用方法

(4) 掌握 IIF()函数的使用方法。

(5) 掌握条件语句的嵌套的方法。

3. 实验内容

(1) 分别用行 IF 语句、块 IF 语句和 IIF()函数设计计算分段函数：

$$y=\begin{cases}1 & x>0\\0 & x=0\\-1 & x<0\end{cases}$$

的程序。

(2) 输入 x、y、z 三个数，然后进行大小比较，将比较后的值由大到小输出到窗体上。窗体运行界面如图 8.10 所示。

事件代码：

```
Private Sub Command1_Click()
    Dim X#,Y#,Z#
    X = InputBox("请输入第一个数：")
    Y = InputBox("请输入第二个数：")
    Z = InputBox("请输入第三个数：")
    X = VAL(X)：Y = VAL(Y)：Z = VAL(Z)
    If X < Y Then
        A = X
        X = Y
        Y = A
    End If
    If X < ZThen
```

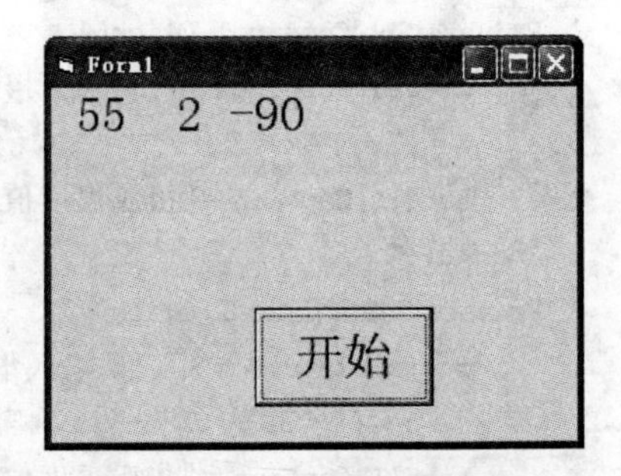

图 8.10　运行界面

```
        A = X
        X = Z
        Z = A
    End If
    If Y < ZThen
        A = Y
        Y = Z
        Z = A
    End If
    Print X,Y,Z
    End Sub
```

(3) 某市公用电话收费标准如下：通话时间在 3 min 以下，收费 0.50 元；3 min 以上，则每超过 1 min 加收 0.15 元，试计算某人在 T 时间通话 S 分钟，应缴多少电话费。

(4) 任意输入一个整数，判定该数的奇偶性。

(5) 某单位按如下方案分配住房：职称为高级或者职称为副高级且工龄大于等于 20 年，分配四室二厅；职称为副高级且工龄小于 20 年，分配四室一厅；职称为中级且工龄大于等于 10 年，分配三室一厅；其余中级职称分配二室一厅。统计各类住房数和住房总数，打印报表。

(6) 从键盘输入数值 a、b、c，求解一元二次方程 $ax^2+bx+c=0$ 的根。

4. 问　题

(1) 行 IF 语句、块 IF 语句与 IIF 函数格式及其使用特点各是什么？

(2) 试述条件语句的嵌套注意事项。

实验 6　SELECT CASE 分支结构

1. 预习内容

情况分支结构中 Select Case 语句及 Choose() 函数格式及使用方法。

2. 实验目的

(1) 掌握情况分支语句 Select Case 的使用方法。

(2) 掌握 Choose() 函数使用方法

3. 实验内容

(1) 编制程序，将百分制学生的成绩转换成 5 分制。

(2) 从键盘输入数字 1～7，分别用情况分支语句 Select Case 和 Choose() 函数编写程序。对输入的每个数字分别显示中文“星期 X”(注：从键盘输入数字 1，则显示“星期一”)。

(3) 使用随机函数 Rnd() 产生整数 1～4，通过单击窗体，然后在窗体中分别对应显示“快”，“乐”，“吉”，“祥”4 个字符中的一个(注：数字 1 对应“快”)。窗体运行界面如图 8.11 所示。

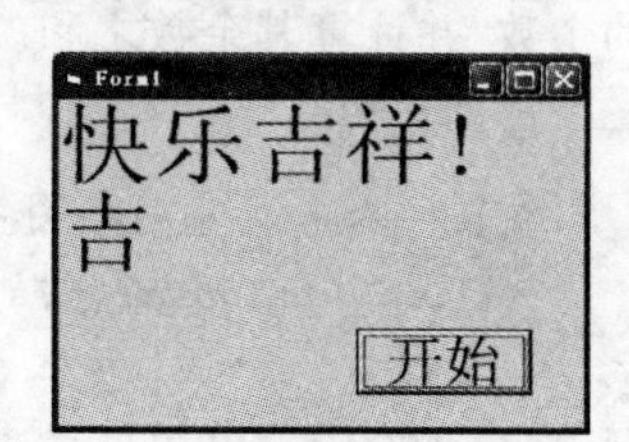

图 8.11　运行界面

事件代码：

```
Private Sub Command1_Click()
    Cls
    Print "快乐吉祥!"
```

```
    Randomize Timer     '产生不同随机数
    x = Int(Rnd() * 4) + 1
    Select Case x
        Case 1
            Print "快"
        Case 2
            Print "乐"
        Case 3
            Print "吉"
        Case 4
            Print "祥"
        End Select
End Sub
```

(4) 从键盘上输入英文字母或数字 0～9,编写程序对其进行分类并显示为:“大写字母”、“小写字母”、“偶数”、“奇数”和“超范围”。

(5) 在文本框中输入字符串“金榜题名”或“落榜”。若字符串为“金榜题名”,则在窗体上显示“恭喜金榜题名!”;若字符串为“落榜”,则在窗体上显示“别泄气,继续努力!”。

4. 问 题

(1) Select Case 语句中的测试表达式常用类型的种类及使用特点是什么?

(2) Select Case 与 If 语句的区别是什么?

实验 7 FOR 循环结构

1. 预习内容

For…Next 循环结构语句格式及使用功能。

2. 实验目的

(1) 掌握 For…Next 语句的使用。

(2) 掌握 For…Next 语句中循环变量初值、终值及步长之间的关系应用方法。

3. 实验内容

(1) 编一程序,显示出 1000 之内的水仙花数。所谓水仙花数,是指组成一个三位数的各数码立方和等于该数字本身。例如,153 是水仙花数,因为: $153=1^3+5^3+3^3$。

(2) 计算 N!(N 为自然数)。

(3) 在窗体的 Picture 控件中,按每行 5 个数输出 1～200 之间能被 7 整除的数以及该数的个数,并计算其余数之和。窗体运行界面如图 8.12 所示。

事件代码:


```
Private Sub Command1_Click()
    Dim i As Integer,j As Integer,s As Integer
    j = 0
    For i = 1 To 200
        If i Mod 7 = 0 Then
            j = j + 1
```

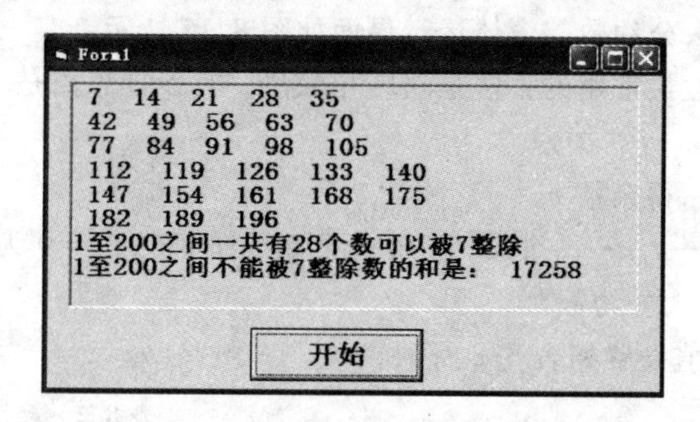

图 8.12　运行界面

```
            Picture1.Print i;
            If j Mod 10 = 0 Then Picture1.Print
        Else
            s = s + i
        End If
    Next i
    Picture1.Print
    Picture1.Print "1 至 200 之间一共有" & j & "个可以被 7 整除的数"
    Picture1.Print "1 至 200 之间不能被 7 整除的数的和是："; s
End Sub
```

(4) 求 π 值,要求计算精度达到万分之一。计算公式如下：

$$\frac{\pi}{2}=\frac{2\times2}{1\times3}\times\frac{4\times4}{3\times5}\times\frac{6\times6}{5\times7}\times\cdots\cdots\times\frac{(2n)^2}{(2n-1)(2n+1)}$$

(5) 显示 100 到 0 之间的所有 5 的倍数之数,要求每行输出 5 个数字。

4. 问　题

(1) 步长循环语句 For 的应用特点是什么?

(2) For 语句的循环次数如何计算?

(3) 试述 For 语句中,循环变量与循环变量初值、终值及步长之间的关系。

实验 8　条件循环结构

1. 预习内容

Do…Loop 与 While…Wend 条件循环结构语句格式及使用功能。

2. 实验目的

(1) 掌握条件循环结构 Do{While|Until}…Loop 与 Do…Loop {While|Until}语句的应用方法。

(2) 掌握条件循环结构 While…Wend 语句的使用方法。

(3) 掌握如何控制循环条件,防止死循环或不循环。

3. 实验内容

(1) 求 Fibonacci 数列的前 20 项(Fibonacci 数列的前几项为：1、1、2、3、5、8…)。

提示：Fibonacci 数列的前 n 项：$n=(n-1)+(n-2)$其中 $n>2$。

(2) 求两个数的最大公约数。窗体运行界面如图 8.13 所示。

提示：求最大公约数最常用的方法是辗转相除法。其设计思路是：

1）假设 m 大于 n；

2）用 n 作除数除 m，得余数 r。

3）若 $r \neq 0$，则令 $m \leftarrow n, n \leftarrow r$，继续相除得到新的 r 值，直到 $r=0$ 为止。

4）最后的 n 即为最大公约数。

该程序中控件属性值设置如表 8.2 所列。

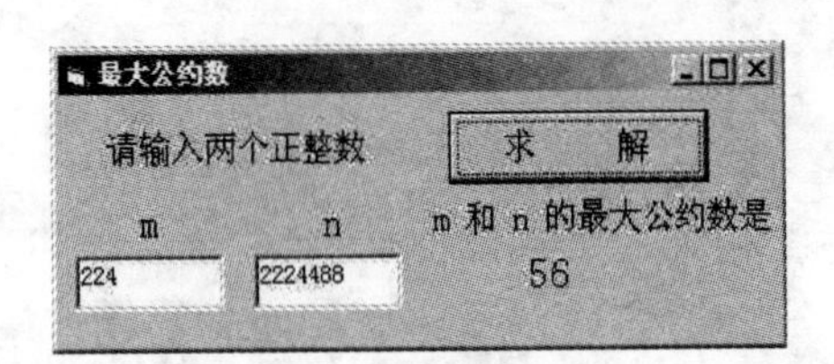

图 8.13　运行界面

表 8.2　控件属性值设置

控件	Caption(或 Text)属性值
Label1	请输入两个正整数
Label2	*m*　　　*n*
Label3	*m* 和 *n* 的最大公约数是
Label4	空白(设计时)
Text11	空白(设计时)
Text12	空白(设计时)
Command1	求　　解

事件代码：

```
Private Sub Command1_Click()
    Dim m As Long,n As Long,temp As Long
    If (Val(Text1.Text) = 0 Or Val(Text2.Text) = 0) Or Val(Text1.Text) > 2147483647 Or Val
(Text2.Text) > 2147483647 Then
        MsgBox "输入的数 0 或溢出,请重新输入!",vbInformation + vbOKOnly,"数据错误"
        Text1.Text = ""
        Text2.Text = ""
        Text1.SetFocus
    Else
        m = Val(Text1.Text)
        n = Val(Text2.Text)
        If m < n Then
            temp = m: m = n: n = temp
        End If
        Do
            r = m Mod n
            m = n
            n = r
        Loop While r <> 0
        Label3.Caption = m
    End If
End Sub
```

(3) 使用条件循环结构 While…Wend 计算如下表达式的值：

$$\sin x \approx x - \frac{x^3}{3!} + \frac{x^5}{5!} - \frac{x^7}{7!} + \frac{x^9}{9!} - \cdots\cdots + (-1)^{n+1}\frac{x^{2n-1}}{(2n-1)!}$$

(4) 分别用条件循环结构 Do While…Loop 与 Do Until…Loop 计算 1 到 100 自然数之和。

注：分别用当型循环结构和直到型循环结构完成此题设计。

4. 问 题

(1) For 循环结构与 Do While…Loop 循环结构的区别是什么?

(2) 当型循环结构 Do…Loop While 语句与 Do…Loop Until 语句的异同是什么?

(3) 如何控制程序的循环条件,防止死循环或不循环?

实验 9 循环嵌套结构

1. 预习内容

分支结构与循环结构、循环嵌套的使用方法。

2. 实验目的

(1) 掌握循环嵌套的使用方法。

(2) 熟悉分支结构与循环结构的综合运用。

3. 实验内容

(1) 求从 1000 到 1100 之间的所有素数。窗体运行界面如图 8.14 所示。

提示：

1) 将文本框 Text1 的 MultiLine 属性设置为 True。

2) 将文本框 Text1 的 ScrollBars 属性设置为2 - Vertical。

3) 命令按钮的 Click 事件代码：

```
Private Sub Command1_Click()
    a = ""
    For n = 1001 To 1100 Step 2
        s = 0
        For i = 2 To Int(Sqr(n))
          If n Mod i = 0 Then
            s = 1
            Exit For
          End If
      Next
      If s = 0 Then a = a & Str(n) & vbCrLf
    Next
    Text1.Text = a
End Sub
```

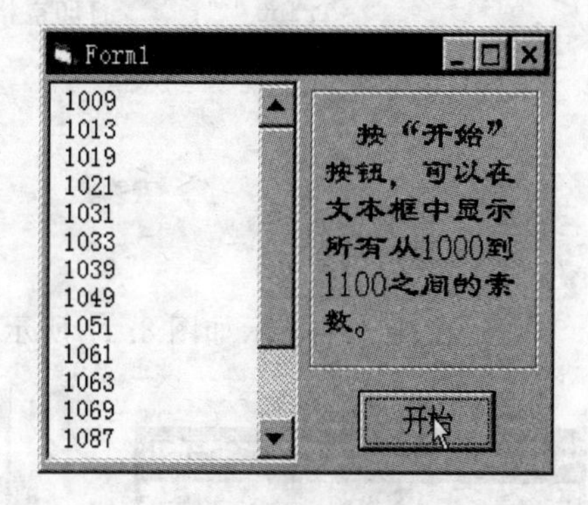

图 8.14 运行界面

(2) 输出九九乘法表。

(3) 在窗体中显示如图 8.15 所示等腰三角形图形。

(4) 在窗体中显示如图 8.16 所示空心菱形图形。

事件参考代码如下：

```
Private Sub Form_Load()
    Dim i%, j%
    For i = 1 To 9
      Print Spc(10 - i);
      For j = 1 To 2 * i - 1
        If j = 1 Or j = 2 * i - 1 Then
            Print " * ";
        Else
            Print " ";
        End If
      Nextj
      Print
    Nexti
    For i = 1 To 8
      Print Spc(i + 1);
      For j = 1 To 17 - 2 * i
        If j = 1 Or j = 17 - 2 * i Then
            Print " * ";
        Else
            Print " ";    '打印空格
        End If
      Nextj
      Print
    Nexti
End Sub
```

(5) 在窗体中显示如图 8.17 所示对称图形。

图 8.15　运行界面

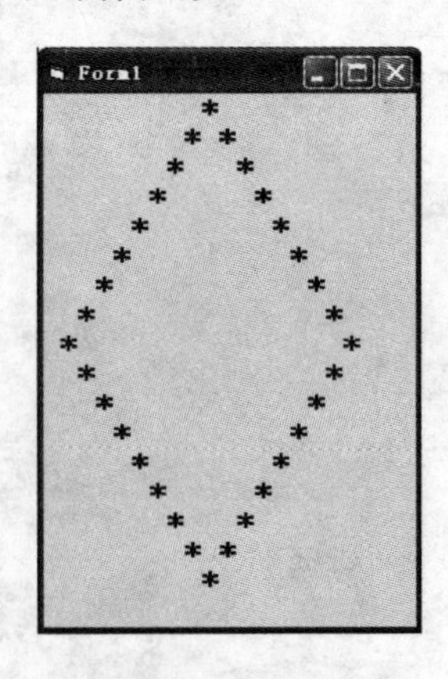

图 8.16　运行界面

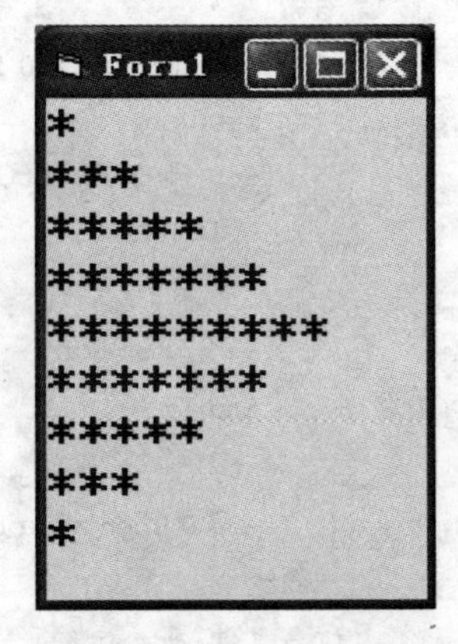

图 8.17　运行界面

4. 问　题

循环嵌套结构使用时的注意事项是什么？

实验10 循环结构(综合)

1. 预习内容

For…Next、Do…Loop 与 While…Wend 条件循环结构语句格式及使用功能。

2. 实验目的

掌握 If…End if、Select Case…End Select 等分支结构语句与 For…Next、Do... Loop 和 While…Wend 循环结构的综合应用方法及特点。

3. 实验内容

分别用 For…Next、Do…Loop、DoWhlie…Loop、Do Until…Loop、Do…Loop While、Do…Loop Until、While…Wend 语句编写程序，计算 $S=X^0+X^1+X^2+\cdots+X^N$ 当 $S\leqslant 2000$ 时最大的 N。其中 X 为任意 10 以内正整数，$N\geqslant 0$ 为自然数。

提示：

本程序设计窗体如图 8.18 所示，即每个命令用的循环语句不同，但均能完成该题目的设计。如下方法是用 Do…Loop 编写程序设计，请同学完成其他设计。

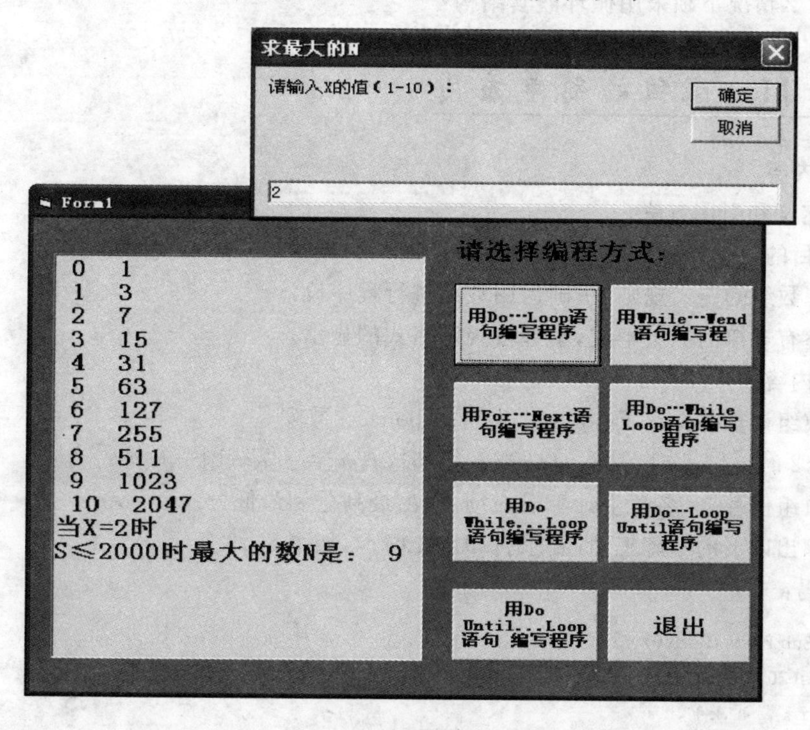

图 8.18 运行界面

事件代码如下：

```
Private Sub Command1_Click()
    Dim x As Integer,s As Single,n As Integer
    x = InputBox("请输入 X 的值(1 - 10)：","求最大的 N")
    x = Val(x)
    Do
```

```
    s = s + x ^ n
      Picture1.Print n; s
      If s > 2000 Then
         Exit Do
      Else
         n = n + 1
         End If
      Loop
    Picture1.Print "当 X = " & x & "时"
    Picture1.Print "S≤2000 时最大的数 N 是："; n - 1
End Sub
Private Sub Command8_Click()
    End    '退出按钮程序代码
End Sub
```

4. 问　题

(1) 各循环语句在执行过程中，退出循环的条件是什么？

(2) 在什么情况下须采用循环嵌套结构？

实验 11　数组的简单应用

1. 预习内容

数组的定义和引用方法。

2. 实验目的

(1) 掌握数组的定义规则，正确运用数组进行程序设计。

(2) 掌握有规律的数组生成，掌握按规定格式的显示。

3. 实验内容

(1) 用数组计算并保存 Fibonacci 数列；Fibonacci 数列是：

当 $n=1,2$ 时，$f[1]=1, f[2]=1$；当 $n>2$ 时，$f[n]=f[n-1]+f[n-2]$。

(2) 用数组保存 20 名学生计算机成绩，找出最高分和最低分。

(3) 打印出以下的杨辉三角（要求打印出 10 行），如图 8.19 所示。

事件代码：

```
Private Sub Form_Click()
    Dim s(20,20) As Integer
    Dim i%, j%, k%, n%
    n = 10
    Picture1.Cls
    For i = 1 To n
        s(i,1) = 1: s(i,i) = 1
    Next i
    For i = 3 To n
        For j = 2 To i - 1
            s(i,j) = s(i - 1,j - 1) + s(i - 1,j)
```

```
Form1
1
1   1
1   2   1
1   3   3   1
1   4   6   4   1
1   5  10  10   5   1
1   6  15  20  15   6   1
1   7  21  35  35  21   7   1
1   8  28  56  70  56  28   8   1
1   9  36  84 126 126  84  36   9   1
```

图 8.19　程序运行界面

```
        Next j
    Next i
    For i = 1 To n
        For j = 1 To i
            Picture1.Print Spc(4 - Len(Str(s(i,j)))); s(i,j);
        Next j
        Picture1.Print
    Next i
End Sub
```

4. 问　题

(1) 若希望杨辉三角按如下格式输出时,程序应如何修改?

```
        1
      1   1
    1   2   1
  1   3   3   1
1   4   6   4   1
```

(2) 定义数组时是否需要声明数组元素的类型?

(3) 数组元素值能否整体修改变化?

(4) 通常对数组元素的修改用什么方法实现?

实验 12　数组中元素的操作

1. 预习内容

(1) 数组中元素的插入和删除操作。

(2) 动态数组的使用方法。

2. 实验目的

(1) 掌握删除数组中某元素的方法。

(2) 掌握动态数组与静态数组的使用方法。

3. 实验内容

(1) 对已知动态数组 a()插入某个元素到数组指定位置。

(2) 将两个数组 a()、b()合并成一个数组 c()。

(3) 编一程序,对已知数组 a()删除数组中某个元素的程序。

事件代码:

```
Private Sub Form_Click()
    Dim a(),k%,m%,n%
    a = Array(1,3,8,6,10,9,7,4,2,5)
    k = Val(InputBox("输入要删除的值"))
    For m = LBound(a) To UBound(a)
        If k = a(m) Then
            For n = m + 1 To UBound(a)
                a(n - 1) = a(n)
            Next n
            ReDim Preserve a(LBound(a) To UBound(a) - 1)
            Print "删除完成"
            Exit Sub
        End If
    Next m
    Print "未找到要删除的元素"
End Sub
```

4. 问　题

(1) 在数组中插入元素的操作应如何实现?

(2) 能否用静态数组来实现元素的插入或删除?

(3) 动态数组与静态数组有什么区别?

实验 13　自定义类型数组的应用

1. 预习内容

自定义类型的声明、输入、输出、排序方法。

2. 实验目的

(1) 掌握自定义类型的使用方法。

(2) 掌握自定义数组的输入、输出、排序的方法。

3. 实验内容

(1) 对于给定的一组数据{7,3,24,18,35,-4,16,0,8,11}分别用选择法和冒泡法排序。

(2) 用自定义类型保存 10 名学生的学号、姓名、英语、数学和计算机成绩,求出每个学生的总分和平均分。

(3) 自定义一个职工类型,包含职工号、姓名和年龄。声明一个职工类型的动态数组,输入 n 个职工的数据;要求按年龄递减的顺序排序,并显示排序的结果,每个职工一行显示三项

信息。程序运行界面如图 8.20 所示。

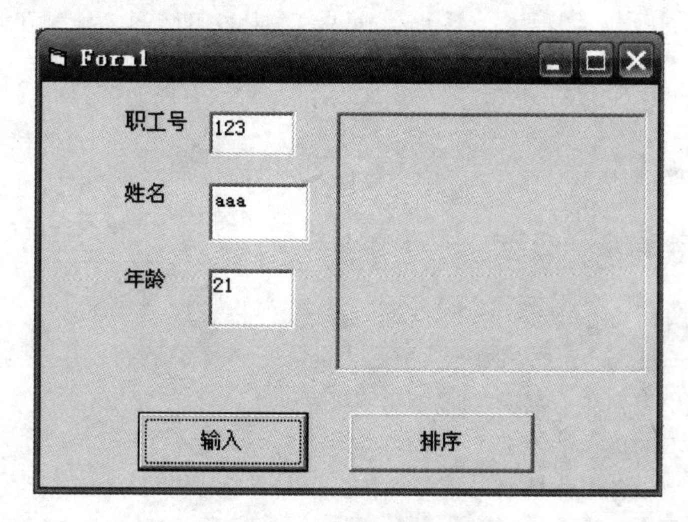

图 8.20　程序运行界面

事件代码：

```
Private Type zglx
    Num As Integer
    Name As String * 10
    Age As Integer
End Type
Dim a() As zglx,k%
Dim n%
Private Sub Form_Load()
    n = InputBox("输入职工人数")
    ReDim a(1 To n)
    k = 0
End Sub
Private Sub Command1_Click()
    k = k + 1
    If k >= n Then MsgBox ("人数超过数组范围"): Exit Sub
    With a(k)
        .Num = Val(Text1.Text)
        .Name = Text2.Text
        .Age = Val(Text3.Text)
    End With
    Text1.Text = "": Text2.Text = "": Text3.Text = ""
End Sub
Private Sub Command2_Click()
    Dim j%,i%,t As zglx
    For j = 1 To k - 1
        For i = j + 1 To k
            If a(i).Age > a(i - 1).Age Then
```

```
                t.Age = a(i).Age: a(i).Age = a(i-1).Age: a(i-1).Age = t.Age
                t.Name = a(i).Name: a(i).Name = a(i-1).Name: a(i-1).Name = t.Name
                t.Num = a(i).Num: a(i).Num = a(i-1).Num: a(i-1).Num = t.Num
                End If
            Next i
        Next j
        For j = 1 To k
            Picture1.Print a(j).Num; a(j).Name; a(j).Age
        Next j
    End Sub
```

4. 问　题

(1) 参考程序中用到三个过程,其分别是什么?

(2) 自定义类型的优点是什么?

(3) 自定义类型中各个分量如何使用?

(4) 选择法和冒泡法排序的区别是什么?

实验 14　控件数组

1. 预习内容

预习控件数组的相关知识,控件数组的使用方法。

2. 实验目的

(1) 掌握控件数组的建立方法。

(2) 掌握控件数组中索引号(index)的作用。

3. 实验内容

(1) 建立含有四个命令按钮的控件数组(如图 8.21 所示),当单击某个命令按钮时,分别显示不同的图形或结束操作。控件设置如表 8.3 所列。

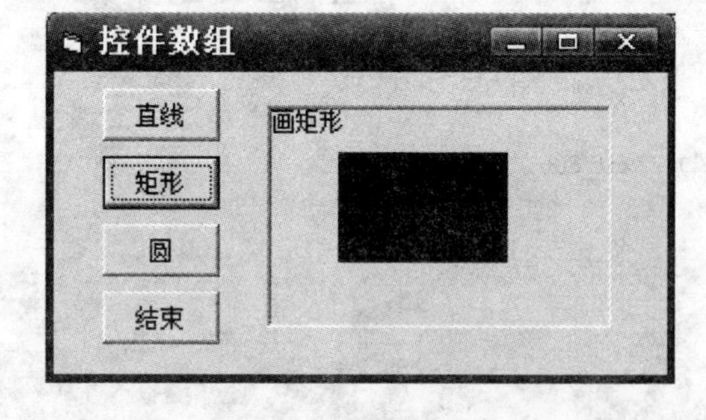

图 8.21　控件数组应用示例

表 8.3　控件设置

控件名	Index	Caption
Command1	0	直线
Command1	1	矩形
Command1	2	圆
Command1	3	结束
Picture1	空白	——

事件代码:

```
Private Sub Command1_Click(Index As Integer)
    Picture1.Cls
    Picture1.FillStyle = 6                        '图形的填充模式,十字花
```

```
    Select Case Index
        Case 0
          Picture1.Print "画直线"
          Picture1.Line (2,2) - (7,7)
        Case 1
          Picture1.Print "画矩形"
          Picture1.Line (2,2) - (7,7),,BF
        Case 2
          Picture1.Print "画圆"
          Picture1.Circle (4.5,4.5),3.5,,,,1.4
        Case Else
          End
        End Select
End Sub
Private Sub Form_Load()
    Picture1.Scale (0,0) - (10,10)                  '设置坐标系
End Sub
```

(2) 建立一个国际象棋棋盘,设计界面和运行界面分别如图 8.22 和图 8.23 所示。

图 8.22　窗体设计界面

图 8.23　窗体运行界面

要求:

1) 设计时窗体上放一个标签 Label 控件,设置其 Index 属性为 0,BackColor 属性为黑色。

2) 程序运行时自动产生 64 个标签 Label 控件数组元素,BackColor 属性为黑白交替。

3) 当程序运行后单击某个棋格,改变 BackColor 属性,即黑色变成白色、白色变成黑色。并在单击的棋格处显示其序号。

事件代码:

```
Private Sub Form_Load()
Dim top%,left%,i%,j%,k%
top = 0
For i = 1 To 8
    left = 50
    For j = 1 To 8
    k = (i - 1) * 8 + j
```

```
        Load Label1(k)
        Label1(k).BackColor = iif((i + j) Mod 2 = 0,QBColor(0),QBColor(15))
        Label1(k).Visible = True
        Label1(k).Top = top
        Label1(k).Left = left
            Left = left + Label1(0).Width
        Next j
        Top = top + Label1(0).Height
        Next i
    End Sub
    Private Sub Label1_Click(Index As Integer)
    Label1(Index) = Index
    For i = 1 To 8
        For j = 1 To 8
            k = (i - 1) * 8 + j
            If Label1(k).BackColor = &H0& Then
                Label1(k).BackColor = &HFFFFFF
            Else
                Label1(k).BackColor = &H0&
            End If
        Next j
    Next i
      End Sub
```

4. 问　题

(1) 控件数组有几种建立方式,分别如何建立?

(2) 本实验是采用何种方式建立的控件数组?

实验 15　函数过程的使用

1. 预习内容

(1) 函数过程的使用方法。

(2) 常规算法的运用。

2. 实验目的

(1) 掌握函数过程的定义。

(2) 掌握参数传递、函数过程的调用。

3. 实验内容

(1) 用函数调用方法计算 $y=\frac{1}{1!}+\frac{1}{2!}+\frac{1}{3!}+\cdots\cdots+\frac{1}{n!}$($n$ 取小于 10 的整数)。

(2) 判断输入数据是否是水仙花数。水仙花数定义见实验七。

(3) 建立如图 8.24 所示界面,判断输入数据是否是素数(界面上有文本框、标签和命令按钮)。

图 8.24　判定素数

事件代码：

```
Private Sub Command1_Click()
    Dim n As Integer,b As Boolean
    n = Val(Text1.Text)
    b = pdss(n)
    If b Then
        Label2.Caption = Text1.Text + "是素数"
    Else
        Label2.Caption = Text1.Text + "不是素数"
    End If
End Sub
Public Function pdss(ByVal x% ) As Boolean
    Dim m As Integer
    For m = 2 To Int(Sqr(x))
        If (x Mod m) = 0 Then pdss = False: Exit Function
    Next m
    pdss = True
End Function
```

4. 问　题

(1) 采用按值传递参数方式的函数调用，能否改成按地址传递参数？

(2) 参考程序中 If b Then …. 能否改成 If b=True Then?

(3) 函数过程调用的特点是什么？

实验 16　子过程的使用(一)

1. 预习内容

子过程的概念，定义格式和使用方法。

2. 实验目的

(1) 掌握子过程的声明。

(2) 掌握子过程的调用以及参数传递。

3. 实验内容

(1) 编写将十六进制数转化成十进制数的子过程,要求从键盘输入任何十六进制数都被转换成十进制数输出。

(2) 随机输入一个字母(a～z、A～Z),用子过程调用方法输出该字母对应的 ASCII 码值。

(3) 编写一个子过程 Pmax,求一维数组中的最大数,子过程的形参自行确定。

事件代码:

```
Private Sub Form_Click()
    Dim b(1 To 20) As Integer
    Dim bmax%,k%
    For k = 1 To 20
        b(k) = Int(Rnd * 100 + 100)
        If (k Mod 5) = 0 Then Print
        Print b(k);
    Next k
    Call Pmax(b,bmax)
    Print "max = "; bmax
End Sub
Sub Pmax(a() As Integer,max)
    Dim m%
    max = a(LBound(a))
    For m = LBound(a) To UBound(a)
        If a(m) > max Then max = a(m)
    Next m
End Sub
```

4. 问　题

(1) 在上述实验内容中哪一个采用按值传递方式,哪一个采用传地址方式?

(2) 值传递与地址传递的区别是什么?

(3) 子过程调用有哪几种方式,分别是什么?

(4) 子过程调用与函数过程调用有什么区别?

实验 17　子过程的使用(二)

1. 预习内容

数组作为参数在子过程中的使用,子过程调用时,参数传递问题。

2. 实验目的

(1) 掌握数组参数的使用。

(2) 掌握字符串作为参数在子过程中传递的常用操作。

3. 实验内容

(1) 编写一个寻找图书的程序,在数组 a()中先存放 10 本书的名称。从键盘中输入一个书名,如有此书,输出“有此书”;若找不到,则输出“无此书”。

(2) 在数组 a()中有 10 个国家的名称分别是{CHINA,JAPAN,CANADA,KOREA,ENGLAND,FRANCE,AMERICA,INDIA,GERMANY,AUSTRALIA}将这些国家名称按字母顺序排序。

(3) 编写一个子过程,将字符串 1 中出现的字符串 2 子字符串删除,结果放在字符串 1 中。程序运行界面如图 8.25 所示。

事件代码:

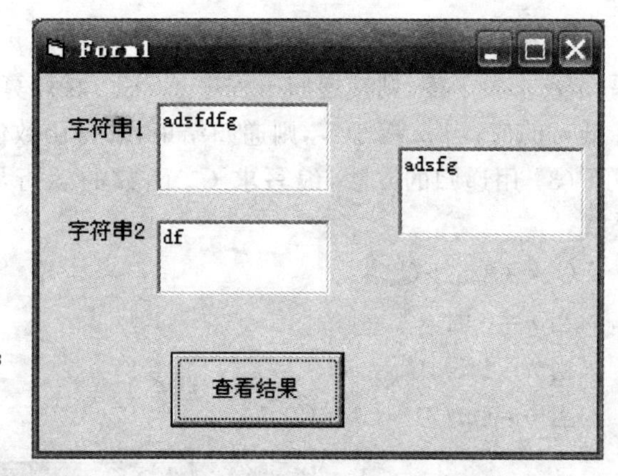

图 8.25 程序运行界面

```
Private Sub Command1_Click()
    Dim s1 As String,s2 As String
    s1 = Text1.Text
    s2 = Text2.Text
    Call delestr(s1,s2)
    Text3.Text = s1
End Sub
Private Sub delestr(a As String,ByVal b As
String)
    Dim k %
    k = InStr(a,b)
    a2 = Len(b)
    Do While k > 0
        a1 = Len(a)
        a = Left(a,k - 1) + Mid(a,k + a2)
        k = InStr(a,b)
    Loop
End Sub
```

4. 问 题

(1) 实验内容 3 中子过程有两个参数,分别属于何种传递方式,它们的区别是什么?

(2) 字符串排序可采用哪些方法?

(3) 想一想,字符串的插入操作应怎样实现?

实验 18 递 归

1. 预习内容

递归的基本思想,适用范围。

2. 实验目的

理解递归的思想,掌握递归过程的编写。

3. 实验内容

(1) 求 $n!$ ($n \geqslant 0$)。

$n! = n*(n-1)*(n-2)*\cdots\cdots*1$

递归定义如下:

当 $n=0$ 时,$n! = 1$

当 $n>0$ 时,$n! = n*(n-1)!$

(2) 编写一个递归程序，计算 Ackermann 函数 ACK(m,n)的值。对于 $m\geqslant 0$ 和 $n\geqslant 0$ 的函数 ACK(m,n)由下式定义：

```
ACK(0,n) = n + 1
ACK(m,0) = ACK(m - 1,1)
ACK(m,n) = ACK(m - 1,ACK(m,n - 1))
```

m 和 n 在主程序中从键盘输入。如果 m 或 n 小于零，则显示："error　in input data!"；如果 m 或 n 大于零，则转递归子程序 ACK。在计算 ACK(m,n)函数值时，当 n 等于零则递归以降低 n 的值；当 m 等于零，则递归结束，求得函数值 $n+1$。

(3) 用递归的方法，编写求 C_m^n 函数的运行界面如图 8.26 所示。对于 C_m^n 有如下递归公式：

$C_m^n=C_{m-1}^n+C_{m-1}^{n-1}$

当 $n=0$ 时，$C_m^0=1$；

当 $n=1$ 时，$C_m^1=m$；

当 $n>(m/2)$　$C_m^n=C_m^{m-n}$

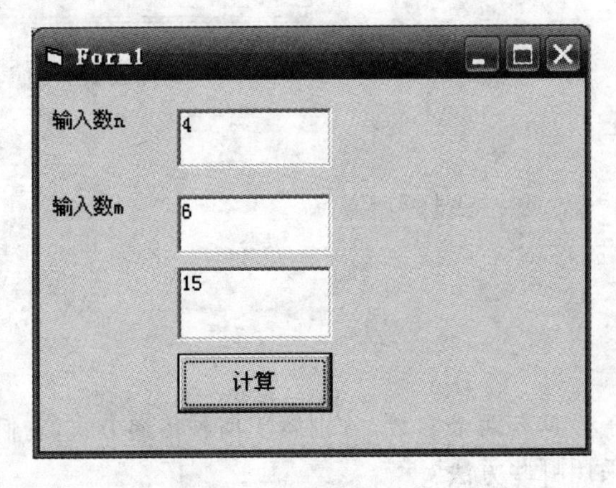

图 8.26　函数运行界面

事件代码：

```
Private Sub Command1_Click()
    Text3.Text = cmn(Val(Text1.Text),Val(Text2.Text))
End Sub
Private Function cmn(n As Long,m As Long) As Long
    If n = 0 Then
        cmn = 1
    ElseIf n = 1 Then
        cmn = m
    ElseIf n > (m \ 2) Then
        cmn = cmn(m - n,m)
    Else
        cmn = cmn(n,m - 1) + cmn(n - 1,m - 1)
    End If
```

```
End Function
```

4. 问 题

(1) 递归与其他子程序调用的区别是什么?

(2) 递归可以等于循环吗?

(3) 任何问题都可以设计成递归形式的程序吗?

(4) 如果实验内容3中,用户输入的参数 n 是负数,程序结果如何,应该如何修改程序?

实验19 ActiveX控件

1. 预习内容

列表框等控件的综合使用及程序设计方法。

2. 实验目的

掌握列表框等控件的综合使用及程序设计方法。

3. 实验内容

(1) 编写一个能对列表框进行项目添加、修改和删除操作的应用程序,如图8.27所示。

要求:

1) 列表框List1的选项在Form_Load中用AddItem方法添加。

2) 添加按钮Command1的功能是将文本框中的内容添加到列表框中。

3) 删除按钮Command2的功能是删除列表框中选定的选项。

4) 如要修改列表框,则首先选定选项,然后单击"修改"按钮Command3,所选的选项显示在文本框中;当在文本框中修改完之后再单击"修改确定"按钮Command4更新列表框。初始时,"修改确定"按钮Command4是不可选的,即它的Enabled属性为False。

事件代码:

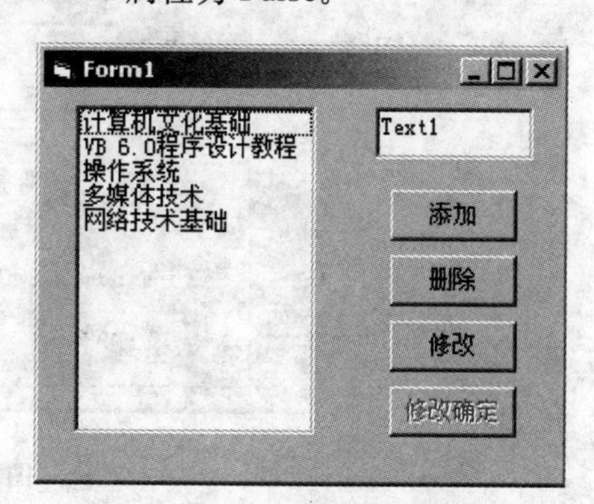

图8.27 列表框应用示例

```
Sub Form_Load()
    List1.AddItem "计算机文化基础"
    List1.AddItem "VB 6.0 程序设计教程"
    List1.AddItem "操作系统"
    List1.AddItem "多媒体技术"
    List1.AddItem "网络技术基础"
    Command4.Enabled = False
End Sub
Sub Command1_Click()
    List1.AddItem Text1
    Text1 = ""
End Sub
Sub Command2_Click()
    List1.RemoveItem List1.ListIndex
End Sub
Sub Command3_Click()
    Text1 = List1.Text                    '将选定的选项送文本框供修改
    Text1.SetFocus
```

```
    Command1.Enabled = False
    Command2.Enabled = False
    Command3.Enabled = False
    Command4.Enabled = True
End Sub
Sub Command4_Click()
    '将修改后的选项送回列表框,替换原项目,实现修改
    List1.List(List1.ListIndex) = Text1
    Command4.Enabled = False
    Command1.Enabled = True
    Command2.Enabled = True
    Command3.Enabled = True
    Text1 = ""
End Sub
```

(2) 设计一个如图 8.28 所示的应用程序。

要求:

1) 当复选框"计算机"和"操作系统"未选定时,它所在框架的其他控件不能使用。

2) 组合框自身能够添加一个新的选项,供下次选择。

3) 单击 OK 按钮 Command1,则在列表框 List1 中显示用户所选择的配置。

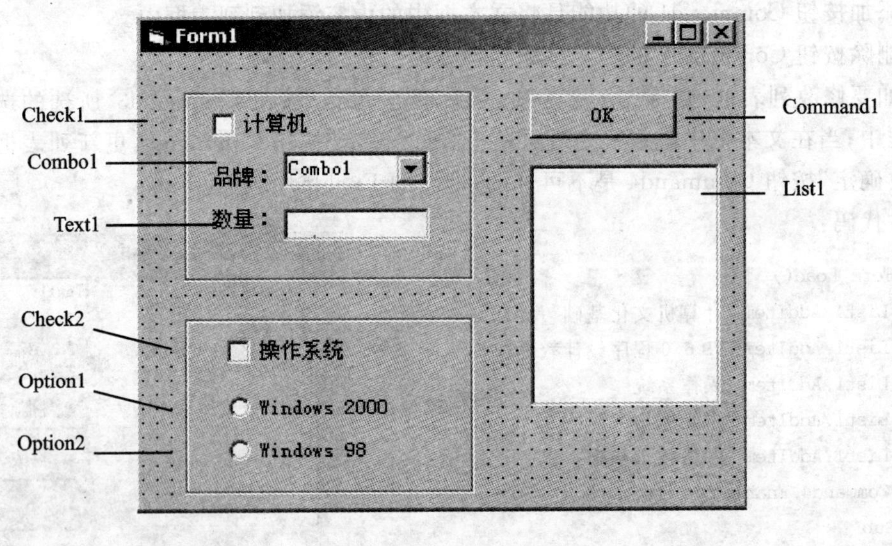

图 8.28　程序界面

事件代码:


```
Private Sub Form_Load()
    ' Combo1 中的选项已在设计状态通过 List 属性设计
    Combo1.Enabled = False
    Text1.Enabled = False
    Option1.Enabled = False
    Option2.Enabled = False
End Sub
```

```
Private Sub Check1_Click()
    Combo1.Enabled = Not Combo1.Enabled
    Text1.Enabled = Not Text1.Enabled
End Sub
Private Sub Check2_Click()
    Option1.Enabled = Not Option1.Enabled
    Option2.Enabled = Not Option2.Enabled
End Sub
Private Sub Command1_Click()
    List1.clear
    If Check1.Value = 1 Then
      List1.AddItem Combo1
      List1.AddItem Text1
    End If
    If Check2.Value = 1 Then
      If Option1 Then
        List1.AddItem "Windows 2000"
      Else
        List1.AddItem "Windows 98"
      End If
  End If
End Sub
Private Sub Combo1_LostFocus()
    '当焦点离开组合框时,组合框的 LostFocus 事件被触发,利用该事件过程将用户输入的计算机
    '品牌添加到组合框中
    '添加到组合框的新项目不能永久保存,下次运行该程序看不到上次保存的项目
    flag = False
    For i = 0 To Combo1.ListCount - 1
      If Combo1.List(i) = Combo1.Text Then
        flag = True
        Exit For
      End If
    Next
    If Not flag Then
    Combo1.AddItem Combo1.Text
    End If
End Sub
```

(3) 编写如图 8.29 所示的“锤打红心”程序。

要求:

1) 用户通过“↑”、“↓”、“←”、“→”移动“铁锤”Image2,当遇到“红心”(Image1)后,屏幕显示按键的次数。

2) Abs(Image1. left - Imager2. left)<300 And Abs(Imager1. Top - Image2. Top) <320 成立,则认为“铁锤”碰到了“红心”。

事件代码:

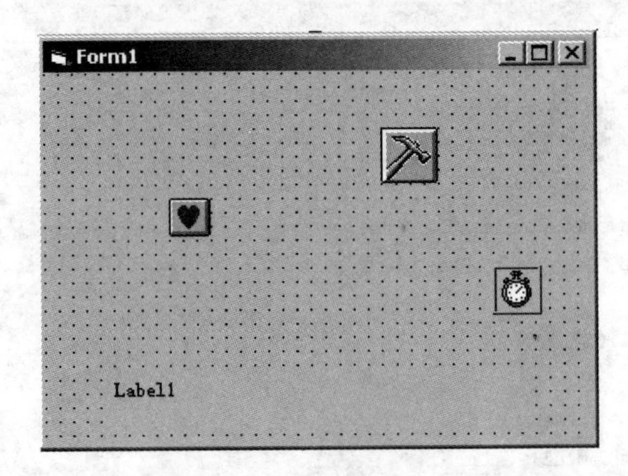

图 8.29 "锤打红心"程序

```
Dim Key_Count As Integer                     ' Key_Count 记录按键次数
    Dim Timer_Count As Integer
    '按箭头键移动"铁锤"
Private Sub Form_KeyDown(KeyCode As Integer,Shift As Integer)
    Key_Count = Key_Count + 1                '记录击键的发生次数
    Select Case KeyCode
      Case 37                                '按下左箭头键
        Image2.Left = Image2.Left - 200
      Case 38                                '按下上箭头键
        Image2.Top = Image2.Top - 200
      Case 39                                '按下右箭头键
        Image2.Left = Image2.Left + 200
      Case 40                                '按下下箭头键
        Image2.Top = Image2.Top + 200
    End Select
    If Abs(Image1.Left - Image2.Left < 300) And Abs(Image1.Top - Image2.Top < 320) Then
      Label1 = "我用了" & Timer_Count / 5 & "秒按键" & _Key_Count & "次追到了一棵红心"
      Timer1.Enabled = False
    End If
      End Sub
      '在 Timer 事件过程中随机地移动"红心"
      Private Sub Timer1_Timer()
        Timer_Count = Timer_Count + 1        '记录 Timer 事件的发生次数，X1 和 X2 的值决定"红心"
                                             '移动的方向和距离
      Randomize
      If Rnd < 0.5 Then sign1 = - 1 Else sign1 = 1
      If Rnd < 0.5 Then sign2 = - 1 Else sign2 = 1
      x = (200 + Rnd * 500) * sign1
      X1 = Image1.Left + x
      If X1 < 0 Then X1 = 0
          If X1 > Form1.ScaleWidth - Image1.Width Then X1 = Form1.ScaleWidth - Image1.Width
        y = (200 + Rnd * 500) * sign2
```

```
        Y1 = Image1.Top + y
        If Y1 < 0 Then Y1 = 0
          If Y1 > Form1.ScaleHeight - Image1.Height Then Y1 = Form1.ScaleHeight - Image1.Height
          Image1.Move X1,Y1
End Sub
```

4. 问 题

在程序中用到列表框的哪些属性,如何设置的?

实验 20 界面设计(菜单)

1. 预习内容

界面设计,菜单设计。

2. 实验目的

掌握界面设计开发应用程序方法。

3. 实验内容

(1) 用命令按钮 Command1 的 Click 事件显示文件对话框,在对话框内只显示文本文件。用命令按钮 Command2 的 Click 事件显示字体对话框,用“字体”对话框设置文本框的字体,要求字体对话框内出现删除线、下划线,并可控制颜色元素,如图 8.30 所示。

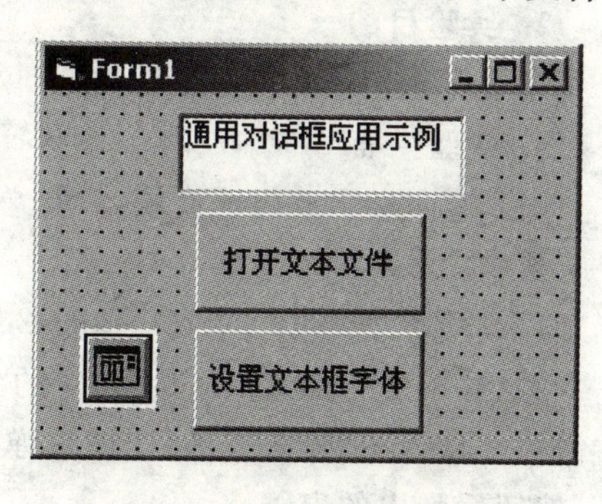

图 8.30 通用对话框应用示例

事件代码:

```
Private Sub Command1_Click()
    CommonDialog1.Filter = "文本文件| *.txt|"
    CommonDialog1.ShowOpen
´或用 Action = 1
End Sub
Private Sub Command2_Click()
    CommonDialog1.Flags = cdlCFBoth Or cdlCFEffects   ´设置 Flags CommonDialog1.ShowFont
    If CommonDialog1.FontName > " " Then              ´如果选择了字体
        Text1.FontName = CommonDialog1.FontName       ´设置文本框内的字体
    End If
    Text1.FontSize = CommonDialog1.FontSize
    Text1.FontBold = CommonDialog1.FontBold
    Text1.FontItalic = CommonDialog1.FontItalic
    Text1.FontStrikethru = CommonDialog1.FontStrikethru
    Text1.FontUnderline = CommonDialog1.FontUnderline
    Text1.ForeColor = CommonDialog1.Color
End Sub
```

(2) 一个类似 Windows 记事本的菜单。确定其菜单结构,如表 8.4 所列。

表 8.4 菜单结构

标题	名称	快捷键	标题	名称	快捷键
文件(&F)	MnuFile		编辑(&E)	MnuEdit	
….打开(&O)	MnuFileOpen	Ctrl+O	….剪切(&T)	MnuEditCut	Ctrl+X
….关闭(&C)	MnuFileClose		….复制(&C)	MnuEditCopy	Ctrl+C
….退出(&X)	MnuFileExit		….粘贴(&P)	MnuEditPaste	Ctrl+V

(3) 在上题记事本的菜单中加入有关“编辑”菜单的弹出菜单功能。

4. 问　题

在界面设计时应注意哪些问题?

实验 21　多重窗体和多文档界面

1. 预习内容

多重窗体和多文档程序设计方法。

2. 实验目的

掌握多重窗体和多文档程序设计方法。

3. 实验内容

(1) 输入学生五门课成绩,计算总分及平均分。

要求:

1) 添加三个窗体 Form1、Form2、Form3,分别作为主窗体、输入窗体和输出窗体名。

2) 图 8.31 所示是本应用程序的主窗体运行后看到的第一个窗体。图 8.32 所示,是当在主窗体上选择了“输入成绩”按钮后弹出的窗体。图 8.33 所示是当在主窗体上选择了“计算成绩”按钮后弹出的窗体。

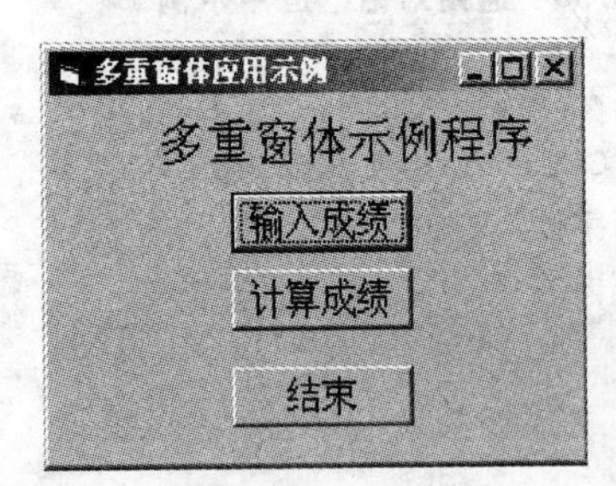

图 8.31　主窗体

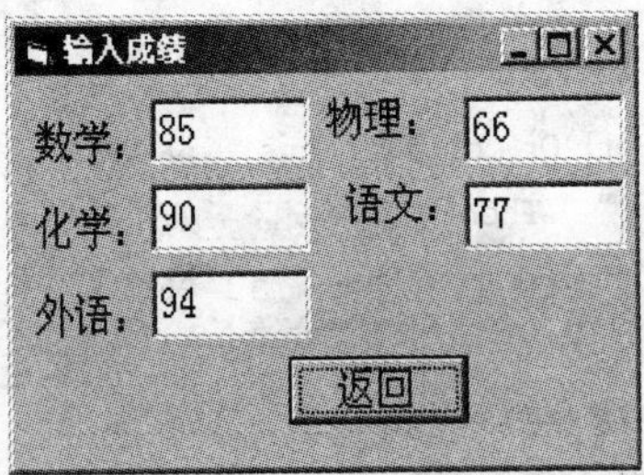

图 8.32 输入成绩窗体

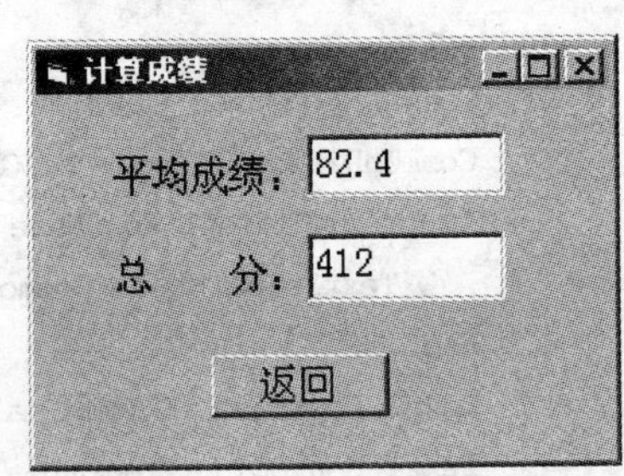

图 8.33　显示结果窗体

事件代码:

Module 标准模块存放多窗体间共用的全局变量声明,即

```
Public MATH As Single
Public PHYSICS As Single
Public CHEMISTRY As Single
Public CHINESE As Single
```

```
Public ENGLISH As Single
'Form1 中事件代码:
Private Sub command1_Click()
    Form1.Hide
    Form2.Show
End Sub
Private Sub Command2_Click()
    Form1.Hide
    Form3.Show
End Sub
Private Sub Command3_Click()
    end
End Sub
    Form2:
Private Sub Command1_Click()
    MATH = Val(text1.Text)
    PHYSICS = Val(text2.Text)
    CHEMISTRY = Val(text3.Text)
    CHINESE = Val(text4.Text)
    ENGLISH = Val(text5.Text)
    Form2.Hide
    Form1.Show
End Sub
    'Form3 中事件代码:
Private Sub Form3_Activate()        '当一个窗口成为活动窗口时发生 activate 事件
    Dim total As Single
    total = MATH + PHYSICS + CHEMISTRY + CHINESE + ENGLISH
    text1.Text = total / 5
    text2.Text = total
End Sub
Private Sub Command1_Click()
    Form3.Hide
    Form1.Show
End Sub
```

(2) 编写具有多个文档界面的字处理程序,它由一个父窗口和四个子窗口组成,其中两个已最小化。

4. 问 题

在多窗体程序设计中窗体间如何相互调用?

实验22 文件应用(一)

1. 预习内容

(1) 了解文件的基本概念。

(2) 顺序文件的建立、打开、关闭、读/写操作方法。

2. 实验目的

(1) 掌握顺序文件的特点。

(2) 掌握顺序文件的建立、打开、关闭、读/写操作方法。

3. 实验内容

建立顺序文件,然后利用顺序文件的写操作和读操作来读/写顺序文件内容,最后关闭文件。

要求:

利用打开(建立)语句 Open、关闭语句 Close、顺序写语句 Print #,Write #、顺序读语句 Input #,Line Input #实现。运行界面如图 8.34 所示。

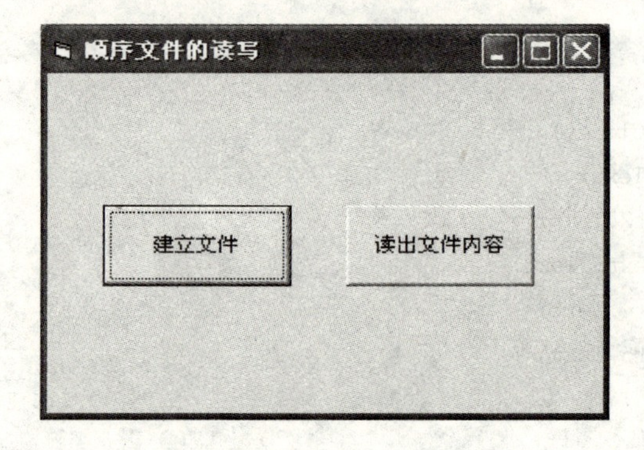

图 8.34 顺序文件的读/写

控件事件代码:

```
Option Explicit
Rem 定义学号(no)、姓名(xm)和性别(sex)三个变量
Dim no As String * 6,xm As String * 8,sex As String * 2
'no 最多 6 个字符,xm 最多 8 个字符,sex 只占 1 个字符,输入 f(男)或 m(女)
Private Sub Command1_Click()              '"建立文件"按钮
    Dim f%,m%,i%                          'f、m 分别表示男、女同学人数
    f = 0: m = 0
    Open "c:\a.dat" For Output As #1
    For i = 1 To 3
      no = InputBox("输入学号")
      xm = InputBox("输入姓名")
      sex = InputBox("输入性别")
      Write #1,no,xm,sex
    Next i
    Close #1
End Sub

Private Sub Command2_Click()              '"读出文件内容"按钮
    Dim f%,m%
    f = 0: m = 0
```

```
    Open "c:\a.dat" For Input As #1
    While Not EOF(1)
      Input #1,no,xm,sex
       If sex = "f" Then
        f = f + 1
      Else
        m = m + 1
      End If
        Print no,xm,sex
      Wend
      Print
      Print "总人数:";f + m,"男同学人数:";f,"女同学人数:";m
      Close #1
End Sub
```

4. 问　题

(1) 顺序文件有哪些特点?

(2) 顺序文件打开方式 Output 和 Append 有什么不同?

(3) 顺序文件读/写语句分别有哪些?各有什么特点?

实验 23　文件使用(二)

1. 预习内容

随机文件的建立、打开、读/写、关闭等操作。

2. 实验目的

(1) 掌握随机文件数据类型的建立。

(2) 掌握随机文件的建立、打开、读/写、关闭等操作。

3. 实验内容

(1) 建立 student 记录类型,其中包含学号、姓名和性别。

(2) 仿照实验 22,利用随机文件打开、读/写及关闭文件。运行界面如图 8.35 所示。

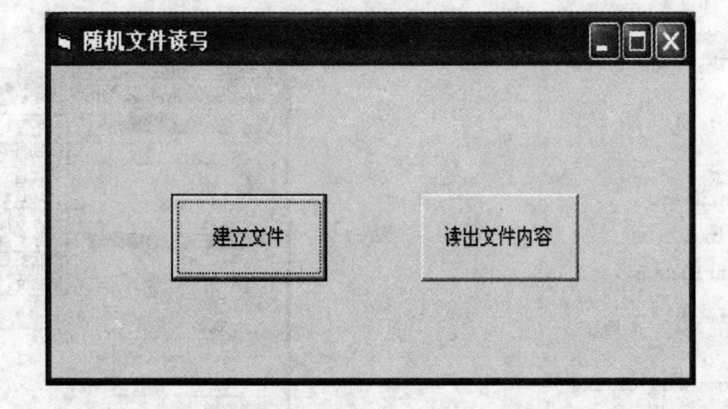

图 8.35　随机文件读/写

数据代码：

```
Option Explicit                    '记录类型数据定义
Dim i%
Private Type student
    no As String * 3
    name As String * 8
    sex As String * 1
End Type
```

4. 问　题

(1) 随机文件有哪些特点？随机文件与顺序文件有那些不同？

(2) 什么数据类型适合随机文件？

(3) 随机文件读/写语句有哪些？各有什么特点？

实验 24　文件综合应用

1. 预习内容

(1) 文件系统的基本概念。

(2) 文件操作用的 3 个常用控件。

(3) 随机文件、顺序文件及二进制文件特点。

2. 实验目的

(1) 掌握三个常用文件操作控件的使用方法。

(2) 掌握随机文件、顺序文件及二进制文件特点。

(3) 掌握文件常用控件及多窗体的应用。

3. 实验内容

(1) 在窗体上添加驱动器列表框、目录列表框及文件列表框，并实现其联动。在窗体上添加“打开”命令按钮及文本框 Text1。当在文件列表框中选中文件后，在文本框 Text1 中显示其盘符、路径及文件名(文本框要求可以显示多行文本)。单击“打开”按钮，若选中的是 C 盘 a. dat 文件则在 Form2 中显示随机文件 a. dat 中的学生信息；否则显示“文件不存在!”。运行界面如图 8. 36 所示。

控件事件代码：

```
Option Explicit
Dim i%
Private Type student
    no As String * 3
    name As String * 8
    sex As String * 1
End Type
Private Sub Command1_Click()
    Dim f%,m%
    Dim t As student
```

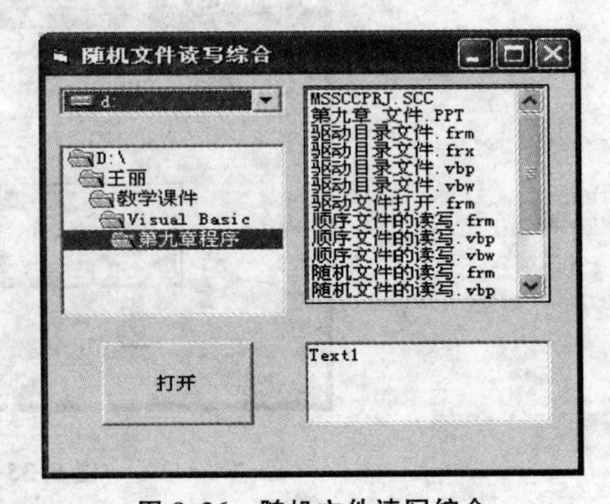

图 8. 36　随机文件读写综合

```
    If Text1.Text = "c: \a.dat" Then
        Form2.Show
        f = 0: m = 0
        Open "c: \a.dat" For Random As #1 Len = Len(t)
        For i = 1 To LOF(1) / Len(t)
          Get #1,i,t
          If t.sex = "f" Then
            f = f + 1
          Else
            m = m + 1
          End If
          Form2.Print t.no; t.name; t.sex
        Next
        Form2.Print
        Form2.Print "总人数:"; f + m,"男同学人数:"; f,"女同学人数:"; m
        Close #1
    Else
        MsgBox "文件不存在!"
      End If
End Sub
```

驱动器列表框、目录列表框和文件列表框联动说明：

1）驱动器列表框的改变引起目录列表框和文件列表框改变。当用户用鼠标单击驱动器列表框，改变最上层的驱动器图标时，也就改了Drive属性，从而引发驱动器列表框的Change事件，启动Drive1_Change事件过程。该过程用赋值语句改变目录列表框的Path属性，使目录列表框图改变显示，由此又引发目录列表框的Change事件，启动Dir1_Change事件过程。Dir1_Change过程用赋值语句改变文件列表框的Path属性，使文件列表框显示新目录下的文件。

2）目录列表框的改变引起文件列表框改变。当用户双击目录列表框中的图标，将使目录列表框以树状方式显示该路径，显示的图形是打开的文件夹序列；同时显示被双击的子目录及其下一层的子目录，显示的图形是关闭的文件夹。这种视觉改变的同时也改变了目录列表框的Path属性。Path属性的改变引发目录列表框的Change事件，启动Dir1_Change事件过程。

代码如下：

```
Private Sub Dir1_Change()
    File1.Path = Dir1.Path
End Sub

Private Sub Drive1_Change()
    Dir1.Path = Drive1.Drive
End Sub

Private Sub File1_Click()
```

```
    Dim a%,fname$
    If Right(File1.Path,1) = "\" Then
        fname = File1.Path + File1.FileName
    Else
        fname = File1.Path + "\" + File1.FileName
    End If
    Text1.Text = fname
End Sub
```

(2) 设计一个如图 8.37 所示的程序,功能是输入学号、姓名和性别;然后单击"写入"按钮,将当前数据写入指定文件"c: \myfile.dat"中;单击"读出"按钮,在 Form2 中显示文件中所有数据。运行界面如图 8.37 所示。

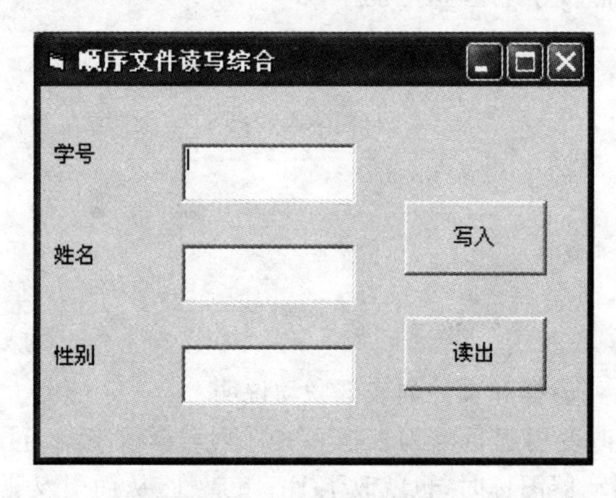

图 8.37　顺序文件读写综合

提示:

(1) 建议用顺序文件 Append 方式打开文件,以使每次写入数据添加于原文件之后。

(2) 每写入一组数据,对应的文本框清空,以便输入下一组数据。

4. 问题

分别从文件打开方式、数据读/写两方面来说明随机文件与顺序文件在使用上的区别。

附录 1

全国计算机等级考试二级 VB 笔试试卷

一、选择题((1)~(20)每小题2分,(21)~(30)每小题3分,共70分)

1. 设窗体上有一个文本框,名称为 text1,程序运行后,要求该文本框不能接受键盘输入,但能输出信息,以下属性设置正确的是(　　)。

A. text1. maxlength=0　　B. text1. enabled=flase

C. text1. visible=flase　　D. text1. width=0

答案:B。

[分析] A 文本框长度(默认值);B 不可操作;C 不可见;D 文本框宽度为 0。

2. 以下能在窗体 Form1 的标题栏中显示"VisualBasic 窗体"的语句是(　　)。

A. Form1. Name="VisualBasic 窗体"　　B. Form1. Title="VisualBasic 窗体"

C. Form1. Caption="VisualBasic 窗体"　　D. Form1. Text="VisualBasic 窗体"

答案:C。

[分析] Caption 属性是窗体标题栏显示的内容。

3. 在窗体上画一个名称为 Text1 的文本框,然后画一个名称为 HScroll1 的滚动条,其 Min 和 Max 属性分别为 0 和 100。程序运行后,如果移动滚动框,则在文本框中显示滚动条的当前值,如附图 1.1 所示。

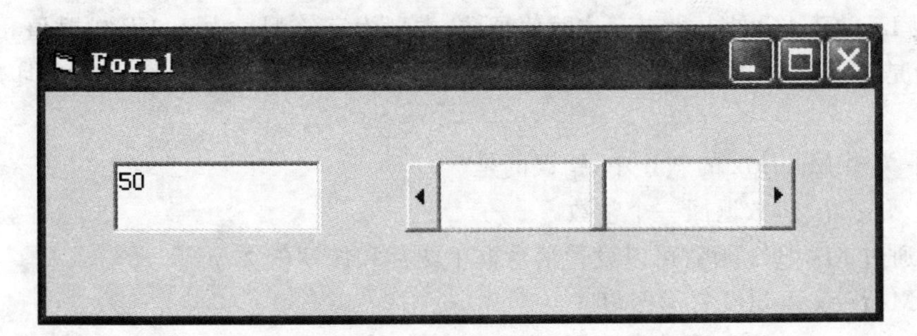

附图 1.1　滚动条的当前值

以下能实现上述操作的程序段是(　　)。

A.
```
Private Sub HScroll_Change()
    Text1. Text=HScroll1. Value
End Sub
```

B.
```
Private Sub HScroll_Click()
    Text1. Text=HScroll1. Value
End Sub
```

C.
```
Private Sub HScroll_Change()
    Text1. Text=HScroll. Caption
End Sub
```

D.
```
Private Sub HScroll_Click()
    Text1. Text=HScroll. Caption
End Sub
```

答案:A。

[分析] 滚动框的值由 Value 属性确定；滚动条移动(change)时激活改变事件，单击 Click 事件可以不使滚动条移动。

4. 设菜单中有一个菜单项为 Open。若要为该菜单命令设计访问键，即按下 Alt 及字母 O 时，能够执行 Open 命令，则在菜单编辑器中设置 Open 命令的方式是(　　)。

A. 把 Caption 属性设置为 &Open　　B. 把 Caption 属性设置为 O&pen

C. 把 Name 属性设置为 &Open　　D. 把 Name 属性设置为 O&pen

答案：A。

[分析] Caption 属性中 & 后第一个字母作为热键，用 Alt+O 激活 Open 命令。

5. 在窗体上画一个名称为 Command1 的命令按钮，然后编写如下事件过程：

```
Private Sub Command1_Click()
    x = InputBox("Input")
    Select Case x
    Case 1,3
    Print "分支 1"
    Case Is >4
    Print "分支 2"
    Case Else
    Print "Else 分支 "
    End Select
End Sub
```

程序运行后，如果在输入对话框中输入 2，则窗体上显示的是(　　)。

A. 分支 1　　B. 分支 2　　C. Else 分支　　D. 程序出错

答案：C。

[分析] InputBox()是人机交互式赋值函数，类型为字符型。由于 VB 中赋值相容可将输入的 2 认为是数值型，x 的取值情况不在前两个 case 范围内，只能是 case else，打印出"Else 分支"。

6. 以下关于 MsgBox 的叙述中，错误的是(　　)。

A. MsgBox 函数返回一个整数

B. 通过 MsgBox 函数可以设置信息框中图标和按钮的类型

C. MsgBox 语句没有返回值

D. MsgBox 函数的第一个参数是一个整数，该参数只能确定对话框中显示的按钮数量

答案：D。

[分析] MsgBox 有两种形式：函数 MsgBox(提示信息，按钮数目类型，窗体标题)，需将返回值赋给一整型变量，变量值由用户单击的按钮决定；过程 MsgBox 只用来显示信息，没有返回值。

7. 在窗体上画一个名称为 Timer1 的计时器控件，要求每隔 0.5 s 发生一次计时器事件，则以下正确的属性设置语句是(　　)。

A. Timer1. InterVal=0.5　　B. Timer1. Interval=5

C. Timer. Interval=50　　D. Timer1. Interval=500

答案：D。

[分析] 详见黑龙江省 2004 年 11 月试卷中填空题第 4 题。

8. 在窗体上画一个名称为 Command1 的命令按钮，然后编写如下事件过程：

```
Private Sub Command1_Click()
    Static x As Integer
    Cls
    For i = 1 To 2
    y = y + x
    x = x + 2
    Next
    Print x, y
End Sub
```

程序运行后，连续三次单击 Command1 按钮后，窗体上显示的是（　　）。

A. 4 2　　B. 12 18　　C. 12 30　　D. 4 6

答案：B。

[分析] x 为静态整型变量，y 为动态变量，窗体运行后单击激活 Command1_Click 事件，再次单击时 x 继承前次单击的值，y 初值为 0。

单击次数	x 值	y 值
第 1 次	4	2
第 2 次	8	10
第 3 次	12	18

9. 以下关于多重窗体程序的叙述中，错误的是（　　）。

A. 用 Hide 方法不但可以隐藏窗体，而且能清除内存中的窗体

B. 在多重窗体程序中，各窗体的菜单是彼此独立的

C. 在多重窗体程序中，可以根据需要指定启动窗体

D. 对于多重窗体程序中，而且单独保存每个窗体

答案：A。

[分析] Hide 方法只能隐藏窗体，但不能清除内存中的窗体，可以用 Unload 方法清除。

10. 以下关于文件的叙述中，错误的是（　　）。

A. 顺序文件中的记录一个接一个地顺序存放

B. 随机文件中记录的长度是随机的

C. 执行打开文件的命令后，自动生成一个文件指针

D. LOF 函数返回给文件分配的字节数

答案：B。

[分析] 随机文件在读取记录时可以随机，但文件中的记录长度有统一的长度。

11. 以下叙述中错误的是（　　）。

A. 事件过程是响应特定事件的一段程序

B. 不同的对象可以具有相同名称的方法

C. 对象的方法是执行指定操作的过程

D. 对象事件的名称可以由编程者指定

答案：D。

[分析] 对象的事件名称是由系统提供的不能由编程者指定。

12. 以下合法的 Visual Basic 标识符是(　　)。

A. ForLoop　　B. Const　　C. 9abc　　D. a＃x

答案：A。

[分析] B 是 VB 系统的常量定义符，C 首字不能是数字的，D＃不能用来当标识符。

13. 当一个复选框被选中时，它的 Value 属性的值是(　　)。

A. 3　　B. 2　　C. 1　　D. 0

答案：C。

[分析] Value 属性值：0——未被选定；1——被选定；2——变成灰色。

14. 表达式 5 Mod 3＋3\5＊2 的值是(　　)。

A. 0　　B. 2　　C. 4　　D. 6

答案：B。

[分析] 算术运算符优先级别依次为：^、－(取负)、＊、/、\(整除)、Mod(取余)、＋、－。

15. 设 $x=4,y=8,z=7$，以下表达式 x<y And (Not y>z) Or z<x 的值是(　　)。

A. 1　　B. －1　　C. True　　D. False

答案：D。

[分析] 各类算符优先级别为：算术运算符(字符串、日期)＞关系运算符＞逻辑运算符，有括号的先算括号内表达式。

16. 在窗体上画一个名称为 Command1 的命令按钮，然后编写如下事件过程：

```
Private Sub Command1_Click()
    a$ = "VisualBasic"
    Print String(3,a$)
End Sub
```

程序运行后，单击命令按钮，在窗体上显示的内容是(　　)。

A. VVV　　B. Vis　　C. sic　　D. 11

答案：A。

[分析] String(3,a＄)产生三个字符串 a 中第一个字符即 VVV

17. 设有如下程序段：

```
x = 2
For i = 1 To 10 Step 2
    x = x + i
Next
```

运行以上程序后，x 的值是(　　)。

A. 26　　B. 27　　C. 38　　D. 57

答案：B。

[分析] 循环次数 i 与 x 的关系如附表 1.1 所列。

附表 1.1　循环次数 i 与 x 的关系

	第 1 次循环	第 2 次循环	第 3 次循环	第 4 次循环	第 5 次循环
i	1	3	5	7	9
x	3	6	11	18	27

18. 以下叙述中错误的是（　　）。

A. 在 KeyPress 事件过程中不能识别键盘的按下与释放

B. 在 KeyPress 事件过程中不能识别回车键

C. 在 KeyDown 和 KeyUp 事件过程中，将键盘输入的"A"和"a"视作相同的字母

D. 在 KeyDown 和 KeyUp 事件过程中，从大键盘上输入的"1"和从右侧小键盘上输入的"1"被视作不同的字符

答案：B。

[分析] KeyPress 事件只能识别键盘按下的 ASCII 字符，KeyDown 和 KeyUp 事件可以识别键盘上任意键的按下与释放。

19. 执行如下两条语句，窗体上显示的是（　　）。

a=9.8596

Print Format(a,"$00,00.00")

A. 0,009.86　　B. $9.86　　C. 9.86　　D. $0,009.86

答案：D。

[分析] Format 格式字符串中使用 00,00.00，若要显示数的整数部分多于格式字符串的位数按实际数值显示，少于则在前加 0；若小数部分的位数多于格式字符串的位数，按四舍五入显示。

20. 在窗体上画一个名称为 CommandDialog1 的通用对话框，一个名称为 Command1 的命令按钮。然后编写如下事件过程：

```
Private Sub Command1_Click()
    CommonDialog1.FileName = ""
    CommonDialog1.Filter = "All
    file|*.*|(*.Doc)|*.Doc|(*.Txt)|*.Txt"
    CommonDialog1.FilterIndex = 2
    CommonDialog1.DialogTitle = "VBTest"
    CommonDialog1.Action = 1
End Sub
```

对于这个程序，以下叙述中错误的是（　　）。

A. 该对话框被设置为“打开”对话框

B. 在该对话框中指定的默认文件名为空

C. 该对话框的标题为 VBTest

D. 在该对话框中指定的默认文件类型为文本文件(*.Txt)

答案：D。

[分析] FilterIndex 默认值为 0，即 Filter 中第一个类型；当 FilterIndex 为 1 时仍指第一

个类型 All file|*.*;. FilterIndex=2 时指*.Doc。

21. 设一个工程由两个窗体组成,其名称分别为 Form1 和 Form2,在 Form1 上有一个名称为 Command1 的命令按钮。窗体 Form1 的程序代码如下:

```
Private Sub Command1_Click()
    Dim a As Integer
    a = 10
    Call g(Form2,a)
End Sub
Private Sub g(f As Form,x As Integer)
    y = IIf(x>10,100, -100)
    f,Show
    f.Caption = y
End Sub
```

运行以上程序,正确的结果是(　　)。

A. Form1 的 Caption 属性值为 100　　B. Form2 的 Caption 属性值为-100

C. Form1 的 Caption 属性值为-100　　D. Form2 的 Caption 属性值为 100

答案:B。

[分析] 单击 Form1 中 Command1 时调用子过程 g,形参 f=Form2,$x=10$;$y=-100$ 所以 Form2 的 Caption 属性值为-100。

22. 在窗体上画一个名称为 Command1 的命令按钮,并编写如下程序:

```
Private Sub Command1_Click()
    Dim x As Integer
    Static y As Integer
    x = 10
    y = 5
    Call f1(x,y)
    Print x,y
End Sub
Private Sub f1(ByRef x1 As Integer,y1 As Integer)
    x1 = x1 + 2
    y1 = y1 + 2
End Sub
```

程序运行后,单击命令按钮,在窗体上显示的内容是(　　)。

A. 10 5　　B. 12 5　　C. 10 7　　D. 12 7

答案:D。

[分析] Command1_Click 事件中 y 为静态整型变量,x 为动态变量;通过 f1()调用语句,子过程 f1 中参数 x1 和 y1 均为传址参数,即 x1=x=10,y1=y=5;f1()结束返回时 x1=x=12,y=y1=7。

23. 设有如下程序

```
Option Base 1
```

```
Private Sub Command1_Click()
    Dim a(10) As Integer
    Dim n As Integer
    n = InputBox("输入数据")
    If n<10 Then
        Call GetArray(a,n)
    End If
End Sub
Private Sub GetArray(b() As Integer,n As Integer)
    Dim c(10) As Integer
    j = 0
    For i = 1 To n
        b(i) = CInt(Rnd() * 100)
        If b(i)/2 = b(i)\2 Then
        j = j + 1
        c(j) = b(i)
        End If
    Next
    Print j
End Sub
```

以下叙述中错误的是(　　)。

A. 数组b中的偶数被保存在数组c中

B. 程序运行结束后,在窗体上显示的是c数组中元素的个数

C. GetArray过程的参数n是按值传送的

D. 如果输入的数据大于10,则窗体上不显示任何显示

答案:C。

[分析] ① Option Base 1 数组下界为1;

② 激活Command1_Click事件,用户输入数值给n;

③ 当n<10时调用子过程GetArray();

④ 通过for循环产生n个0～99之间的整数,并利用if语句检测产生的数是否是偶数;

⑤ 若是偶数则赋给数组c;

⑥ Cint()函数向最近整数取整:Cint(3.2)=3,Cint(3.6)=4,Cint(−3.2)=−3,Cint(−3.8)=−4;

⑦ 打印出偶数个数。

24. 在窗体上画一个名称为Command1的命令按钮,然后编写如下事件过程:

```
Option Base 1
Private Sub Command1_Click()
    Dim a
    a = Array(1,2,3,4,5)
    For i = 1 To UBound(a)
        a(i) = a(i) + i - 1
    Next
```

```
        Print a(3)
    End Sub
```

程序运行后,单击命令按钮,则在窗体上显示的内容是(　　)。

A. 4　　B. 5　　C. 6　　D. 7

答案:B。

[分析] ① 数组 a 中元素初值 a(1)=1,a(2)=2,a(3)=3,a(4)=4,a(5)=5;
② 经 for 循环之后 a(3)=3+3−1=5。

25. 阅读程序

```
Option Base 1
Private Sub Form_Click()
    Dim arr,Sum
    Sum = 0
    arr = Array(1,3,5,7,9,11,13,15,17,19)
    For i = 1 To 10
        If arr(i)/3 = arr(i)\3 Then
            Sum  = Sum + arr(i)
    End If
    Next i
    Print Sum
End Sub
```

程序运行后,单击窗体,输入结果为(　　)。

A. 13　　B. 14　　C. 27　　D. 15

答案:C。

[分析] 检测数组 arr 中元素值是否是 3 的倍数,若是则累加求和,即 arr(2)+arr(5)+a,rr(8)=3+9+15=27。

26. 在窗体上画一个名称为 File1 的文件列表框,并编写如下程序:Private Sub File1_

```
DblClick()
x = Shell(File1.FileName,1)
End Sub
```

以下关于该程序的叙述中,错误的是(　　)。

A. x 没有实际作用,因此可以将该语句写为 Call Shell(File1,FileName,1)

B. 双击文件列表框中的文件,将触发该事件过程

C. 要执行的文件的名字通过 File1. FileName 指定

D. File1 中显示的是当前驱动器、当前目录下的文件

答案:A。

[分析] shell()函数返回一个任务标识 ID,可以判断执行程序是否正确,所以不能改写。

27. 在窗体上画一个名称为 Label1、标题为"VisualBasic 考试"的标签,两个名称分别为 Command1 和 Command2、标题分别为"开始"和"停止"的命令按钮,然后画一个名称为 Timer1 的计时器控件,并把其 Interval 属性设置为 500,如附图 1.2 所示。

附图 1.2　Form1 窗体

编写如下程序：

```
Private Sub Form_Load()
    Timer1.Enabled = False
End Sub
Private Sub Command1_Click()
    Timer1.Enabled = True
End Sub
Private Sub Timer1_Timer()
    If Label1.Left<Width Then
        Label1.Left = Label1.Left + 20
    Else
        Label1.Left = 0
    End If
End Sub
```

程序运行后，单击"开始"按钮，标签在窗体中移动。

对于这个程序，以下叙述中错误的是(　　)。

A. 标签的移动方向为自右向左

B. 单击"停止"按钮后再单击"开始"按钮，标签从停止的位置继续移动

C. 当标签全部移出窗体后，将从窗体的另一端出现并重新移动

D. 标签按指定的时间时隔移动

答案：A。

[分析] 由于 Left 属性是标签距窗体左边距的距离，Label1. Left＝Label1. Left＋20 使得标签从左向右移动。

28. 执行以下程序段：

```
a$ = "abbacddcba"
For i = 6 To 2 Step -2
X = Mid(a,i,i)
Y = Left(a,i)
z = Right(a,i)
z = UCase(X&Y&z)
Next i
Print z
```

输出结果为(　　)。

A. ABA　　B. BBABBA　　C. ABBABA　　D. AABAAB

答案：B。

[分析] ① Mid(a,i,i)返回字符串 a 中从第 i 字符位开始的 i 个长度字符串；Left(a,i)返回字符串 a 左侧开始向右 i 个字符；Right(a,i)返回字符串 a 右侧开始向左 i 个字符；UCase()将小写字母转换成大写；& 字符串连接符。

② 每次 for 循环结果与下次循环无关，所以只计算最后一次循环结果，X＝bb，Y＝ab，z＝ba，z＝BBABBA。

29. 在窗体上画一个名称为 Command1 的命令按钮，然后编写如下程序：

```
Option Base 1
Private Sub Command1_Click()
    Dim a As Variant
    a = Array(1,2,3,4,5)
    Sum = 0
    For i = 1 To 5
    Sum = sum + a(i)
    Next i
    x = Sum/5
    For i  = 1 To 5
    If a(i)>x Then Print a(i);
    Next i
    End Sub
```

程序运行后，单击命令按钮，在窗体上显示的内容是(　　)。

A. 1 2　　B. 1 2 3　　C. 3 4 5　　D. 4 5

答案：D。

[分析] 求出 1～5，5 个数的平均值，然后将大于平均值的数打印出来。

30. 假定一个工程由一个窗体文件 Form1 和两个标准模块文件 Model1 及 Model2 组成。Model1 代码如下：

```
Public x As Integer
Public y As Integer
Sub S1()
    x  = 1
    S2
End Sub
Sub S2()
y = 10
Form1.Show
End Sub
```

Model2 的代码如下：

```
Sub Main()
    S1
```

```
End Sub
```

其中Sub Main被设置为启动过程。程序运行后，各模块的执行顺序是(　　)。

A. Form1－>Model1－>Model2

B. Model1－>Model2－>Form1

C. Model2－>Model1－>Form1

D. Model2－>Form1－>Model1

答案：C。

[分析] Sub Main启动调用S1，在S1中调用S2，S2显示窗体Form1。因为Sub Main在Model2中，S1在Model1中，所以顺序为C。

二、填空题(每空2分，共30分)

请将每空的正确答案写在答题卡1～15序号的横线上，答在试卷上不得分。

1. 设有如下程序段：

```
a$ = "BeijingShanghai"
b$ = Mid(a$,InStr(a$,"g") + 1)
```

执行上面的程序段后，变量b$的值为__1__。

答案：(1) "Shanghai"。

[分析] InStr()函数检测"g"在字符串a中首次出现的位置InStr(a$,"g")=7，Mid(a$,8)从字符串a的第8个字符位置取到最后。

2. 以下程序段的输出结果是____2__。

```
num = 0
While num< = 2
    num = num + 1
Wend
Print num
```

答案：(2)3。

[分析] while循环条件为num<=2时执行循环体，循环体num累加1，Wend返回到while判断，当num=3时结束循环。

3. 窗体上有一个名称为List1的列表框，一个名称为Text1的文本框，一个名称为Label1、Caption属性为"Sum"的标签，一个名称为Command1、标题为"计算"的命令按钮。程序运行后，将把1～100之间能够被7整除的数添加到列表框。如果单击"计算"按钮，则对List1中的数进行累加求和，并在文本框中显示计算结果，如附图1.3所示。以下是实现上述功能的程序：

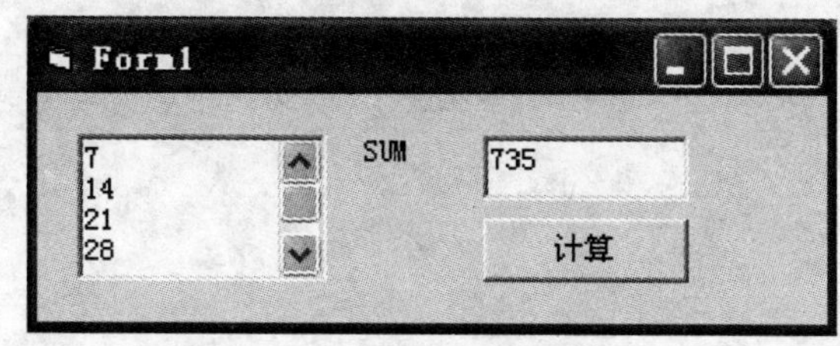

附图1.3　文本框中显示计算结果

```
Private Sub Form_Load()
    For i = 1 To 100
    If i Mod 7 = 0 Then
    _3____
    End If
    Next
End Sub
Private Sub Command1_Click()
    Sum = 0
    For i = 0 To __4__
    Sum = Sum + __5____
    Next
    Text1.Text = Sum
End Sub
```

请填空。

答案：(3) List1. Additem i，(4) List1. listcount－1，(5) List1. list(i)。

[分析] 该程序主要涉及列表框中添加项目用 additem 方法，列表框的总项目数 List1. Listcount，项目的索引值(0～Listcount－1)，列表框中 list 数组第 i 个元素值 List1. list(i)。

4. 本程序的功能是利用随机数函数模拟投币，方法是：每次随机产生一个 0 或 1 的整数，相当于一次投币，1 代表正面，0 代表反面。在窗体上有三个文本框，名称分别是 Text1、Text2、Text3，分别用于显示用户输入投币总次数、出现正面的次数和出现反面的次数，如附图 1.4 所示。程序运行后，在文本框 Text1 中输入总次数，然后单击“开始”按钮，按照输入的次数模拟投币，分别统计出现正面、反面的次数，并显示结果。

以下是实现上述功能的程序：

```
Private Sub Command1_Click()
    Randomize
    n = CInt(Text1.Text)
    n1 = 0
    n2 = 0
    For i = 1 To __6__
    r = Int(Rnd * 2)
    If r = ____7____ Then
    n1 = n1 + 1
    Else
    n2 = n2 + 1
    End If
    Next
    Text2.Text = n1
    Text3.Text = n2
End Sub
```

请填空。

答案：(6)n，(7) 1。

[分析] ① Randomize 初始化随机数产生器，使重新运行程序时产生与上次不同的随机数；

② n1、n2 分别用于计算正面和反面出现的次数；

③ if 条件判断 r=1 时累加计数 n1，否则累加计数 n2；

④ 最后将 n1、n2 的值赋给 text1、text2。

5. 阅读程序：

```
Option Base 1
Private Sub Form_Click()
    Dim a(3) As Integer
    Print "输入的数据是：";
    For i = 1 To 3
    a(i) = InputBox("输入数据")
    Print a(i);
    Next
    Print
    If a(1)<a(2) Then
    t = a(1)
    a(1) = a(2)
    a(2) = ____8____
    End If
    If a(2)>a(3) Then
    m = a(2)
    ElseIf a(1)>a(3) Then
    m = ____9____
    Else
    m = __10____
    End If
    Print "中间数是：";m
End Sub
```

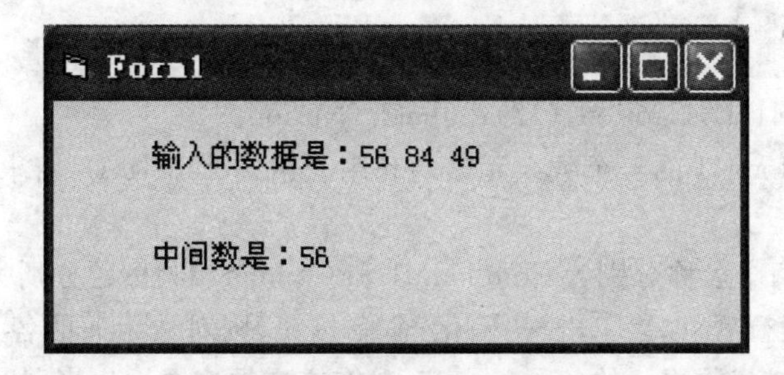

附图 1.4 输入数据的中间数

程序运行后，单击窗体，在输入对话框中分别输入三个整数，程序将输出三个数中的中间数，如附图 1.4 所示。请填空。

答案：(8)t，(9) a(3)，(10) a(1)。

[分析] ① 本程序首先利用 for 循环和 inputbox()给数组 a 的三个元素 a(1)、a(2)、a(3)

赋值。

② 若 a(1)<a(2)则将两变量值互换，引入变量 t。例如 a(1)=56，a(2)=84，先将 a(1)值赋给 t=56(保存 a(1)的值)，然后将 a(2)值赋给 a(1)(此时 a(1)=84)，最后将 t 值赋给 a(2)(此时 a(2)=56)，即使得 a(1)>a(2)。

③ 多分支 if 语句，if a(2)>a(3)则说明 a(2)是中间数，elseif(意味 a(2)<=a(3))若 a(1)>a(3)确定 a(3)是中间数，else(意味 a(2)<=a(3)，a(1)<=a(3))由于前面 a(1)>a(2)说明 a(1)是中间数。

6. 在窗体上画一个名称为"Command1"、标题为"计算"的命令按钮，再画 7 个标签，其中 5 个标签组成名称为 Label1 的控件数组；名称为 Label2 的标签用于显示计算结果，其 Caption 属性的初始值为空；标签 Label3 的标题为"计算结果"。运行程序时会自动生成 5 个随机数，分别显示在标签控件数组的各个标签中，如附图 1.5 所示。单击"计算"按钮，则将标签数组各元素的值累加，然后计算结果显示在 Label2 中。

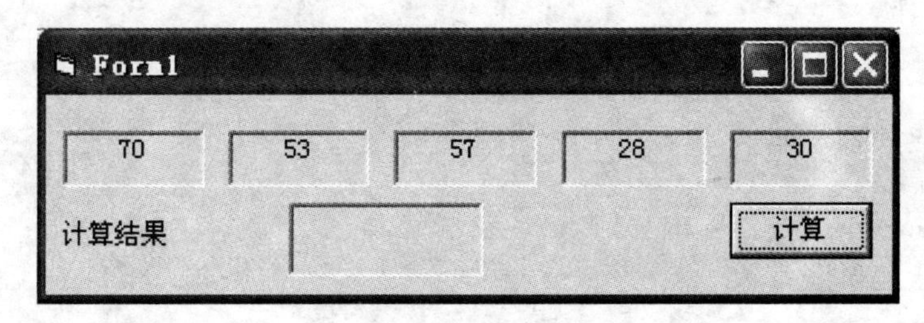

附图 1.5　生成 5 个随机数

代码如下：

```
Private Sub Command1_Click()
    Sum = 0
    For i = 0 To 4
    Sum = Sum + __ 11 __
    Next
    ___ 12 __ = Sum
End Sub
```

请填空。

答案：(11)Label1(i).Caption，(12) Label2.Caption。

[分析] 要计算 Label1 的五个数组元素的和用表达式 Label1(i)，将求和后的 Sum 值赋给 label2.Caption。

7. 在窗体上画两个名称分别为 Command1 和 Command2、标题分别为"初始化"和"求和"的命令按钮。程序运行后，如果单击"初始化"命令按钮，则对数组 a 的各元素赋值；如果单击"求和"命令按钮，则求出数组 a 的各元素之和，并在文本框中显示出来，如附图 1.6 所示。

代码如下：

```
Option Base 1
Dim a(3,2) As Integer
Private Sub Command1_Click()
    For i = 1 To 3
```

```
    For j = 1 To 2
    __ 13 __ = i + j
    Next j
End Sub
Private Sub Command2_Click()
    For j = 1 To 3
    For i = 1 To 2
    s = s + __ 14 __
Next i
Next j
Text1.Text = __ 15 __
End Sub
```

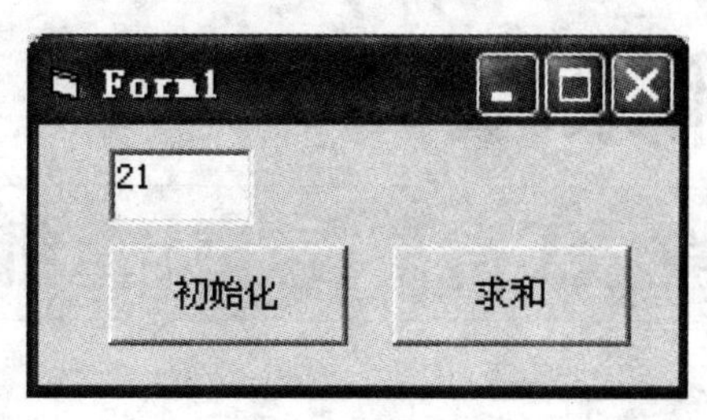

附图 1.6　求和

请填空。

答案：(13)a(i,j)，(14) a(j,i)，(15) s。

[分析] 定义二维数组 a(3,2)共 6 个元素，Command1_Click 事件给二维数组元素赋值 a(i,j)＝i＋j(i＝1～3,j＝1～2)，Command2_Click 事件将二维数组元素求和 s＝s＋a(j,i)(j＝1～3,i＝1～2)，最后将求和 s 赋 text1。

附录 2

黑龙江省高校非计算机专业学生计算机等级考试试卷

一、计算机基础部分选择题(共 25 分,略)

二、VB 基础部分

(一) 选择题(共 10 分,每小题 1 分)

1. 不能正确表示条件“k 是 2 的倍数”的表达式为________。

A. K Mod 2=0　　　　B. K / 2=K \ 2

C. K-2 * Int (K / 2)=0　　　　D. K \ 2=Int (K / 2)

答案:D。

[分析]“\”为整除、“/”为除、int()截取整数部分。A,若 K 是 2 的倍数则余数为 0;B,若 K 整除 2 和除以 2 相等则一定是 2 的倍数;C,若 K 满足公式则也是 2 的倍数;D,则不一定,如 K=3 时,K\2=1,而 int(K/2)=1,所以其不能表示 K 是 2 的倍数。

2. 能显示窗体的方法是______。

A. Hide　　B. Show　　C. Visible　　D. Open

答案:B。

[分析] A,隐藏窗体;B,显示窗体;C,窗体可见;D,打开文件命令关键词。

3. 若要在程序中使得文本框获得焦点,应该调用文本框的________方法。

A. TabIndex　　B. SetFocus　　C. LostFocus　　D. GotFocus

答案:B。

[分析] A,获得焦点顺序的属性;B,获得焦点的方法;C,失去焦点的事件;D,获得焦点的事件。

4. 当文本框具有焦点时,按下回车键一定不能触发它的__________事件。

A. KeyPress　　B. Change　　C. LostFocus　　D. KeyDown

答案:C。

[分析] A,识别键盘上的 ASCII 键(回车键 ASCII=13);B,当文本框的 MultiLine=True 时可以触发;C,键盘的 Tab 键或鼠标单击可以触发;D,键盘上任意键均可触发。

5. 对于窗体中的文本框 Text1,要求运行时只能浏览查看文本框中的内容,不能接受用户键盘输入的信息,以下能实现该操作的语句是________。

A. Text1. Locked=True　　B. Text1. MaxLength=0

C. Text1. Enabled=False　　D. Text1. Visible=False

答案:A。

[分析] A,文本框中内容正常显示,可以接受焦点,但是不能被修改;B,文本框最大长度(默认值),可接受任意长度字符;C,文本框为灰色不能接受焦点,若有滚动条则无法调整其看

下面内容;D,不可见。

6. 通过________属性可以获得滚动条当前值。

A. Text　　B. Value　　C. SmallChange　　D. Caption

答案:B。

[分析] A,文本框的文本属性;B,滚动条当前值属性为 Value;C,最小改变量;D,标题属性。

7. 要设置命令按钮的键盘访问键,例如按钮 退出(X) 的访问键为 X,应通过设置其________属性来实现。

A. Name　　B. Cancel　　C. Caption　　D. Default

答案:C。

[分析] 在 Caption 属性中输入"退出(&X)"可设置 X 为访问键,即按 Alt+X 执行单击按钮。

8. Open 语句中以 Append 方式打开一个顺序文件进行写操作,则被打开的________。

A. 必须是一个已存在的文件　　B. 必须是一个空文件

C. 文件的存在与否无关紧要　　D. 必须是一个不存在的文件

答案:C。

[分析] 文件不存在时可新建立,原来有可以实现追加。

9. 为了使标签背景透明,应设置的属性为________。

A. BorderStyle　　B. BackStyle　　C. Appearance　　D. Alignment

答案:B。

[分析] A,边框属性;B,标签透明可对 BackStyle 属性设置 0(Transparent);C,外观效果;D,文本对齐方式。

10. 在程序运行时使图片框中装入指定图片,应使用函数________。

A. Inputbox　　B. Msgbox

C. Open　　D. Loadpicture

答案:D。

[分析] A,可以给变量赋文本类型值;B,显示信息窗口;C,打开文件;D,加载图片。

(二) 填空题(共 10 分,每小题 1 分)

1. 当一个复选框被选中时,其 Value 属性值为 (1) 。

答案:1。

[分析] Value 值:0-Unchecked(未被选中)、1-Checked(选中)、2-Grayed(灰色不可选)。

2. 窗体标题栏内容通过设置其(2) 属性来指定。

答案:Caption。

[分析] Caption 为控件标题。

3. 假设列表框 List1 中有四个列表项:a1、a2、a3、a4,方法 List1. RemoveItem 2 删除的列表项是 (3) ,删除该项后,列表框的属性 Listcount 的值为 (4) 。

答案:a3、3。

[分析] 由于列表框中第一个选项的 index=0,所以 List1. RemoveItem 2 表示第 3 项 a3;Listcount 表示项目数量。

4. 要实现窗口中水平滚动字幕效果,可以利用标签控件显示文字内容,且每2 s钟水平滚动一次,应设置定时器控件的 Interval 属性值为___(5)___,并在___(6)___事件过程中重新设置标签控件的___(7)___属性值。

答案：2000、Timer、Left。

[分析] 时钟控件的 Interval 属性以 ms 为单位(0.001s),取值为 0～64767 ms,近似 60000 ms 即 1 min,那么 2 s 为 1 min 的 1/30,所以 Interval＝2000;激活 Interval 时间间隔在 Timer 事件响应;水平滚动标签可设置标签的 Left(距窗体左边界距离)。

5. 如果 a 是变体类型,执行语句 a＝Array (1,3,5,7,9)后,a(3)的值是___(8)___。

答案：7。

[分析] Array()给数组变量赋值,由于前面没有设 Option Base 1 所以数组元素分别为：a(0)、a(1)、…、a(4)。

6. 某事件过程中有语句 Print Mid $ ("Min gong",Instr("Min gong","g")＋1),程序运行后触发该事件将会在___(9)___上显示结果___(10)___。

答案：窗体、ong。

[分析] Instr()检测字符串"g"在"Min gong"首次出现的位置值＝5;Mid $ ()截取指定位置、指定长度的字符串,本题省略了第3个参数,所以截取从第6个字符开始到最后,即"ong"。

三、写出下面程序各自的运行结果(共17分)

1. 程序1(3分)：

```
Private Sub Command1_Click()
    Dim a(10) As Integer
    a(0) = 0
    a(1) = 1
    n = 1
    For k = 2 To 10
        a(k) = a(k - 1) + a(k - 2)
        If a(k) Mod 2 <> 0 Then n = n + 1
    Next k
    Print n
End Sub
```

答案：7。

[分析] 该程序中 a 的值为裴波那契数列,即第1、2项分别为0、1,之后每一项是前两项之和。通过 If 语句累计奇数的个数。a(0)～a(10)＝{0,1,1,2,3,5,8,13,21,34,55}。

2. 程序2(3分)：


```
Private Sub Command1_Click()
    num = 255
    k = 0
    Dowhile num<>0
     k = k + num Mod 2
     num = num \ 2
```

```
    Loop
    Print k
End Sub
```

答案：6。

[分析] 循环中 k 为 num 除 2 的余数之和。

循环次数	k	num
1	1	122
2	1	61
3	2	30
4	2	15
5	3	7
6	4	3
7	5	1
8	6	0

3. 程序 3(3 分)：

```
Private Sub Command1_Click()
    x = 1: y = 30
    Do While x <= y
        Select Case y - x
        Case 1 To 10
            z = z + 10
        Case 11 To 20
            z = z + 20
        Case Else
            z = z + 30
        End Select
        x = x + 2
        y = y - 2
    Loop
    Print z
End Sub
```

答案：160。

[分析] 循环条件 x<=y，循环体中多分支 select 语句。

循环条件	select 中表达式(y-x)	z	x	y
1<=30	29	30	3	28

3<=28	25	60	5	26
5<=26	21	90	7	24
7<=24	17	110	9	22
9<=22	13	130	11	20
11<=20	9	140	13	18
13<=18	5	150	15	16
15<=16	1	160	17	18

4. 程序4(4分)：

```
Private Sub Command1_Click()
    Static x As Integer
    Dim y As Integer
    x = 10
    y = 20
    Call s(x,y)
    Print x,y
End Sub
Private Sub s(a As Integer,ByVal b As Integer)
    a = a + 5
      b = a + b
End Sub
```

答案：15、20。

[分析] 在Command1的Click事件中x为静态变量，y为动态变量；自定义过程s()中形参a传地址方式(a和x相当同一个变量，函数返回时a再将值赋给x)，b是传值的方式(即在调用时y将值赋给b，y和b就没关系)。

5. 程序5(4分)：

```
Private Sub Command1_Click()
    Dim a As Integer,b As Integer
    a = 6
    b = 2
    Print f(a) / f(b) / f(a - b)
End Sub
Private Function f(x As Integer) As Long
    If x = 0 Then
        f = 1
    Else
        f = x * f(x - 1)
    End If
End Function
```

答案：15。

[分析] 本程序是递归调用 Print f(a)/f(b)/f(a－b)，先计算 f(6)＝720、f(2)＝2、f(4)＝24。

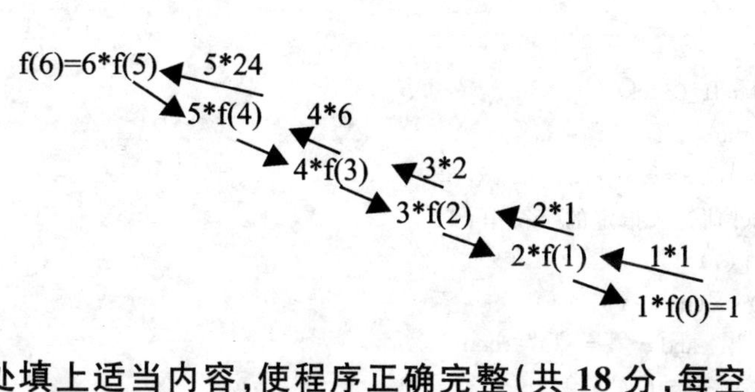

四、在空白处填上适当内容，使程序正确完整（共 18 分，每空 2 分）

1. 下面事件过程产生 10 个两位的正的随机整数，并利用冒泡法升序排序，请完善它。

```
Private Sub Command1_Click()
    Dim a(10) As Integer
    For m = 1 To 10
        a(m) = [   (1) ]
    Next m
    For m = 1 To 9
        For n = [   (2) ]To 10
            If a(m) [   (3) ]a(n) Then t = a(m)：a(m) = a(n)：a(n) = t
        Next n
    Next m
    For m = 1 To 10
      Print a(m);
    Next m
End Sub
```

答案：(1)int(rnd * 90＋10)、(2)m＋1、(3)＞。

[分析] ① 产生两位正整数[10,99]，根据随机数公式 int(rnd * a＋b)、范围[b,a＋b－1]；

② 冒泡法排序每 i 趟排序从第 i＋1 个记录开始同第 i 个记录比较；

③ 升序排序当前一个元素大于后一个元素时两变量互换值，即将最大的放在最后。

2. 本事件过程求 100 的阶乘中末尾 0 的个数（提示：1～100 中每个 5 的倍数在阶乘的乘法中都相应会产生一个 0）。

```
Private Sub Command1_Click()
    Dim icount As Integer
    icount = [   (4)]
    For k = 5 To [(5)   ]Step [(6)]
        icount = icount + 1
    Next k
    Print icount
End Sub
```

答案：(4)0、(5)100、(6)5。

[分析]由于本程序要求阶乘中末尾为 0 的个数，所以 icount 作为累加和初值为 0；5 的倍数在阶乘的乘法中产生一个 0，所以初值为 0、终值为 100、步长为 5。

3. 下面事件过程：

```
Private Sub Command1_Click()
    Dim s As String
    Dim m(25) As Integer
    s = InputBox("请输入指定的字符串：")
    For k = 1 To [(7) ]
      c = [   (8)   ](Mid $ (s,k,1))
      If c <= "Z" And c >= "A" Then
        n = Asc(c) - Asc("A")
        m(n) = [(9)]
      End If
    Next k
    For k = 0 To 25
      Print Chr(k + Asc("A")); "- - -"; m(k)
    Next k
End Sub
```

用来统计指定字符串中 26 个英文字母(不区分大小写)各自出现的次数。请填空完善它。

答案：(7)len(s)、(8)ucase、(9)m(n)+1。

[分析] ① 利用 InputBox()接受用户输入的字符串，并赋给字符串变量 s；

② 用 for 循环，循环 len(s)次，每次检测一个字符；

③ 第 k 次循环：Mid $ (s,k,1)从字符串变量 s 中的第 k 个位置截取 1 个字符，同时用 ucase()函数将字符转换成大写字母，赋值给变量 c；

④ 用数组 m 的 26 个元素(m(0)～m(15))分别存放从 A～Z 出现的次数，通过 m(n)=m(n)+1 累加表达式求得。

五、阅读程序，回答问题(共 20 分)。

1. 程　序：

```
Private Sub Command1_Click()
    Dim x As Integer, f As Boolean
    x = Val(InputBox("请输入任意整数"))
    k = 2
    f = True
    Do
        If x Mod k = 0 Then f = False
        k = k + 1
    Loop Until k > x - 1 Or Not f
 If f Then Print "ok" Else Print "no"
 End Sub
```

问题 1：程序运行时，x 输入 13，结果是什么？(3 分)

答案：ok。

问题2：程序实现什么功能？(3分)

答案：判断输入的任意整数是否是素数，若是则输出ok，不是则输出no。

[分析] ① 利用InputBox()函数接受用户从键盘输入字符串，将其通过Val()函数转换成整型；

② x Mod k x除k取余，若为0则说明x可以被2～x－1之间的整数整除，所以x不是素数；

③ 变量f作为标识：f＝False(不是素数)、f＝True(是素数)；

④ Do…Loop循环退出的条件是除数k超出x－1或者f＝False。

2. 程　序：

```
Private Sub Command1_Click()
    Dim a(3,4) As Integer
    For m = 1 To 3
        For n = 1 To 3
            a(m,n) = Int(100 * Rnd)
        Next n
    Next m
    For m = 1 To 3
        a(m,4) = amax(a,m)
    Next m
    For m = 1 To 3
        For n = 1 To 4
            Print a(m,n);
        Next n
        Print
    Next m
End Sub
Private Function amax(b,m)
    amax = b(m,1)
    For n = 2 To 3
        If amax < b(m,n) Then amax = b(m,n)
    Next n
End Function
```

问题1：对于二维数组a，每行最后一列元素用来存放该行数据的什么统计结果？(3分)

答案：最高成绩值。

问题2：自定义函数amax的功能是什么？(3分)

答案：求出数组a中第m行中最大的数。

[分析] ①Int(100 * Rnd)产生0～99之间的9个数，分别赋给数组a中指定元素，如：

a(1,1)＝ 3	a(1,2)＝15	a(1,3)＝33
a(2,1)＝4	a(2,2)＝8	a(2,3)＝67
a(3,1)＝13	a(3,2)＝4	a(3,3)＝29

② 函数 amax 中用 for 循环将每行中最大值赋给 amax；

③ 将每次 amax()函数返回的值赋给本行最后一个元素；

④ amax()中参数 b,m 是传址方式。

3. 本应用程序包含一个窗体 Form1 和一个标准模块 Module1。窗体中三个文本框构成控件数组 Text1,自左至右依次为 Text1(0)、Text1(1)、Text1(2)。标题为"升序排序"的命令按钮的单击事件为：

```
Private Sub Command1_Click()
    Dim a(2)
    For i = 0 To 2
      a(i) = Text1(i).Text
    Next i
    Call abc(a(0),a(1),a(2))
    Print a(0),a(1),a(2)
End Sub
```

标准模块 Module1 内容如下：

```
Sub abc(a,b,c)
    If a > b Then swap a,b
    If b > c Then swap b,c
    If a > b Then swap a,b
End Sub
Private Sub swap(x,y)
    If x > y Then t = x: x = y: y = t
End Sub
```

问题 1：运行程序时,如附图 2.1 所示输入三个数据后单击命令按钮,窗体上将显示什么结果？(3 分)

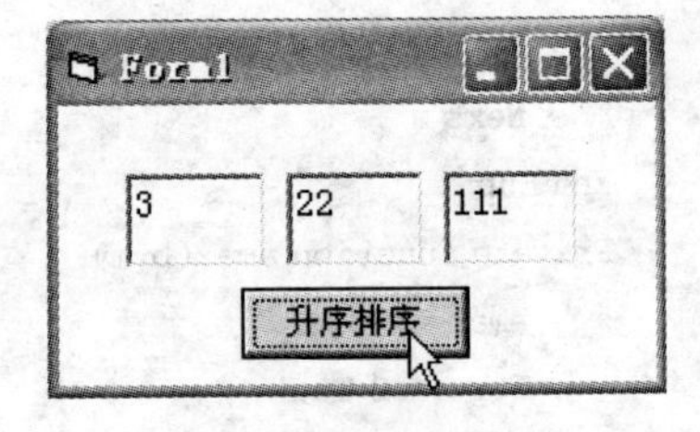

附图 2.1　输入数据

答案：111、22、3。

[分析] ①在 command1 的 Click 事件中通过 for 循环将文本框控件数组值分别赋给变体数组变量 a 的各个元素 a(0)="3"、a(1)="22"、a(2)="3"；

② 通过 call 语句调用 abc()函数,该函数功能是将 a,b,c 按升序排序；

③ swap()函数功能交换两个变量的值。

问题 2：如果要求显示结果 3、22、111(按数值升序排序),应修改命令按钮单击事件中的哪一行？如何修改？(只允许修改一行)(3 分)

答案：a(i)=val(text1(i).text)。

[分析]将文本框控件数组字符转换成整数型,并赋给变量各个元素。

问题 3：请分别指出自定义过程 abc 和 swap 的作用域。(2 分)

答案：过程 abc 作用域为整个应用程序；swap 作用域为所在的 Module1 模块。

[分析] 过程 abc 定义是用 sub abc()开头等同 public sub abc()全局的；过程 swap 定义是 Private sub swap()私有的、局部的。

参考文献

[1] 龚沛曾. Visual Basic 程序设计简明教程[M]. 北京：高等教育出版社，2001.
[2] 龚沛曾. Visaual Basic 实验指导与测试[M]. 北京：高等教育出版社，2003.
[3] 邓文新. Visual Basic 程序设计方法[M]. 北京：北京航空航天大学出版社，2005.
[4] 刘炳文. 全国计算机等级考试二级教程— Visual Basic 语言程序设计[M]. 北京：高等教育出版社，2002.
[5] 王成强. 新概念 Visual Basic 6.0 教程[M]. 北京：科学出版社，2003.
[6] 抖斗书屋. Visaul Basic 6.0 常用编程技巧[M]. 北京：清华大学出版社，1999.
[7] 李林. Visual Basic 程序设计[M]. 北京：地质出版社，2006.
[8] 王真富. Visual Basic 程序设计教程[M]. 北京：地质出版社，2007.